国家社会科学基金项目

我国雾霾成因及财政综合治理问题研究

白彦锋　陈珊珊　著

中国财经出版传媒集团

中国财政经济出版社

图书在版编目（CIP）数据

我国雾霾成因及财政综合治理问题研究／白彦锋，陈珊珊著．—北京：中国财政经济出版社，2019.10

国家社会科学基金项目

ISBN 978 - 7 - 5095 - 9189 - 5

Ⅰ．①我…　Ⅱ．①白…②陈…　Ⅲ．①空气污染 - 污染防治 - 财政补贴 - 研究 - 中国　Ⅳ．①X51 ②F812.45

中国版本图书馆 CIP 数据核字（2019）第 188356 号

责任编辑：潘　飞　　　　　　责任印制：刘春年
封面设计：王　颖　　　　　　责任校对：张　凡

中国财政经济出版社 出版

URL：http://www.cfeph.cn

E - mail：cfeph @ cfemg.cn

社址：北京市海淀区阜成路甲 28 号　邮政编码：100142

营销中心电话：010 - 88191537

北京财经印刷厂印装　各地新华书店经销

787×1092 毫米　16 开　16.75 印张　286 000 字

2019 年 10 月第 1 版　2019 年 10 月北京第 1 次印刷

定价：78.00 元

ISBN 978 - 7 - 5095 - 9189 - 5

（图书出现印装问题，本社负责调换）

本社质量投诉电话：010 - 88190744

打击盗版举报热线：010 - 88191661　QQ：2242791300

前　言

雾霾频发已经成为中国社会经济"新常态"无法回避的问题，尤其是在我国"环境承载能力已经达到或接近上限"的"新常态"背景之下，深入研究我国雾霾根源及其治理之策显得至关重要。党的十八大以来，国家高度重视雾霾治理和生态环境保护工作。党的十八大报告将生态文明建设与经济建设、政治建设、文化建设、社会建设一起作为推进中国特色社会主义建设的"五位一体"总体布局。习近平同志在党的十九大报告中更是旗帜鲜明地指出：绿水青山就是金山银山；要加快生态文明体制改革，建设美丽中国；要坚决打好防范化解重大风险、精准脱贫、污染防治的攻坚战，使全面建成小康社会得到人民认可、经得起历史检验。可见，打好"蓝天保卫战"、推进雾霾财政综合治理具有十分重要的现实意义。

我国的人口密集一定程度上与不合理的公共服务定价有关，即城市地区公共产品和公务服务的定价采取以财政补贴为基础的"一刀切"廉价供应策略。这在很大程度上导致公共财政负担过重，加剧了企业与居民对水、气、电等资源的浪费，使财政补贴更多地流向高消费能力的富裕人群，形成"逆向补贴"的事实。因此，分析我国雾霾成因的财政体制根源，理顺城市公共物品的供给价格，促进我国城镇化的健康发展就显得尤为重要。

财税政策是国家进行宏观调控的重要手段，对雾霾治理进行多方面研究，一方面可以为城市交通拥堵和大气污染治理提供有效的应对措施，另一方面可以有效改善群众的生存环境，促进我国经济、社会可持续发展和生态文明建设。

2018 年 5 月 14 日，新一轮 PM2.5 来源解析研究成果公布[①]，分析结果表明，北京市 2017 年全年 PM2.5 主要来源中，本地排放贡献占 2/3，其中，

---

① 最新科研成果新一轮北京市 PM2.5 来源解析正式发布，北京市环境保护局网站，2018 年 5 月 14 日，www.bjepb.gov.cn/bjhrb/xxgk/jgzn/jgsz/jjgjgszjzz/xcjyc/xwfb/832588/index.html。

移动源、扬尘源、工业源、生活面源和燃煤源分别占 45%、16%、12%、12% 和 3%，农业及自然源等其他来源约占 12%；区域传输贡献约占 1/3，且随着污染级别增大，区域传输贡献上升。相较来看，现阶段北京市 PM2.5 来源中，移动源、扬尘源贡献率上升，生活面源贡献率也进一步凸显。本书在文献回顾的基础上，并且基于上述事实，将重点放在财政体制、税收治理、交通治理、能源革命、秸秆治理等问题的研究上，通过分析，得出以下结论：

第一，我国自 1994 年分税制改革以来，明确了中央和地方的财权划分，对中国的财政分权改革产生了重要的影响，并且财政分权对中央和地方的关系，以及地方政府的行为同样产生了重要影响。因此，在分析雾霾成因的时候，我们不能单单从企业等微观层面入手，还要对财政体制下的政府行为进行深入探究。从目前形势来看，人口老龄化趋势在短期内还是无法逆转的。在此背景下，政府财政需要进一步调整，从而有效治理空气污染。我们认为，政府的生产性支出偏向对于环境的影响并不是确定的，政府需要不断健全绿色采购、绿色投资等形式，减少生产性支出对环境的负外部性。同时，正确引导产业发展，不断提高第三产业发展水平，帮扶高新技术产业快速发展。另外，要不断完善要素自由流动的市场机制，保障生产要素尤其是劳动要素向低碳产业、绿色产业方向自由转移。另外，人口老龄化会进一步加重劳动力的负担，政府仍然需要在有力引导的同时履行照顾老龄人口的社会责任，并且通过与社会资本合作、购买老龄事业公共服务等方式为老龄人口提供充分保障，从而引导劳动力合理流动，调整产业结构，进一步深化经济转型升级。

第二，从税收政策角度来讲，要实现"能源消费革命"和"能源结构调整"，一个重要手段就是通过税收手段调节不合理消费。成品油消费与雾霾治理息息相关，成品油消费税改革不仅涉及税率税制结构调整问题，其相关财税收入分配问题也需要给予充分考虑。目前，我国成品油消费税全额缴入中央国库，影响了地方政府的征管积极性，地方政府从自身利益出发，在成品油消费税征管方面主观配合意愿不强。通过将成品油消费税由中央税改为中央与地方共享税，例如考虑将入库级次由中央 100% 改为中央级 75%、地方级 25%，使地方政府能够获得一部分财政收入，同时，按照各地征收入库的成品油消费税进一步分享中央成品油消费税中的一定份额，从而调动地方政府对成品油消费税的征管积极性，提高地方政府协税护税力度，实现对地方政府的"双重激励"作用。提供清洁的空气、水等生存环境，建设生态文明，还需要引入制约环境污染的长效机制，环境税制的构建成为必然。我国征收的环境保护税以"两个机制"发挥杠杆作用，形成促进环境保护的长远制度安排。

第三，城市交通的可持续发展不仅与合理的交通管理政策及高效的交通体系相关，同时，也离不开相关财税政策的支持配合。从交通可持续角度出发，交通限行合法性问题、公共交通的补贴可持续论证、拥堵税征收的可行性及有效性都是亟须研究的问题。近年来，随着经济的腾飞发展和城镇化进程的加快，我国逐步迈进大众汽车消费时代，机动车保有量增长迅速。我国城市交通拥堵的成因较为复杂，主要原因为经济发展与城市发展进程不一、城市规划建设不合理、机动车数量增长过快、城市公共交通不完善等，但其本质是道路交通的供给与需求不平衡。大数据信息时代的到来，使得人们利用互联网购物更加便利，网购成为人们生活的日常，由此带动了物流业的高速发展。由于我国地域广博、幅员辽阔，且大部分地区位于内陆，因此，利用公路进行货物运输成为目前各物流公司使用最多的运输方式。公路货运量的急剧增长在一定程度上加大了公路的运输负荷，使得原本拮据的公路资源更加捉襟见肘，交通拥堵现象更为明显。总而言之，交通设施供给与需求的矛盾导致了交通拥堵的出现，由交通拥堵引发的机动车尾气排放问题又对雾霾污染起到了一定的助推作用，因此，要想解决雾霾污染问题，就应该从源头着手，即解决交通拥堵问题。

第四，对比征税模式和补贴模式来缓解交通拥堵问题，我们发现拥堵税的开征有一定的可行性与必要性，也有值得借鉴的案例经验。从不同的群体看，其福利水平的变化会在拥堵税征收后，发生不同程度的变化。由于这项政策会改变出行者的预算约束，使消费者的最优选择行为发生变化，将以客观值表示的税收和以主观值表示的效用进行等价变化比较后发现，从社会所有"经济人"的角度来看，该项税收实质是降低了社会整体福利水平。而根据党的十八届四中全会确立的"依法治国"方略，税收法定主义原则势必要求"交通拥堵税"立法，只有排除拥堵税的征收范围、税源、税基确定中的争议，明确核定方法，才能按照立法程序确定并加以实施。

再通过对补贴方案的分析可见，从理论上看，在利益最大化的目标下，存在合作博弈，使各消费者之间没有违背合作的动机，一部分群体自觉选择接受补贴，放弃驾车出行，而且只要公交出行给政府带来的效用足够大于政府实施税收政策的净收益时，这种选择必将是最优的。但由于在实践中，每个人的出行需求及选择都是多样化的，不能单一地作绝对划分，故而存在补贴政策造成适得其反的情况。因此，我们认为，政府可改变对原先所有驾车出行者统一征税这种一刀切的做法，先对自觉选择公交出行的消费者给予补贴，然后对继续驾车出行者征税时，一方面避免了对原先所有驾车出行者都征税造成的社会福利下降，另一方面又降低了政府的支出压力，使增加的财政资金支出来源得以解决。

除此之外，还可以通过鼓励自行车、电动汽车等代步工具的使用，大力发展公共交通事业，发展区域交通一体化等措施来缓解交通拥堵。一方面，自行车、电动汽车的使用可以提高出行效率，另一方面有利于大气环境的保护；在满足消费者对于快捷、舒适的目标追求的同时，也能极大程度地实现环保效益。从这个角度来看，自行车、电动车无疑是很好的出行工具选择。在自行车方面，近两年随着共享单车的普及，它不仅成功解决了"最后一公里"出行问题，还以智能化、科技化的方式引领着绿色出行潮流，价优、方便与快捷的特点使得共享单车成为一种新的主要出行工具。如果是为了鼓励更多驾车出行的人改乘公共交通，除了进行票价改革之外，还要适度分流高峰客流，平衡路网的功能和作用，设计多样化票种，例如日票、特定线路通勤票、地上地下联乘及换乘等优惠政策，加强站台、站内的服务设施，引导乘客有序购票乘车，避免高峰时段的拥挤造成的时间延误、人员伤亡等不良后果。就治理交通拥堵与环境污染问题而言，若要降低有车族的效用损失程度以及确保整个城市通勤的便利与效率，那么不仅需要完善交通换乘体系，构建公交快速通勤网络，使轨道交通不仅在解决主城区的交通问题上发挥作用，还要在疏散主城区人口、推动全域城市化过程中发挥作用。要突破行政区划限制，建立区域机动车监管机制，统一排放和油品标准，统一机动车环保目录标志管理，共同推广新能源汽车，共享有关治理措施与信息。

第五，"气荒"治理与我国天然气价格交叉补贴问题综合研究。我国现行的能源结构仍然以煤炭为主。世界能源结构的发展，经历了从固体到液体再到气体的演变，能源和石油在一次能源结构中的占比将会逐步下降。但是，这是一个渐进的替代过程，在当前，化石能源的高效、洁净化利用仍然具有重要的现实意义。从环保角度来讲，天然气相对于煤炭、石油等能源，具有燃烧效率高，排放二氧化硫、氮氧化物等污染物少的优势，因此，提倡"以气代煤、以气代油"的能源消费方式，为我国近年来雾霾治理进程的加快提供了很好的助力。2017 年 12 月 11 日，亚投行首个对华投资项目落户北京，其目的是加速京津冀"煤改气"进程，推动经济绿色转型，助力"北京蓝"。[①] 但是，在"煤改气"工程"大干快上"的同时，也不能忽视我国天然气管道等基础设施严重滞后的现状，加之天然气作为一次能源，具有不可再生性，因此，消费量迅速增长，调峰供给却跟不上进度，"气荒"问题自然凸显，而天然气价格的"双轨制"以及交叉补贴的存在则进一步加剧了供需矛盾。根据供给侧改革的需要，从 2018 年 6 月 10 日起，国家将逐渐理顺居民用气门站价格。[②] 但是，在改革推进过程中，也要综合考虑居民负担，确保群众基本民生安全。

第六，秸秆焚烧问题在我国可以说是一个顽疾，屡禁不止，只有疏堵结合，才能真正做到标本兼治。通过对现实状况的观察不难看出，秸秆的有效利用仍然存在着诸多问题，仅有禁止手段是不够的，而且极其容易反弹，单纯的围堵对于经济和社会发展会产生负面的影响，也不能够有效地解决问题。在这种情况下，就必须考虑与科学技术相结合，通过科学创新方式和治理能力的提升走可持续发展的道路。针对不充分燃烧燃料而导致雾霾这一因素，需要考虑在技术上对农民和相关企业予以支持。通过提高技术，一方面提高供热的水平，另一方面减少对污染物的排放，这实际上是使得能源和资源得到充分利用、避免环境污染的最优方案。为此，政府可以出台扶持政策，发挥"四两拨千斤"的作用，将种粮补贴与秸秆焚烧补贴融合，形成统一的秸秆环保利用补贴，既可以促进当前种粮补贴存在的一些问题的解决，也可以更好地发挥这两个单项政府投入的功效，对农户秸秆处理决策产生积极影响。同时，秸秆和种粮具有较好的相关性，可以利用秸秆的产出掌握农户是否种植粮食作物，根据秸秆的处理量（包括销售和还田等综合利用）确定秸秆环保利用补贴。对于销售的秸秆，可以凭相关企业的秸秆收购情况给农户发放补贴。

第七，近年来我国能源和排放的快速增长，既是国内投资和消费需求快速增长的结果，外贸出口也是重要的驱动力。一些发达国家一边享受着我国制造的产品，一边对我国能耗和排放的增长大加指责，散布"中国威胁论"。揭示贸易再平衡和生态再平衡问题有助于在国际谈判中对我国贸易问题和环

---

① 资料来源：新华网．亚投行首个对华项目落户北京助力"北京蓝"，http：//news. xinhuanet. com/fortune/2017－12/11/c_1122090309. htm。

② 《国家发展改革委关于理顺居民用气门站价格的通知》（发改价格规〔2018〕794 号）。

境问题作出一定的合理解释。在当前的时代背景下,西方发达国家主张新一轮全球化当中的"贸易再平衡"。以美国为代表的工业制成品进口大国,借口与中国等发展中制造大国进行贸易时出现逆差,借此对我国实行反倾销、反补贴政策,成为全球化发展过程中的"一股逆流"。美国这些成本输出国的内在逻辑看似无懈可击,实则不堪一击。中国等国家作为发展中大国,在国际贸易市场中赚的既是"辛苦钱",也是"污染钱"。称其是"辛苦钱",是因为我国不少出口产品附加值低、利润微薄;道它是"污染钱",是因为不少出口产品是以牺牲本国环境作为代价的。而这种环境污染的治理和生态恢复,则是"来日苦多"。中国和美国之间可能存在贸易不平衡,中国对美国有贸易顺差,但是,从环境角度来看,中国对美国则存在逆差,即中国的对美贸易顺差是以大量牺牲环境为代价的。那么,如果发展中国家干了发达国家所不愿意干的"脏活""累活"之后还要"落埋怨"的话,在道理上难以讲通。因此,既然发达国家主张新一轮全球化的"贸易再平衡",我们则要主张"环境再平衡",即中国对美国的"贸易顺差"与"生态逆差"需要综合考量。

本书的创新点在于:

第一,本书从财政综合治理的角度进行了关于雾霾成因的深入分析,在财政体制根源分析的基础上,将税收治理、财政补贴措施综合考虑,做到"疏堵结合"。

第二,引入交通拥挤费等作为治理交通拥堵的一种手段,从而规避了因限购等行政命令造成的财政外溢效应。结合"资源性公共产品""制度性公共产品"等新型公共产品的供给不足问题进行研究,探讨空气、交通等区域性新型公共产品供给与雾霾治理的有效途径。

第三,京津冀地区自20世纪80年代就开始了协作发展,并在基础设施建设、产业转移发展等方面取得了一定进展,但无论是距离京津冀分工协作的实际要求,还是与长三角地区的协作发展水平相比,都还存在较大差距。当前,本书结合促进京津冀地区协同发展研究,使财政在多元利益主体下发挥最大效能,就显得极为必要。

第四,更加关注在雾霾治理中对相关利益主体的分析,例如,中央政府与地方政府、地方政府之间、政府与企业、政府与民众之间的利益博弈,雾霾治理不是免费的午餐,其中包含着多方面的博弈,只有政府、企业、个人均担负起相应的责任及承担相应的成本,才能推进雾霾治理的顺利进行。

目　　录

第 1 章

引　言

1.1　本书的研究背景

1.1.1　雾霾频发的现实背景

2013 年 12 月 17 日，中国社科院等发布的《公共服务蓝皮书》将雾霾列为 2013 年关键词。这一年的 1 月，4 次雾霾过程笼罩全国 30 个省（区、市），当月北京仅有 5 天不是雾霾天。根据北京市环保局发布的数据，2014 年北京 PM2.5 年均浓度为 85.9 微克/立方米，同比下降 4%，并未达到年初政府工作报告和"清洁空气行动计划"中提出的 5% 年度下降目标，且仍然超过国家二级标准限值（35 微克/立方米）。此外，2014 年北京 PM2.5 重度及严重级别污染达 45 天，持续三天及以上的重污染过程达 7 次，2 月 20 日至 26 日甚至出现长达连续 7 天的重污染过程。

而从全国范围来看，根据环境保护部发布的"2014 年重点区域和 74 个城市空气质量状况"，只有 8 个城市的 6 项污染物年均浓度达标，其余 66 个城市都存在不同程度超标现象。我国大气污染形势依然严峻，具体体现在：（1）京津冀、长三角、珠三角三大重点区域仍是空气污染较重区域；（2）复合型污染特征突出，传统煤烟型、汽车尾气污染与二次污染相互叠加；（3）重污染天气尚未得到有效遏制，重污染天气频发势头没有得到根本改善。

2014 年，北京市环保局公布了第一轮 PM2.5 来源解析，结果显示，2013 年北京市 PM2.5 来源中，本地污染排放贡献 64%—72%，其中，机动车、燃煤、工业生产、扬尘分别占 31.1%、22.4%、18.1%、14.3%，餐饮、汽车修理、畜禽养殖、建筑涂装等其他排放约占 14.1%；区域传输贡献约 28%—36%。2018 年 5 月 14 日，新一轮 PM2.5 来源解析研究成果公布，并表明，北京市 2017 年全年 PM2.5 主要来源中，本地排放贡献占 2/3，其中，移动源、扬尘源、工业源、生活面源和燃煤源分别占 45%、16%、12%、12% 和 3%，农业及自然源等其他来源约占 12%；区域传输贡献约 1/3，且随着污染级别增大，区域传输贡献上升。相较来看，现阶段北京市 PM2.5 来源中，移动源、扬尘源贡献率上升，生活面源贡献率也进一步凸显。①

由此可见，雾霾频发已经成为中国社会经济"新常态"无法回避的问题。根据中美双方 2014 年共同发表的《中美气候变化联合声明》，2030 年中国的碳排放预期要达到峰值，而污染物的排放一般是提前 5 年，也就是说在未来 10 年之内中国污染物排放总量可能会维持不变，甚至还要提高，中国的雾霾污染将会持续 10 年左右甚至更长。在我国"环境承载能力已经达到或接近上限"的"新常态"背景之下②，深入研究我国雾霾根源及其治理之策显得至关重要。

1.1.2 "APEC 蓝"大热后的群众愿望

2014 年 12 月 19 日，国家语言资源监测与研究中心、商务印书馆等主办的"汉语盘点 2014"年度词语中，"APEC 蓝"作为热词被推上榜。《环球科学》杂志也将"APEC 蓝"遴选为 2014 年度十大科技热词之首。

"APEC 蓝"指的是 2014 年 APEC 会议召开期间北京优良级别的空气质量。而"APEC 蓝"背后，是华北地区为此所采取的一系列最高规格的减排措施。自 2014 年 11 月 1 日起，北京、天津、河北、山东、山西及内蒙古六省、市、自治区环保监测部门实施联防联控，采取了机动车限行与管控、燃煤和工业企业停限产、工地停工、道路保洁、调休放假等措施。由此可见，"APEC 蓝"是中国政府采取超常规手段治理出来的，其中有些措施——停产、停工、限行并不是长久之计，但是，这也为未来尽快改善空气质量、治理雾霾问题提供了难能可贵的经验和借鉴，说明了只要各级政府下定决心，切实采取措施，"APEC 蓝"有望在中国成为"新常态"。

作为正在逐步实现现代化和城市化的发展中国家，如何在经济发展与环境保护之间寻找一个平衡点，是中国目前面临的严峻挑战。环保部副部长吴晓青

---

① 最新科研成果新一轮北京市 PM2.5 来源解析正式发布 [EB/OL]. (2018-05-14). www.bjepb. gov.cn/bjhrb/xxgk/jgzn/jgsz/jjgjgszjzz/xcjyc/xwfb/832588/index.html.

② 2014 年中央经济工作会议。

对此表示：转变产业发展模式，改善能源消费结构，抑制过快增长的机动车污染，加强城市建设管理，才能彻底改善大气污染。要实现这样的目标，既是一个长期艰苦的过程，也是一个时不我待的过程。所以，我们一定要加倍努力，既要打攻坚战，还要打持久战。①

1.1.3 财政是国家治理的基础，在雾霾治理中也将发挥基础性作用

财政是国家治理的基础和重要支柱，关于财政在国家治理中的定位，刘尚希（2014）用"改进的木桶原理"来解释：财政不是众多竖板中的一块，而是木桶的"底板"，它决定的不是桶的容量、功能大小，而是这个桶能不能装水、功能是否失效。国家治理是一个由众多要素有机耦合而成的严密体系，如果财政出了问题，则整个国家治理就会失效。所以说，从国家治理的角度来看，财政是作为国家治理的"底板"发挥制度的基础性作用。

水、空气、土壤等是人类赖以生存的最基本的自然资源，在财政学中也是最典型的"公共产品"，在当今国人过分追求物质财富和经济增长的冲动之下，一些基本的公共产品遭到无情破坏，现实版的"公地悲剧"（Tragedy of Commons）② 在我国反复上演。在环境污染中，大气污染问题尤为突出，与人民的身体健康息息相关。大范围持续的雾霾天气固然可能与一些地区特殊的地形、城市规划和气候异常有关，但雾霾天气的主要污染物质为汽车尾气和燃煤排放等转化而来的硝酸盐和硫酸盐等③，这与我国人口密集、交通拥堵有很大关系。

我国的人口密集很大程度上又与不合理的公共服务定价有关，即城市地区公共产品和公务服务的定价采取以财政补贴为基础的"一刀切"廉价供应策略。这在很大程度上导致了公共财政负担过重，加剧了企业与居民对水、气、电等资源的浪费，使财政补贴更多地流向高消费能力的富裕人群，形成"逆向补贴"的事实。因此，分析我国雾霾成因的财政体制根源，理顺城市公共物品的供给价格，促进我国城镇化的健康发展就显得尤为重要。

---

① 环保部副部长谈治理雾霾：抑制机动车污染过快增长 ［EB/OL］.（2014 - 03 - 08）. http：// news. china. com. cn/2014lianghui/2014 - 03 - 08/content_31718813. htm.
② "公地悲剧"又称"哈丁悲剧"，最初是由英国学者哈丁（Garrett Hardin）在其 1968 年发表在《科学》杂志上的同名文章中针对"公共资源"（Common Pool Resources）提出来的。HARDIN G. The Tragedy of the Commons ［J］. Science, 1968（10）：13 - 23.
③ 骆倩雯. 专家详解雾霾天气成因：污染物质增加了近 20 倍 ［EB/OL］.（2013 - 01 - 14）. http：//sz. sohu. com/20130114/n363372065. shtml.

财税政策是国家进行宏观调控的重要手段，对雾霾治理进行多方面研究，一方面可以为城市交通拥堵和大气污染治理提供有效的应对措施，另一方面可以有效改善群众的生存环境，促进我国经济、社会可持续发展和生态文明建设。

1.2　文献综述

1.2.1　雾霾治理的理论基础

（1）环境污染执法力度不足

20世纪中叶，White[①]反思环境污染的根源，认为环境问题将直接决定国家政策的制定、社会文化发展趋势和技术进步。在注重经济发展的同时，中国很早就意识到环境保护的重要性。1979年，颁布了中国第一部环境保护法律《环境保护法（试行）》，力图构建平衡经济与生态环境之间冲突的制度体系，相对于经济社会发展，并不晚于西方发达国家。[②] 实施近40年来，针对大气、水、土壤等也陆续出台《水污染防治法》《森林法》和《大气污染防治法》等一系列单行法和条例，并于2014年4月出台修订后的《环境保护法》（下文称为"新环境保护法"）。雾霾防治方面，在事前阶段有环境影响评价，项目建设阶段有"三同时"监督，事中有排污费、现场检查以及正在试点的碳排放交易制度，事后有排污费和法律惩治等。尽管法律制度体系不断完善，但受上级环保部门和同级政府双重领导，环保部门的责任远大于职权，监管和执法力度略显不足，环境违法现象屡见不鲜。诚然，法律制度体系的建设一定程度上可以遏制环境恶化速度。因此，在现行的体制机制下雾霾防治并非无法可依，而是在信息不透明和公民环保意识薄弱的情况下，监管成本过高导致执法力度略显不足。

（2）空气资源的稀缺性

从经济学角度研究大气污染等生态环境问题可追溯到古典经济学时代，其中，以马尔萨斯的"资源绝对稀缺论"和李嘉图的"资源相对稀缺论"最具代表性。马尔萨斯[③]认为，人口、生产与资源供给间存在短期矛盾和长期动态平衡

---

① WHITE J L. The historical roots of our ecologic crisis [J]. Science, 1967 (155): 1203 – 1207.

② 1956年，英国颁布世界首部《清洁空气法》；1963年，美国制定《清洁空气法》；1967年，日本颁布《公害策略基本法》；1976年，法国颁布《自然保护法》。

③ 马尔萨斯. 人口论 [M]. 郭大力，译. 北京：商务印书馆，1959.

关系，主张人口生产服从于自然环境。大卫·李嘉图在《政治经济学及赋税原理》著作中否认肥力较高土地资源在数量上存在绝对稀缺性，认为人类开发技术可以克服劣质土地资源的缺陷。穆勒①综合"资源绝对稀缺论"和"资源相对稀缺论"，认为人类有克服资源相对稀缺的能力，但并不赞同应用这种能力征服自然，防止超越自然资源的极限水平导致自然美的消失。穆勒指出，如若工业发展对空气利用程度过高，则会产生对空气资源占有的技术诉求，甚至可以被垄断，那么空气将具有很高的市场价格。

（3）空气质量的公共品属性

萨缪尔森和 Musgrave 对公共物品的两大特性进行准点界定，即非竞争性和非排他性。其中，非竞争性是在不改变其他人消费数量和质量的基础上，增加一个消费者的消费水平，即边际成本为零；非排他性则是指排斥他人消费的可能性。显然，由于无法从流动的空气中分离出质量好的空气，他人对空气占用的社会成本几乎为零，因此，空气质量具备公共物品的这两个属性。然而，空气资源的稀缺性意味着非竞争性并非永远存在。在既定的环境容量下，过分污染超出空气自净能力时，会演变为"公地的悲剧"。1968 年生物学家哈丁指出，当资源有许多拥有者时，每个人有权使用资源但无法阻止他人使用，从而导致资源的滥用。② 雾霾是微观主体对空气这种公共资源的过度使用的表现。

（4）大气污染外溢性显著

在 GDP 赛跑中，地方政府与排污企业合谋，地方政府会针对污染物外溢性属性和强弱采取治理策略。由于产权难以明细，空气质量保护缺乏激励机制，大气污染愈发严重，并且很难确定责任主体。③ 空气不可控的流动性，导致大气污染物具有很强的流动性和外溢性，由于这些特征的存在，污染治理的主体地方政府会倾向于选择不严格的规制策略。④⑤ 该结论被广泛的经验、数据

---

① 穆勒. 政治经济学原理 [M]. 金镝，金熠，译. 北京：华夏出版社，2009.

② HARDIN G. The Tragedy of the commons [J]. Annals of Internal Medicine, 1970 (162)：1243 - 1248.

③ ANSELIN L. Spatial effects in econometric practice in environmental and resource economics [J]. American Journal of Agricultural Economics, 2001, 83 (3)：705 - 710.

④ WOODS N D. Interstate competition and environmental regulation：a test of the race - to - the - bottom thesis [J]. Social Science Quarterly, 2006, 87 (1)：174 - 189.

⑤ 张克中，王娟，崔小勇. 财政分权与环境污染：碳排放的视角 [J]. 中国工业经济，2011，10：65 - 75.

证明。①② 因此，研究中国雾霾问题不可忽视污染的空间外溢性特征。

1.2.2 大气污染治理主体的讨论

（1）政府治理：市场失灵的干预手段

作为传统环境伦理学的一个主要流派，以杰弗里·弗雷泽为代表的仁慈主义环境伦理主要是基于福利经济学理论进行研究。它假设政府是仁慈的，重视各种环境资源的内在价值，认为政府对环境保护始终承担责任。③ 而环境经济理论则重视环境的公共品属性，认为环境问题不能依靠市场力量解决外部性，需要政府运用行政、法律手段干预市场行为。

1890 年，马歇尔在其发表的《经济学原理》中提出"外部性"概念。经济大萧条以来，以凯恩斯、霍布豪斯等为代表的新古典经济学派主张国家积极干预，承认市场失灵的存在。庇古是系统分析环境污染外部性的第一人，将马歇尔提出的"外部经济"概念扩充为"外部不经济"。他的研究表明，外部性导致企业的边际成本和边际收益不对等，为了避免外部性发生，需要对生产外部性的企业征收"庇古税"的办法，使企业的生产成本等于社会成本，即借用政府的力量，通过税收或补贴来干预调节边际私人成本或边际私人收益，使其等于社会成本或社会收益。④ 然而，空气等环境资源无法做到产权明晰，外部效应无法内部化，同时，环境污染或生态破坏往往具有代际影响，试图通过市场矫正方法来控制环境污染不可行。⑤ 因此，从可持续发展的角度来看，国家应该对环境问题进行干预，对生态环境领域的市场失灵进行政府治理。

（2）市场治理：污染的负外部性内化的选择

"科斯定理"为生态环境治理提供了第二种方式，即市场治理。受公共选择理论的影响，学者开始对政府干预理论进行批判，认为政府对环境管制存在决

---

① HOSSEIN H M. Spatial environmental kuzents curve for Asian countries：studies of CO_2 and PM2. 5 ［J］. Journal of Environmental Studies, 2011, 37 （58）：280 - 295.

② 马丽梅，张晓. 中国雾霾污染的空间效应及经济、能源结构影响［J］. 中国工业经济，2014，4：42 - 56.

③ FRASZ G B. Environmental virtue ethics：a new direction for environmental ethics ［J］. Environmental Ethics, 1993 （15）：259 - 274.

④ PIGOU A C. The economics of welfare ［M］. First Edition, London：Macmillan, 1920.

⑤ KNEESE A V, SCHULZE W D. Ethics and environmental economics ［J］. Handbook of Natural Resource & Energy Economics, 1985, 1 （85）：191 - 220.

策失误和选择误区。① 雾霾等环境问题的外部性和信息不完备性，会引发企业治污决策的"道德风险"和政府的"逆向选择"，导致政府管制失效。② 市场治理是通过市场手段将污染外部性进行内部化、实现生态环境治理的措施。科斯③认为，外部性的存在主要是因为产权界定不清，故无法确定谁应该为外部性承担后果或得到报酬。科斯提出，在产权明确的前提下，通过自愿的谈判和交易等方式使得污染者与污染受损者之间实现外部性内部化，这个思想被概括为"科斯定理"。科斯定理为某些公共产品的有效供给提供了解决之道，如排污权交易制度等众多的市场规制方式。市场治理模式最本质的特征是利益相关者通过参与、沟通来寻找策略，以此打破治理困境，相对于政府单边、强制性治理，市场治理更强调利益相关者的主动参与。④

（3）公民社会治理：实现自愿治理的方式

公民社会的自愿治理是生态环境治理的最终目标。这里的公民社会不仅仅是指公民单体，也包括企业。现代管理学之父彼得·德鲁克⑤（Peter F. Drucker）认为，企业应该承担一些公共职责，因为作为社会组织，企业是业界参与者和社会公民的综合体，也就是"企业公民"。这样看来，生态环境自愿治理是社会全体公民的行为。公民社会治理的基础是生态环境信息公开透明，这一方面保障了公众在大气污染方面的知情权和受教育权，另一方面也为公民参与监督提供条件，同时，也通过负面清单的形式督促企业提高资源利用率。⑥ 美国在1986年启动《应急计划与社会知情法》，逐步形成有毒化学物质排放清单制度，并在美国环境保护局网站对外及时公开，清单已更新至2015年12月。⑦ 这一措施能够使公众及时把握污染排放现状以及重点排污企业，通过社会监督和严厉的政府规制，促

---

①　FRED L，SMITH J. Market and the environment：a critical appraisal［J］. Contemporary Economic Policy，1995，13（1）：62 – 73.

②　MASON R，SWANSON T. The cost of uncoordinated regulation［J］. European Economic Review，2002（46）：143 – 167.

③　COASE R H. The problem of social cost［J］. Journal of Law and Economics，1960，3（56）：837 – 877.

④　EDELENNOS J，SCHIE N V，GERRITS L. Organizing interfaces between government institutions and interactive governance［J］. Policy Sciences，2010，43（1）：73 – 94.

⑤　PETER F，DRUCKER. Concept of the corporation［M］. 慕凤丽，译. 北京：机械工业出版社，2009.

⑥　IRWIN L A，FLIEGER K. The importance of public education in air pollution control［J］. Journal of the Air Pollution Control Association，1967，17（2）：102 – 104.

⑦　EPA. Toxics Release Inventory（TRI）program［EB/OL］. https：//www. epa. gov/toxics – release – inventory – tri – program.

进企业自愿治理污染。[①] 因此，政府信息公开被认为是"命令—控制"和市场规制后的第三浪潮，通过政府提供的生态环境治理信息，公众可以对污染单位进行监管和问责。这种规制与政府规制相比缺乏强制性，需要政府提供真实足够的信息，同时在公众收入较高、教育水平较好和社区组织较强时，才可以得到很好的应用。[②] 信息公示是传统的政府规制方式的补充而不是替代，由于公众的自愿规制比较分散，且不具备强制力，难以获得稳定的污染控制目标，目前，公民社会治理的意义更多地在于通过政府之外的压力（例如，企业声誉、经济损失或法律诉讼）来影响企业对污染成本的判断，以服从政府的生态环境规制。当然，公民社会治理是生态环境治理的趋势，但就现阶段而言是政府治理的补充。

（4）多元主体治理：政府主导的优势耦合

政府治理是缘于环境外部性的传统行政规制方法，是政府向社会提供公共服务的内容之一。它通过制定法律法规或排放标准来控制污染排放，或者采取市场信贷优惠等激励机制，旨在鼓励实施环保措施或减少污染的战略。市场治理方式的最大优点在于能够有效确定生态环境产品的价格，恢复被破坏了的市场的作用。以信息公开为特征的社会公众治理对信息质量和公众参与能力要求较高，是社会发展的趋势。但无论哪种方式，对生态环境污染信息的及时准确披露都十分重要。政府治理需要真实的生态环境信息作为制定和调整政策的基础，市场治理中各微观经济单位需要真实生态环境信息作出判断，社会公众治理本身就建立在信息对称基础之上。因此，生态环境信息的真实披露影响到生态环境治理的效果。

生态环境治理是一个复杂的社会过程，在生态环境治理中，政府、市场和公民社会都应该参与其中。具有共同目标的政府机构、社会组织和公民进行合作的环境治理模式，比任何一种单一主体的治理都更为有效，其基础条件是要构建参与者对话机制、灵活透明及制度化的共识达成机制。[③] 因此，生态环境治理过程中，通常是政府治理、市场治理与社会治理并存，政府治理占据主导地

---

① CHAY K. Toxic exposure in America：estimating fetal and infant health outcomes ［J］. NBER Working Papers，2009，29（4）：557-574.

② STUART A L，MUDHASAKUL S. The social distribution of neighborhood - scale air pollution and monitoring protection ［J］. Journal of the Air & Waste Management Association，2009，59（5）：591-602.

③ GUNNINGHAM N. The new collaborative environmental governance：the localization of regulation ［J］. Journal of Law and Society，2009，36（1）：145-166.

位，同时积极探索市场治理的途径，而且市场治理的成败也取决于政府采取的经济激励手段。社会公众的参与体现在对于一些环境事件的公众参与机制，但尚未对环境污染行为构成实际的监督和控制，仍要政府积极引导，进一步地完善。因此，就目前而言，政府治理决定了环境治理的效果。

1.2.3 雾霾防治规制及其有效性评价

规制是国家对微观经济活动所进行的直接的、行政的和司法的规定和限制。[①]自庇古提出用矫正税来解决诸如环境污染等外部性问题以来，随着全球温室气体水平不断上升，雾霾防治规制的相关理论是近年来学术界的热点。既有文献主要从环境规制理论发展、规制理念与政策工具选择、效果评价等方面展开研究。

（1）环境规制理论的发展

根据雾霾等环境问题的经济属性可知，环境问题的根源在于其污染的负外部性、资源稀缺性和产权不明晰特性，为采取相关环境规制提供了理论依据。环境规制理论主要包括公共利益理论、规制俘虏理论和激励性规制理论等。以Stigler[②]为代表的芝加哥学派将"完全理性"引入规制研究，Stigler 以市场失灵为主分析政府设置环境规制的必要性，提出对市场不公平或者无效率的行为进行政府规制，形成公共利益规制理论。然而，在信息不透明的情况下，规制机制被部分垄断厂商和个人利用，通过向基层政府寻租为自己谋取利益。[③] 对此，规制俘虏理论[④]认为，无论规制方案如何设计，对某个产业的规制实际上是被这个产业俘虏，提高了产业利润而非社会福利。规制俘虏理论将政治行为纳入经济分析范畴，很好地解释了利益集团如何控制或影响规制的实施。但在社会实践中仍饱受质疑，其主要缺陷是忽略多重委托代理模式下的环境信息非对称性。[⑤]激励性规制理论不仅从环境经济属性分析政府规制目标，更注重从实践层面设计规制和激励约束机制，改变以往政府环境治理理念，从正面诱导企业提

① 张红凤，杨慧. 规制经济学沿革的内在逻辑及发展方向 [J]. 中国社会科学，2011，6：56-66.
② STIGLER G J. The theory of economic regulation [J]. Bell Journal of Economic and Management Science，1971，2（1）：3-21.
③ POSNER R A. Theories of economic regulation [J]. The Bell Journal of Economics and Management Science，1974，5（2）：335-358.
④ PELTZMAN S. Toward a more general theory of regulation [J]. Journal of Law and Economics，1976，19（2）：211-240.
⑤ FRED S M. Rent extraction and rent creation in the economic theory of regulation [J]. Journal of Legal Studies，1987，16（1）：101-118.

高生产效率和经济效率。① Roberts 和 Spence② 首次设计了排污许可证和收费补贴政策，从财税角度控制企业的排污总量；Laffont 和 Tirole③ 则从提高排污企业被俘获成本出发，设计激励约束机制；Porter④ 认为，规制机制设计应从激发被规制企业技术、管理创新出发，目的是提高企业的市场竞争优势，在此基础上提出"波特假说"，丰富了环境规制理论。

（2）环境规制理念与政策工具选择

随着政府治理能力不断改进，环境规制理念与政策工具也随之优化，已有的研究更多地关注各种政策工具的优缺点和组合策略。Bemelmans⑤ 将环境规制工具归为经济激励机制、法律约束机制和信息监管机制三大类；马士国⑥ 将环境规制工具分为命令—控制型（直接规制）、基本类型的市场激励型环境规制和衍生型的市场化环境规制。在市场机制不完善的国家，命令控制型环境规制工具更具有操作性和有效性。政府直接规制是通过颁布环境法规和标准，对微观经济单位的污染排放和政府监管行为进行控制，在欧洲和美国得到应用，成效明显。然而，Tietenberg⑦ 认为，与市场型环境规制相比，命令控制型规制工具最大的缺点是实施成本高，容易滋生腐败问题。市场型环境规制工具能有效降低监管信息成本支出，并促进企业技术创新和节能管理水平，对企业降低成本产生实质性激励，其规制工具主要包括环境税⑧、排污权交易⑨⑩、政府补贴⑪和押金返

---

① MICHAEL A C, PAUL R K. Regulatory economics: twenty years of progress? [J]. Journal of Regulatory Economics, 2002, 21 (1): 5 – 22.

② ROBERTS M J, SPENCE M. Effluent charges and licenses under uncertainty [J]. Journal of Public Economics, 1976, 5 (3 – 4): 193 – 208.

③ LAFFONT J J, TIROLE J. The politics of government decision – making: a theory of regulatory capture, incentives [J]. Quarterly Journal of Economics, 1991, 106 (4): 1089 – 1127.

④ PORTER M E. American's green strategy [J]. Scientific American, 1991, 264 (4): 168.

⑤ VIDEC B, MARIC L, RIST R C, et al. Policy instruments and their evaluation [M]. New York: Transaction Publishers. 1998.

⑥ 马士国. 环境规制工具的设计与实效效应 [M]. 上海: 三联书店, 2009.

⑦ TLETENBERG T. Environmental economics policy [M]. MA: Addition – Wesley, 2001.

⑧ PIGOU A C. The economics of welfare [M]. First Edition, London: Macmillan, 1920.

⑨ COASE R H. The problem of social cost [J]. Journal of Law and Economics, 1960, 3 (56): 837 – 877.

⑩ BOVENBERG A L, LAWRENCE G, GURNEY D. Efficiency costs of meeting industry – distributional constraints under environmental permits and taxes [J]. RAND Journal of Economics, 2005, 36 (4): 951 – 971.

⑪ KOHN R E. A general equilibrium analysis of the optimal mumber of firms in a polluting industry [J]. Canadian Journal of Economics, 1985, 18 (2): 347 – 354.

还①等防治手段。在中国，除了环境税以缴费形式存在外，其余方式均在各地试验和实施，而环境保护费改税的理论基础、框架设计及模式选择等问题均在不断推进。② 除了基本规制工具，Requate 和 Unold③ 提出多阶段排污收费和多类型排污许可的混合工具，即对排污量施行累进税或阶梯费，不同类型许可证采取不同价格。此外，Arimura④ 认为，国际 ISO14001 对企业的污染物排放的约束力有效。就各类规制工具的有效性而言，李斌等⑤研究表明，以命令—控制型为主的环境规制致使中国工业绿色全要素生产率非但没有出现增长，反而出现一定的倒退；而以市场激励型为主的环境规制则能激发企业的技术创新，减少污染排放。

（3）环境规制效果评价

为解决市场微观主体活动所产生的负外部性，环境规制作用于微观主体并通过产业结构对宏观经济产生影响。因此，已有文献主要从微观、宏观角度评价各种环境规制的有效性。关于政府环境规制对微观市场主体的生产效率的影响存在两种观点：一是以 Barbera⑥ 为代表的新古典经济学派认为环境规制导致企业收益下降，本国产品失去竞争力，环境保护与经济发展存在矛盾；二是认为合理的规制会激励企业提升生产技术，从而实现环境与经济双赢，代表性理论为"波特假设"。Porte⑦⑧ 认为，恰当的环境政策设计可以激发被规制企业的研究与发展（Research and Development，R&D），"技术补贴"和"先动优

① STERNER T. Policy instruments for environmental and natural resource management ［M］. Washington DC：Resource for the Future，2002.

② 高萍. 我国环境税收制度建设的理论基础与政策措施 ［J］. 税务研究，2013（8）：52 – 57.

③ 马士国. 基于市场的环境规制工具研究述评 ［J］. 经济社会体制比较，2009，2：183 – 191.

④ ARIMURA T H，HIBIKI A，KATAYAMA H. Is a voluntary approach an effective environmental policy instrument? A case for environmental management systems ［J］. Journal of Environmental Economics and Management，2008，55（3）：281 – 295.

⑤ 李斌，彭星，欧阳铭珂. 环境规制、绿色全要素生产率与中国工业发展方式转变——基于 36 个工业行业数据的实证研究 ［J］. 中国工业经济，2013，4：56 – 68.

⑥ BAFBERA A J，MCCONNELL V D. The impact of environmental regulations on industry productivity：direct and indirect effects ［J］. Journal of Environmental Economics and Management，1990，18（1）：50 – 65.

⑦ PORTER M E. American's green strategy ［J］. Scientific American，1991，264（4）：168.

⑧ PORTER M E，LINDE C V. Toward a new conception of the environment – competitiveness relationship ［J］. Journal of Economic Perspectives，1995，9（4）：97 – 118.

势”可以提高企业的市场占有份额，最终实现环境保护与产品优势的双赢。Stfan[1]通过实证分析发现，排污税会对企业利润带来负面影响，但有助于淘汰落后产能。从国内实证研究来看，李树等[2]采用倍差法分析《大气污染防治法》（APPCL2000）的修订对中国工业行业全要素生产率的影响，研究结果表明，APPCL2000 的修订显著提高了空气污染密集型企业的全要素生产率。涂正革[3]研究证实 SO_2 排污权交易试点一定程度上缓解了资源错配，但低效率的市场和不完善的环境规制难以激发出观波特效应。

环境规制对宏观经济效应的影响主要表现为相关领域技术创新、对外贸易结构改变和生态效率。Lanjouw[4]研究结论表明，20 世纪 70 年代的环境规制激励全球环境技术的创新和扩散。Popp[5]指出，美国空气治理和技术创新之间存在正向相关，实施空气污染防治规制的地区其相关专利申请显著增多。Ekins[6]评估用于减缓气候变化的环境税和其他规制工具对财政的可持续性影响，认为用于温室气体治理的财政补贴不仅对环境治理无益，而且影响财政自身的跨期平衡。Fare 等[7]构建、引入排污权交易的 DEA 模型，比较分析美国燃煤电厂不同污染物排放组合所带来的潜在经济红利。与微观效应类似，学者们关于严格的环境规制对本国进出口贸易影响的观点不一致。Beers[8]、Xu[9]等学者通过实证

① STEFAN A, MARK A C, STEWART E, et al. The porter hypothesis at 20: can environmental regulation enhance innovation and competitiveness? [J]. Review of Environmental Economics and Policy, Association of Environmental and Resource Economists, 2013, 7 (1): 2 - 22.

② 李树，陈刚. 环境管制与生产率增长——以 APPCL2000 的修订为例 [J]. 经济研究，2013, 1: 17 - 31.

③ 涂正革，谌仁俊. 排污权交易机制在中国能否实现波特效应？[J]. 经济研究，2015, 7: 160 - 173.

④ LANJOUW J O, MODY A. Innovation and the international diffusion of environmentally responsive technology [J]. Research Policy, 1996, 25 (4): 549 - 571.

⑤ POPP D. International innovation and diffusion of air pollution control technologies: the effects of NOX and SO_2 regulation in the US, Japan, and Germany [J]. Journal of Environmental Economic and Management, 2006, 51 (1): 46 - 71.

⑥ EKINS P, SPECK S. The fiscal implications of climate change and policy responses [J]. Special Issue, 2014, 19 (3): 355 - 374.

⑦ FATE R, GTOSSKOPF S, PASURKA C A. Potential gains from trading bad outputs: the case of U. S. electric power plants [J]. Resource and Energy Economics, 2013, 36 (1): 99 - 112.

⑧ VAN B C, C J M. van den BERGH. The impact of environmental policy on foreign trade: tobey revisited with a bilateral flow model [C]. Tinbergen Institute Discussion Paper, 2000 - 2069.

⑨ XU X. International trade and environmental regulation: time series evidence and cross section test [J]. Environmental and Resource Economics, 2000, 17 (3): 233 - 257.

研究发现，严格的环境规制导致总出口特别是环境敏感性商品净出口下降；而
Taylor[①]、李小平[②]等学者则认为，环境规制存在创新贸易效应，能促进产业结
构优化、提升本国产品的出口竞争力。环境规制的生态效率是指规制缓解生
态退化，使环境库兹涅茨曲线拐点下移并提前到达。[③④]

1.3 本书的研究框架、创新点和不足

1.3.1 重点难点

治理雾霾与保持经济增长两手抓，既要促进就业，提高居民的收入水平，
保障基本民生发展需求，又要改善环境，构建生态社会，重现青山绿水，提高
居民的生活质量。因此，双重目标的平衡实现需要有高超的财政治理艺术。
2014 年以来，我国社会经济发展进入"新常态"，突出表现为"增长速度换挡
期、结构调整阵痛期、前期刺激政策消化期"的"三期叠加"。与我国社会经济
正从高速增长转向中高速增长相伴随，我国财政收入正由高速增长转为中低速
增长。"新常态"是我国现代财政制度建设面临的难得的机遇，但也是严峻的挑
战。如果说，1998 年公共财政改革旨在构建与社会主义市场经济体制相适应的
财政体制，那么，现在的现代财政制度改革则是要构建与国家治理体系和治理
能力现代化相适应的财政体制。雾霾治理问题，从根本上关系到我国现代财政
制度的根本变革。现代财政制度的诞生注定是一次规范各方利益关系的"痛苦"
过程。

雾霾治理不单纯是一个环境问题，也不简单是一个经济问题，更是一个
政治问题、社会问题。财政问题的社会敏感度不断提升，民众们对治理雾
霾、改善生活有着强烈的愿望，因此，有效利用民众的迫切需求，可以助推

① COPELAND B R，TAYLOR M S. North – south trade and environment ［J］. The quarterly journal of eco-
nomics，1994，109（3）：755 – 787.
② 李小平，卢现祥，陶小琴. 环境规制强度是否影响了中国工业行业的贸易比较优势［J］. 世界经
济，2012，4：62 – 78.
③ DASGUPTA S，LAPLANTE B，MAMINGI N，et al. Inspection，pollution prices and environmental per-
formance：evidence from China ［J］. Ecological Economies，2001，36（3）：487 – 498.
④ YIN J，ZHENG M，CHEN J. The effects of environmental regulation and technical progress on CO_2
kuznets curve：an evidence from China ［J］. Energy Policy，2015，77：97 – 108.

我国财政体制的综合改革；同时，又要坚持循序渐进，防止改革操之过急，引起民众的反感。因此，在改革进程中，要坚持有步骤、有顺序地逐步推进，拿捏好力度之轻重，把握好速度之缓急，只有这样才能使改革顺利平稳地进行。

我国的雾霾成因复杂，包括不合理的能源结构、工业生产带来的废气排放、交通发展带来的机动车尾气、农业生产产生的秸秆处理等，这些因素相互纠缠交错，对我国的雾霾综合治理提出严峻的挑战。因此，需要在广泛深入企业、地方调研的基础上，积极借鉴国外治理雾霾的有效经验，全视角、多维度地分析、解决我国的雾霾问题。

1.3.2 研究思路

本书的基本研究框架详见图 1-1。本书的基本研究内容包括如下 5 个方面。

（1）我国雾霾成因的财政体制根源分析

产能过剩是指在市场已经饱和或接近饱和的情况下，一个行业的生产能力长期、大范围超过市场需求，从而引起资源浪费、恶性竞争、行业持续亏损等一系列不良现象的市场经济表现形式。当前，过剩产能累积形成的最根本原因是一些地方政府"公司化"，官方"办企业"，以追求 GDP 和财政收入的高速增长为出发点，盲目上项目，以行政手段干预市场自发调节。

产能过剩是市场经济常态，应当主要利用市场竞争和淘汰机制来应对和化解。环境污染、雾霾天气属于外部性问题，即市场失效问题，需要通过适当的政府干预来应对，这种干预主要应当依靠环保部门制定透明、稳定的规则，并严格常态执法。化解过剩产能主要是"充分发挥市场在资源配置中的决定性作用"，而治理雾霾天气最重要的则是"更好地发挥政府作用"。

为此，从雾霾成因的财政体制根源角度出发，要解决雾霾问题，必须要推进财政体制改革、建立现代财政制度。面对当前地方税收入捉襟见肘的困境，进一步深化转移支付体制改革，通过让地方政府更多分享共享税，或是赋予地方政府真正的税收分享，从而将地方政府从雾霾的"财政体制陷阱"中解放出来。另外，对地方政府官员的考核指标应从 GDP 考核转向 GNP 考核，促使更多的企业走出去，实现我国经济结构的升级换代。

（2）我国雾霾成因的税收治理问题研究

我国一些地区出现的较大范围、较长时间的雾霾的罪魁祸首之一就是机动车尾气排放，根据北京市环保局 2014 年发布的北京 PM2.5 来源解析成果，在

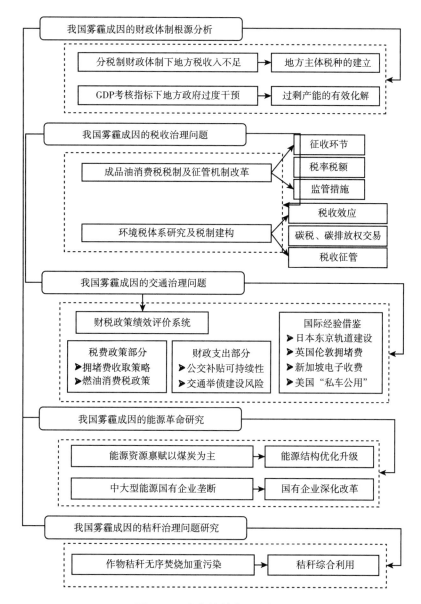

图 1-1 本书的基本研究框架

北京本地污染排放贡献中，机动车排放占比最高，达 31.1%。在这样的背景下，调整成品油消费税政策，对于促进大气污染治理、减少污染物排放、合理引导消费需求，促进石油资源的节约利用和新能源产业的发展具有重要意义。

要实现"能源消费革命"和"能源结构调整"，一个重要手段就是通过税收手段调节不合理消费。成品油消费与雾霾治理息息相关，成品油消费税改革不仅涉及税率税制结构调整问题，其相关财税收入分配问题也需要给予充分考虑。

提供清洁的空气、水等生存环境，建设生态文明，还需要引入制约环境污染的长效机制，环境税制的构建成为必然。当前国内外针对环境税制进行了广泛而深入的研究。Wenders、Magat、Miliman 和 Prince 通过实证分析认为，环境税能为技术革新提供动态方面的刺激。Michael Faure 和 Stefan Ubachs 认为，行政手段在保护环境方面效率较低并仅有少量的激励效果，而税收手段与污染权交易手段都具有很好的激励作用，但税收手段是降低外部性的较好选择。经过长期研究，我国对环境税问题的研究走过了介绍和论证阶段，迈入了融合、制度创新的阶段，但是究竟是作为中央税还是共享税，主要是筹集收入还是发挥政策调节职能，如何兼顾好环境保护有力地区和经济发展较快地区之间的综合利益，仍然有待研究。

（3）我国雾霾成因的交通治理问题研究

随着我国城市化、现代化和机动化进程的加快发展，一些大中型城市的交通承载量不断增加，甚至一些中小城市的某些时段或区域也出现了交通拥堵问题，交通拥堵正在成为制约城市经济和社会发展的瓶颈。交通、建筑及工业成为我国三大能耗大户。近五年机动车年均增量 1500 多万辆，驾驶员年均增量 2000 多万人。截至 2017 年底，全国机动车保有量达 3.10 亿辆，其中，汽车 2.17 亿辆。[①] 机动车排放的一氧化碳、碳氢化合物以及氮氧化合物等污染物已经成为影响大气环境质量的主要来源之一。因此，如何有效解决城市交通拥堵问题，对于治理雾霾也具有重要意义。

城市交通的可持续发展不仅与合理的交通管理政策及高效的交通体系相关，同时也离不开相关财税政策的支持配合。从交通可持续角度出发，交通限行合法性问题、公共交通的补贴可持续论证、拥堵税征收的可行性及有效性都是亟须研究的问题。

从财政收入角度来看，与近年来机动车数量的迅猛增长形成鲜明对比的是停车费等公共资源性收费的入库额的缓慢增加。近半停车费未入库[②]，这一方面形成了财政漏洞，在中国经济增速放缓的背景下稳定财政收入的压力相当大，

---

① 中国公安部：截至 2017 年底全国机动车保有量达 3.10 亿辆 [EB/OL]. http：//auto.people.com.cn/n1/2018/0116/c1005-29766686.html.
② 北上广津停车费追踪：至少一半收上来的钱没进政府口袋 [EB/OL]. http：//news.xinhuanet.com/2014-11/23/c_1113366550.htm.

另一方面助长了雾霾问题的产生，私家车数量不能得到较好抑制。因此，治理雾霾问题，化解交通压力，也有助于我国应对新常态下财政减收的矛盾。

（4）我国雾霾成因的能源革命研究

本书从"弃风弃光"问题出发，从财政补贴和供需角度分析其产生的原因。从财政补贴角度来看，一是我国一系列财政补贴政策的支持推动了可再生能源产业的快速发展，二是对传统煤电的环保补贴增强了其成本优势，削弱了可再生能源电力的竞争力。从供需角度来看，供给侧在世界能源转型的大环境下，推广使用可再生能源已成为各国共识，其具有长久的社会效益；从需求侧的角度来看，一是"三北"地区电力消纳能力弱，二是东部地区对可再生能源的需求不足，这在于输配电网建设滞后以及东部偏好煤电等因素。进而本书就"弃风弃光"问题的解决提出相关建议。

目前，我国的能源结构仍然以煤炭为主。世界能源结构的发展，经历了从固体到液体到气体的演变。煤炭和石油在一次能源结构中的占比将会逐步下降，但这是一个渐进的替代过程。在当前，化石能源的高效、洁净化利用仍然具有重要的现实意义。因此，提高清洁能源的比重势在必行。2014 年以来，国际油价的深度调整，使我们更加深刻地认识到了国际能源问题的复杂性、严重性。中国雾霾问题的根本解决，难以绕开能源供应和消费的问题。为切实解决我国能源问题，我们要改变"以粗放的供给满足增长过快的需求"，转变为"以科学的供给满足合理的需求"的供需模式，占据未来能源科技战略制高点。

（5）我国雾霾成因的秸秆治理问题研究

在我国一些地区，秸秆弃置于农田上或者被直接焚烧的情况仍时常出现，且呈现强烈的季节特征。加上不易疏散的地形和逆温、无风等天气，形成严重的雾霾问题隐患。秸秆露天焚烧与大气污染直接相关，空气状况会因秸秆焚烧状况急剧下降。焚烧秸秆的时候，CO_2、SO_2、可吸入颗粒等指标急剧攀升，空气中污染物的密度急速提高，同时伴随燃烧产生的浓烟被人体吸入，会让人的身体造成不适。除了健康影响，对于经济生活的影响也到了不可忽视的程度。

显然，秸秆焚烧过程会伴随着 PM2.5、PM10 等颗粒物的浓度的增加。以京津冀及周边地区为例，该地区每年因此向大气中排放的颗粒物就达到了几十万吨，而该地区平均每日 PM2.5 浓度增加 60.6 微克/立方米，最多增加了 127 微克/立方米①，可见秸秆焚烧对空气质量的负面影响非常急剧且明显。

秸秆焚烧问题在我国可以说是一个顽疾，屡禁不止，只有疏堵结合，才能真正做到标本兼治。而这种焚烧秸秆的行为可以通过科学技术的探索、农业与工业的结合、政策与法律制度联动的方式予以解决。

(6) 从贸易再平衡到生态再平衡

随着大气环境问题受到重视，长期被认为有助于促进国际经济发展、推动国家福利改善的自由贸易所产生的收益问题受到了不小的质疑，不少人将国际贸易所带来的环境隐患与雾霾问题相联系。中国自实施对外开放"三步走"②战略及·系列包括出口退税在内的税收减免政策以来，一向鼓励"两头在外"的外向型经济，在此期间，出口产品中资本密集型产品占比提高显著，由1980年的11.98%增至2015年的52.39%。③问题在于，外贸出口的资本密集型产业中，具有代表性的冶金工业、石油工业、机械制造业等行业均具有高污染、高排放的特征，中国极有可能沦为国际经济体制中的"污染天堂（Pollution Heaven）"④，将雾霾等问题留在本土；更令人担忧的是，在稳增长和促环保等"双重压力"之下，地方政府和企业可能形成"共谋"，将污染通过高压手段直排深层地下水，其污染形式更加隐蔽、环境污染危害更加深远。因此，深入探索导致我国雾霾污染问题严重的成因，剖析其与贸易开放是否存在关联性及关联程度，对平衡实现经济发展与环境治理的双重目标、推进我国经济转型升级和国际贸易健康发展都具有重大的现实意义。

从已有的文献来看，对雾霾污染的研究无论是其成因还是治理，在一定程度上都是相当完备的。然而，尽管前述文献中有关于贸易会由于不同发展水平国家的环境规制标准差异而造成发展中国家雾霾污染的理论阐述，也有贸易自由度会加剧雾霾污染的实证分析，但却鲜有涉及贸易内部的差异性，从而基于贸易结构与雾霾污染之间的关系而展开的研究。本书在现有研究的基础上，试图构建计量模型，旨在通过实证检验回答雾霾污染与贸易结构之间的内在联系。

---

① 2014年国家发展改革委、农业部、环境保护部《京津冀及周边地区秸秆综合利用和禁烧工作方案（2014—2015年）》（发改环资〔2014〕2231号）。

② 1978年至今，中国对外开放战略历经了三个主要阶段：沿海开放战略、沿边开放战略、建立自由贸易区战略。

③ 根据《中国统计年鉴——2016》中"出口货物分类金额表"相关数据测得。在此将"化学品及有关产品""机械及运输设备""未分类的其他商品"三者界定为资本密集型产品。

④ 意指欠发达国家工业化水平低、环境污染容忍意愿相对较大，由此成为吸引发达国家产业尤其是污染产业专业的"避难所"。

1.3.3 创新和不足之处

本书主要有以下 4 个创新点：

第一，本书从财政综合治理的角度进行了关于雾霾成因的深入分析，在财政体制根源分析的基础上，将税收治理、财政补贴措施综合考虑，做到"疏堵结合"。

第二，引入交通拥堵费等作为治理交通拥堵的一种手段，从而规避了因限购等行政命令造成的财政外溢效应。结合"资源性公共产品""制度性公共产品"等新型公共产品的供给不足问题进行研究，探讨空气、交通等区域性新型公共产品供给与雾霾治理的有效途径。

第三，自从 20 世纪 80 年代开始，京津冀地区在基础设施和产业转移方面进行合作，并获得了一定的进展，但是协同合作的水平相对较低。当前，本书结合促进京津冀地区协同发展研究，使财政在多元利益主体下发挥最大效能，就显得极为必要。

第四，更加关注在雾霾治理中对相关利益主体的分析，例如，中央政府与地方政府、地方政府之间、政府与企业、政府与民众之间的利益博弈，雾霾治理不是免费的午餐，其中包含着多方面的博弈，只有政府、企业、个人均担负起相应的责任及承担相应的成本，才能推进雾霾治理的顺利进行。

尽管本书对雾霾的成因和治理措施进行了讨论，但依然存在以下几点不足：本书对雾霾成因的讨论较为宽泛，缺乏数据和计量方法的支撑；本书缺乏对具体财政政策有效性的评价估计；本书缺乏对雾霾减排机制的深入讨论；本书的研究局现在主观定性分析，缺乏理论探讨和定量分析。

第 2 章

我国雾霾成因的财政体制根源分析

1994 年分税制改革奠定了我国现行的财政税收体制，但我国分税制实际上并不是按税种划分中央和地方收入。从某种程度来看，"分税"——"分享税收"制度更加契合我国当前中央和地方财政收入划分的的实际情况。在这样的体制下，地方政府一方面面临税收收入不足问题，另一方面在 GDP 考核和财力双重压力下，很容易出现重复投资、产能过剩、环境恶化及雾霾严重等问题。

本章将从我国的财政管理体制改革出发，阐述不同财政体制下我国雾霾防治政策的发展过程，分析分税制下地方政府的行为，从而进一步研究财政分权下，地方政府的行为是如何导致我国严重雾霾问题的出现。此外，还介绍了美国和日本财政分权下的大气污染问题，从财政体制方面探究雾霾的成因，结合国外治理经验，给出相应的政策建议。

2.1 我国财政体制概述

2.1.1 我国的财政体制改革历程

自 1949 年以来，在协调中央和地方政府的关系的基础上，我国进行了多次财政体制改革，大体分为以下三个阶段：

（1）1950—1978 年实行"统收统支"的财政管理体制

中华人民共和国成立初期，我国面临着收入来源少且分散，支出需求大的困境。[①] 为了克服财政上的困难，1950 年 3 月，党中央作出了统一国家财政经济

---

① 兴化. 1950 年实行高度集中统收统支的财政体制 [J]. 中国财政，1982（11）：39 – 41.

工作的决定，主要内容可以概括为以下几点：第一，国家的财政管理统一于中央人民政府。税收制度、国家预决算等都由国家财政部统一制定或编制。第二，各种重要的税收收入、国企上缴的利润等均归中央政府所有，上交中央金库。第三，所有的财政开支都由中央统一拨付，中央金库的库款，除非有财政部的批准，否则一律不得对外支付。第四，所有的财政收支都要纳入国家预算。在这一时期，全国财政统收统支，地方政府仅仅是中央政府的代理机构。从 1951 年到 1978 年，中间也进行过多次调整，但高度集权一直是这一时期的主要特征。实行高度集中的财政体制符合当时政治、经济形势的要求，它稳定了物价，扩大了财政收入，对克服当时面临的严重困难起了极其重要的作用。

（2）1980—1993 年实行"分灶吃饭"的财政管理体制

1978 年，我国进行经济体制改革，原因是高度集中的财政管理体制越来越难以适应日益繁荣的经济，必须要对其进行调整。1980 年 2 月，国务院发布《关于实行"划分收支、分级包干"财政管理体制的暂行规定》，规定从 1980 年起实行"分灶吃饭"的财政管理体制。具体做法是，以 1979 年地方的财政收支为基础，将其作为地方收支包干的基数。对于收入大于支出的地方，超额收入按照一定比例上缴中央，若收入小于支出，则将工商税按照比例留给该地方政府。比例确定后，五年之内不得改变。地方政府收入多，支出就多，收入少，支出就少，自求平衡。在 1989 年，又调整基数，实行"划分税种，核定收支，分级包干"的体制，完善了财政包干体制。在包干制的背景下，地方政府获得更大的自主权，从而有动力促进、组织地方财政收入，从而促进了地方政府大力发展经济。

财政包干制管理体系在促进地方财政收入方面起到了非常重要的作用，地方财政收入不断提升，相比之下，中央财政收入呈下降趋势，到 1993 年下降到 22%[1]，严重影响了中央政府的宏观调控能力。此外，也造成了地方政府之间差距的加大。

（3）1994 年以后实行"分税制"的财政管理体制

由于市场在资源配置中的作用不断加大，财政包干体制的缺点也日益暴露。税收调节功能下降，影响产业结构的优化，很多地方政府为了增加本级收入，更多地去建设"自己的企业"，出现了许多低水平重复建设的项目。再加上国家财力分散，不利于大型公共基础设施的建设。在这样的背景下，为了适应社会

---

① 王惠平. 我国财政管理体制改革回顾及展望［J］. 经济纵横，2008，7.

主义市场经济的发展、提高中央政府的宏观调控能力，1993 年 12 月，国务院发布《关于实行分税制财政管理体制改革的决定》，标志着新一轮财政改革正式开始。

这次改革的基本内容有：第一，按照财政事权和财权相互匹配的原则，将税种分为中央税、地方税与中央和地方共享税，同时，征收中央和地方共享税，并建立中央和地方两套税收征管系统，明确中央和地方的收入范围。第二，建立健全分级预算制度。第三，规范中央对地方政府的转移支付和税收返还制度。

2.1.2　分税制改革的优点与弊端

分税制财政体制为我国经济社会的发展提供了稳定的物质基础和雄厚的财力保障，总体上来看，分税制改革是成功的，主要表现在以下几个方面：

一是保证了国家财政收入的稳定增长，为国家的进一步发展提供了财力保障。在实行分税制前，和地方政府相比，中央政府的财政收入相对较少，影响了其对整个社会宏观调控职能的发挥，整个市场也缺乏活力，效率低下；在实行分税制之后，很大程度上调动了中央和地方的积极性，在这一财政体制下，地方的积极性不但没有受到打击，而且其作用方向更加符合社会经济的发展，同时，中央的财力也大幅提高。这使得我国的发展有了充足的动力，国家抵御危机的能力也有所增强，有利于实现国民经济的持续稳定增长。

二是有利于中央宏观政策的实施。通过建立两个税收征管系统，合理划分了中央和地方的财力关系，中央税收收入占总税收收入的比重上升，从而使得中央政府有足够的财政实力维护国家安全、社会稳定，提升居民的整体生活水平。此外，中央政府与地方政府之间的转移支付对中央掌握地方的财政支出范围和方向起到了非常关键的作用，从而保障了中央政府有序实现经济政策的贯彻。

三是促进了市场经济的公平竞争，为统一市场的形成奠定了基础。1994 年之前，很多企业在包干制的影响下，不缴税，实行"投入产出总承包"，企业承包的办法是一户一率，企业之间苦乐不均，更不用说公平竞争。[①] 在这种情况下，企业无法自主决策、自主盈亏。另外，包干制让各地政府之间相互封锁，对本地企业实行行政性保护，严重阻碍了市场经济的发展。分税制后，按照税种划分收入，企业的隶属关系不再重要，为国有企业的改革创造了条件，也加

---

① 刘尚希. 分税制的是与非 [J]. 经济研究参考，2012，7.

强了各地企业的交流与合作，促进了市场经济的公平竞争。

虽然分税制改革是我国财政管理体制变革的一个重大突破，但由于体制的不完善，其所带来的弊端也日渐显露：

一是政府间支出责任事权划分依旧模糊不清。本应由中央政府承担的支出责任却由地方政府来承担，比如，涉及多个地区的利益关系的事务应该由国家出面承担。另外，中央和地方共同支出的事项较多，很容易造成责任交叉重复。比如，社会保障、义务教育等方面实行共同承担的责任。在共同承担责任下，会使得中央与地方政府进行博弈，导致出现责任重复、无从问责的情况。

二是政府间收入划分不合理，造成地方政府财政收入与支出责任不匹配。1994 年分税制的实行，使得中央和地方的财政收入出现反向变化，大额税款全部流向中央，中央也拥有共享税中（例如，企业所得税）的绝大部分税款，这就导致地方税收收入开始大幅减少。但是，地方政府税收收入减少的同时，并没有相应地减少地方政府为社会提供公共产品和公共服务的数量，这就让地方政府陷入收入与支出严重不匹配的财政困境（见图 2－1、图 2－2）。

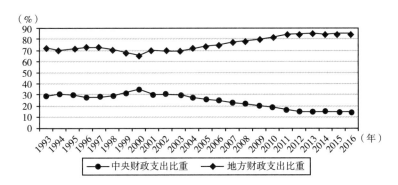

图 2－1 中央和地方财政收入占全国财政收入比重（1993—2016 年）

资料来源：国家统计局。

从图 2－1 可以清楚地看出，在 1994 年分税制改革前，地方财政收入远远大于中央财政收入。在 1993 年，地方财政收入为 3391 亿元①，而中央仅为 957 亿元，地方收入是中央收入的 4 倍左右；但分税制改革后（即 1994 年后），中央财政收入迅速提高，在 1994 年达到 2906 亿元，占全国财政总收入的 55％ 左右，地方和中央几乎五五分成的财政收入一直持续到现在。

①　http：//data. stats. gov. cn/easyquery. htm？cn＝C01［EB/OL］.

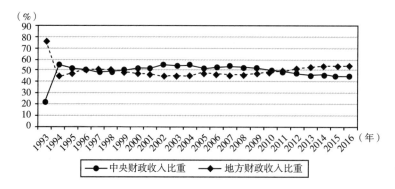

图 2 - 2　中央和地方财政收支出占全国财政支出比重（1993—2016 年）

资料来源：国家统计局。

从图 2 - 2 可以看出，不管是否进行分税制改革，地方财政支出都远远高于中央财政支出，在 2009 年以后，地方政府支出更是达到了全国财政支出的 80% 以上，且一直持续到现在。对比之下，地方政府用 50% 的财政收入承担着 80% 以上的支出责任，而中央则是用 50% 的财政收入承担 20% 不到的财政支出，导致了财权的集中和事权的分散，地方政府的财政状况日趋艰难。这使得地方政府财政收入出现严重不足。在进行分税制的过程中，忽略了"财权"和"事权"相匹配的目标，过度重视"提高财政收入占 GDP 比重以及提高中央财政收入占整个财政收入的比重"目标，进行税收归属权的划分，造成了地方政府的财政困境。地方政府财政入不敷出的局面，在一定程度上影响了政府提供公共产品和公共服务的质量和数量，也会造成许多社会不良现象的产生[1]，比如，下文中将要提到的雾霾等。

三是政府间的转移支付不完善，地区之间经济发展不平衡。改革初期，中央政府税收返还和转移支付的力度过小，导致地方政府之间的财力差距依旧很大。随着近几年转移支付规模的扩大，我国的转移支付又出现了结构不尽合理的问题，比如，用于均衡地区间财政能力的一般性转移支付所占比重偏低，专项支付管理不透明、权责问题不清晰等。这都不利于发挥财政资金的使用效益，也使得地方政府面临较大的财政负担。

四是导致地方政府的债务不断增加。分税制改革前，地方政府曾经为了基础设施建设，需要筹集资金而以支援国家建设名义发行地方债券，但当时地方财政收入份额较高，所以拥有较强的还债能力，地方债务并没有引发严重问题。分税制改革后，由于中央政府对地方政府发行债券的限制，再加上地方政府收

---

① 王佳蕾. 论我国分税制下的地方政府与经济［J］. 中国商论，2017，3.

支不平衡导致严重的财政赤字，地方政府开始以各种变相的方式进行举债，各级政府以进行基础设施建设为名义成立了政府控股的投融资公司，进行举债，导致地方政府债务余额一直持续上升。

2.1.3　新时期的新一轮财政改革

2012 年党的十八大召开，提出了"四个全面"战略，要在 2020 年实现国家治理体系和治理能力现代化，将财政定义为国家治理的基础和重要支柱，要求加速推进新一轮财政改革，在 2020 年建立起现代财政制度。[①] 自此，我国进入了新一轮财政改革时期。在税制改革方面，根据党的十八届三中全会的要求，强力推进"营改增"、环境税、资源税等方面的改革。目前，作为地方政府主要税收收入来源的营业税已退出历史舞台，增值税已覆盖所有产业。2018 年 3 月，国务院常务会议决定，自 2018 年 5 月 1 日起，将制造业等行业增值税税率从 17% 降至 16%，将交通运输、建筑、基础电信服务等行业及农产品等货物的税率从 11% 降至 10%，预计全年可减税 2400 亿元。[②] 扩围后的增值税税收收入由中央和地方五五分成，这样一来，地方政府的主体税种缺失，再加之减税，会对地方政府的收入造成一定的影响。

不管新一轮财政改革实行什么样的措施，我国目前的财政管理体制一直为分税制财政管理体制。分税制虽然从形式上构建了财政分权体制，明确了中央税、地方税以及中央与地方共享税的范围，但实际上却提高了中央的财政收入，尤其是全面实施营改增以后，作为地方主体税种的营业税消失，更减少了地方政府的税收收入。在这一体制下，地方政府面临严重的收入不足等问题，这也是导致本书所要研究的雾霾的重要成因。

2.1.4　不同时期雾霾防治政策的发展

（1）1949—1978 年，环境治理处于被忽视地位

中华人民共和国成立之后的很长一段时间里，我国面临的主要问题是大力发展国内经济、摸索建设社会主义道路，而且那时生产规模不大，环境污染大部分是局部性的，经济发展与环境保护并没有出现激烈的矛盾，因此，政府对于环境管理持忽视态度，没有重视环境管理以及环境规制的制定。直到 1972

---

① 白景明. 新一轮财政改革呈现四大特征 [N]. 中国财经报，2017 – 08 – 08.
② http：//new. qq. com/cmsn/FIN20180/FIN2018032802703900 [EB/OL]. (2018 – 03 – 29).

年，联合国会议提出了《人类环境宣言》，世界各国才开始重视环境，我国的环保事业才开始起步[1]，但那时并没有制定专门的雾霾防治措施。

（2）1978—1992年，雾霾防治的开始阶段

改革开放后，我国踏上了建设中国特色社会主义的新道路，经济开始快速发展，为了拉动经济增长，我国采取了"先发展，后治理"的发展方式，大量的污染性气体导致大气环境遭到破坏。随着空气污染带来的酸雨、雾霾等天气的出现，政府开始意识到大气污染带来的危害不可忽视。1978年12月，第一次正式提出排污收费制度，随后，开始排污收费试点工作，大气污染物排放得到初步关注。在当时的财政包干体制下，环境保护支出也是按照责任实行包干制，但是，在这一时期中央和地方在环境管理支出上划分不明确，使得环境事务管理十分混乱[2]，再加上地方拥有大部分财政收入，中央财力不足，而地方政府又盲目追求经济增长，忽视环境治理，造成了"中央有心却无力治理，地方有力却无心治理"大气污染的情况，出现了跨区性的大气污染。

（3）1994年至今，环境分权管理体制逐渐成熟

实行分税制后，中央政府的财力重新回到了可以进行宏观调控的水平，在环境支出责任逐级下放的同时，中央也加大了对地方政府的监督。财政支出中，环境支出逐年增长，由2007年的995.82亿元到2016年的4734.82亿元[3]，增加了近4.8倍；雾霾治理投入力度加大，2014年中央财政就安排了100亿元专项资金用于支持重点区域的大气污染治理。[4] 在这一时期，国家不仅设立了环境保护财政专项基金，还逐步建立起跨区域的环境污染调节机制，我国的环境分权管理体制逐步走向成熟。

2.2 财政分权、政府行为与雾霾治理

我国自1994年进行分税制改革以来，明确了中央和地方的财权划分，对中国的财政分权改革产生了重要的影响。而财政分权作为一种重要的财政制度，对中央和地方的关系，以及地方政府的行为同样产生了重要影响。蔡昉指出，中国的环境污染问题是由粗放式发展模式导致的，而这种模式又根源于中国式

①② 潘敏杰. 财政分权、环境规制与雾霾污染 [D]. 南京：南京财经大学，2016.

③ http：//data. stats. gov. cn/easyquery. htm？cn = C01 [EB/OL].

④ 周景坤. 我国雾霾防治财政政策的发展演进过程研究 [J]. 经济与管理，2016 (32)：11.

财政分权下的政府行为。[①] 所以,在分析雾霾成因的时候,我们不能单单从企业等微观层面入手,还要对财政体制下的政府行为进行深入探究。

2.2.1 雾霾治理的理论基础

(1) 公共物品理论

根据物品的属性,萨缪尔森把资源分为了公共物品和私人物品两类,公共物品最大的特征就是具有非排他性和非竞争性。空气的流动性和不可分割性决定了其具有公共物品属性。一个人在呼吸空气的同时不能阻止其他人对空气的使用,在人们对空气的消耗程度低于环境容量时,空气资源可以是取之不尽、用之不竭的。而且,空气资源的非排他性还使得人们在为污染大气支付惩罚费用时,容易出现"搭便车"的行为——人们都尽量避免自己为污染支付费用,而是等待其他人去支付。在这种情况下,公共物品特有的属性,会导致大部分人都不用负担空气的使用成本,肆意去排放废气,最终造成空气的过度污染,产生雾霾。公共物品的提供和治理属于财政范畴,所以,雾霾治理属于政府的职责,而政府能否有效地发挥作用,又与财政体制的相关制度安排息息相关。[②]

(2) 负外部性理论

外部性可以分为正外部性和负外部性。负外部性是指经济主体在进行相关活动时对其他经济主体产生了不利的影响,造成了他们的福利损失。废气排放就是产生负外部性的典型例子。不管是企业生产过程中工业废气的排放,还是日常生活中汽车尾气的排放,由于空气的流动性和外溢性,大气污染会影响周围的地区,给污染源周围的居民的生活和生产行为带来不利影响。但是,企业自己是不会主动承担这部分污染成本的,只有政府强制企业进行治理,企业才会将大气污染造成的社会成本计算到自身的生产成本中,并为此支付一定的费用。所以,如果政府对企业排污不进行强制治理,环境污染的负外部性会使得资源配置脱离社会最优水平,造成效率损失。因此,雾霾治理的关键还是在于政府自身是否从社会公众利益出发,履行环境保护的职责。

(3) 产权理论

20 世纪 60 年代,科斯在其经典论文《社会成本问题》中提出了著名的

---

① 蔡昉,都阳,等. 经济发展方式转变与节能减排内在动力 [J]. 经济研究,2008 (6):4 - 11.
② 于之倩,李郁芳. 财政分权下地方政府行为与非经济行公共品——基于新制度经济学的视角 [J]. 暨南学报,2015 (2):102 - 109.

"科斯定理"，其含义为：可以通过明确物品的产权克服外部性的问题。大气是公共物品，很难清晰地定义其产权。在人们的意识中，大气属于社会公众，谁都可以享用，但是，很少有人愿意为自己的使用支付成本。产权的模糊化导致出现了肆意污染大气的现象，进而频频发生严重的雾霾问题。但是，即便将大气的产权私有化，分配到每个消费者，依旧无法分清谁污染、谁付费。所以，只能将大气的产权交给政府，由政府对污染者征收费用。

通过以上对三个理论的分析可知，雾霾治理需要政府的参与，政府是环境治理中不可或缺的一部分。政府是否承担起环境保护的职责、采取什么样的措施，都会对雾霾治理的效果产生极其重要的影响。

2.2.2 财政分权影响雾霾治理的路径分析

我国的财政分权不同于西方的财政分权，它是中国国情下的特定产物，最突出的特点是就是政治集权与经济分权并存。政治集权突出表现在地方主要干部的人事任命权掌握在中央和上级政府手中。中国式的财政分权体制会对地方政府的行为产生影响，进而影响地方政府对雾霾的治理力度。具体影响路径如图 2 - 3 所示。

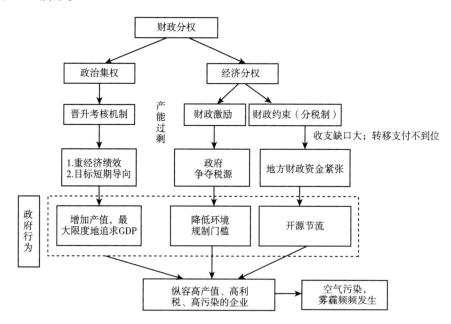

图 2 - 3　中国财政分权体制对雾霾治理的影响路径

（1）晋升考核机制对雾霾治理的影响

我国是政治集权的国家，地方官员的任命权主要掌握在中央和上级政府手中，地方政府所做的决策必须与中央保持一致。在中央将环境治理的事权逐级下放到地方政府之后，为了有效地监督和约束地方政府官员的行为，并在提拔官员时建立一个参考标准，中央政府必须找到可以衡量官员成绩的指标。在以经济建设为中心的背景下，再加上经济指标容易量化、数据容易获取，使得我国官员成就考核与选拔制度的标准以经济绩效为主，即中央政府主要是通过对地方政府 GDP 进行排序来度量一个政府的政绩，优秀者奖励，落后者惩罚。虽然在 2014 年发布的《干部用人选拔条令》中，明确规定要全面考察地方官员的任职资格，为了避免地方政府一味地追求 GDP，而将生态环境考核指标纳入了官员政绩考核指标之中。① 但是，在实际进行选拔考核时，往往依旧将经济指标放在首要位置，这一举措可行性不够，不具有普遍性。这种扭曲的晋升激励机制带来了诸多弊端，地方官员将自己的前途和 GDP 牢牢地绑在一起，为了在有限的任期内获得更好的指标排名，尽可能地通过各种举措推动本地经济的发展。

首先，因为官员任期有限，所以，为了在较短的时间内快速促进经济发展、提高本地 GDP，最好的办法就是把更多的资金投向于周期短、经济效益见效快的方面，吸引更多高产值的企业，这就使得地方政府的行为具有短期导向。其次，为了吸引投资、留住资本，地方政府出台各种优惠政策来吸引各种企业，而大量高污染、高耗能的企业往往是经济增长的主要动力；同时，许多企业往往以降低环境准入标准来威胁政府，迫使政府不得不降低企业的环境准入门槛，这让政府会在一定程度上满足企业的要求，对企业的污染行为"睁一只眼闭一只眼"。如果地方政府不满足企业的要求，仍旧执行严格的环境准入准则，在资本可以自由流动的情况下，企业自然就会将资本转移到其他地区进行投资，造成现有地区经济的下滑。更有地方政府与企业合谋，这是因为经济落后的地区认为无论自己怎样发展都赶不上经济基础良好的地区，为了吸引投资，引进一些被发达地区淘汰掉的工业来发展当地经济，更容易牺牲环境。②

（2）财政激励对雾霾治理的影响

分税制改革后，国家明确地划分了中央和地方享有的税收收入，在有限的

---

① 肖媛. 中国式财政分权对环境污染治理的影响研究［D］. 昆明：云南财经大学，2016.

② LJUNGWALL C, LINDE－RAHR M. Environment policy and the location of foreign direct investment in China［R］. China Center for Economic Resesrch Working Paper Series, 2005, No E2005009.

税收收入下，为了提高本地的公共服务数量和质量，就要想办法增加当地的财政收入。这时，各个地方政府就会相互展开竞争来吸引更多的资源，发展地方经济，增加本级财政的收入，从而产生了地方政府之间的竞争，而这种政府行为导致的后果就是改变了政府的支出结构。地方政府在进行财政支出时，面临着直接的资本性支出和公共支出两种选择。从地方政府的长期利益来看，政府想要通过吸引企业来获取更多的税源。但是，雾霾治理作为公共物品，具有明显的正外部性，一个地区雾霾治理带来的福利增加会使其他地区的居民同样收益，这使得在雾霾治理过程中，也出现了"搭便车"行为。面对这种情况，地方政府就会缺乏环境保护类公共物品的供给动力，都希望依靠临近地区的雾霾治理来减少自己的环保投入，以便把资金用在其他地方。在这种情况下，各地方政府宁愿选择直接资本支出这种更有利于当地经济增长的支出方式（即会把公共资金投向基础设施建设），自然公共支出就相应地有所下降。作为政府，为公民提供必要的公共产品和服务是其最基本的职能，公共支出下降，必然造成公共产品和服务供给不足，为了解决这一问题，政府会采取各种税收优惠政策或者为企业提供廉价土地以及降低环境规制标准等措施，让市场力量参与提供公共产品。政府的功利性行为目标伤害了社会公众的利益，这种不合理的政府支出结构更是使得大气污染问题得不到很好的解决。

所以，在财政分权的财政激励下，各地方政府会展开竞争，通过改变支出结构，以牺牲环境为代价，换取更多的税源和资源配置权。此外，在财政分权下，地方政府的留存收益与自身的经济发展成正比。因此，地方政府出现了通过发展地方经济来促进财政收入增长的方式。

（3）产能过剩对雾霾治理的影响

前面部分已经分析在以 GDP 为官员绩效考核指标和地方政府间存在竞争的情况下，提升本地经济、吸引更多企业、增加税源，成为许多地方政府工作的首要目标。在两者共同作用下，会产生另外一个问题，即产能过剩，这也是造成雾霾的原因之一。据统计，粗钢、水泥、发电量等主要工业品的人均产量1978—2014 年分别增长 17.1 倍、25.8 倍、15.4 倍。①

在盲目追求绩效的情况下，地方政府会不顾本身资源禀赋和产业结构基础，盲目投资。为了获得政府竞争中的优胜资源，更会产生保护主义，保护本地区的明星企业，甚至当这些企业由于生产经营出现问题而面临破产时，地方政府

---

① 刘诚. 中国产能过剩的制度特性与政策调整 [J]. 财经智库，2018（1）：32 – 46.

会对企业采取拯救措施，不仅不引导企业退出市场，反而会给予其一定的政策优惠或资金补助，从而导致重复建设、产业同质化现象严重。产生产能过剩问题的往往是传统行业中的重工业，因为这些行业往往是地方政府的主要财政收入来源，是地方经济增长主要的推动力，而且多为国有企业，可以为当地提供大量的就业机会，直接关系到社会稳定和民生问题[1]，所以，当地政府不会轻易让这些企业破产倒闭，这就在一定程度上为这些企业设置了保护壁垒，企业也就可以低成本地进行污染物的排放，对大气污染产生严重的影响。

另外，各级政府过度使用政策杠杆，大幅降低了投资要素的价格，促进了企业的过度投资。政府使用的政策杠杆主要有：财政补贴、银行信贷、低廉的资源价格以及各种税收优惠等，这就导致了"体制性产能过剩"。

所以，制造业产能过剩会加大废气的排放量，政府再不加以管制，必然导致严重的雾霾污染。

（4）财政约束对雾霾治理的影响

分税制使得财政收入大幅度流向中央，"营改增"更是使得作为地方政府主体税种的"营业税"被共享税种"增值税"所代替，地方的财政收入开始减少，最终发展为现在的几乎五五分成。但是，地方政府负责的支出责任却没有明显地下降，财权与支出责任不匹配、不科学，地方政府在有限的财政收入下要承担经济建设、社会文教、行政管理等大部分支出责任，进一步影响了地方政府财政收支的平衡。对于环境治理来说，相关统计资料证明，我国政府在环保财政支出方面明显投入不足，如图 2-4 所示。

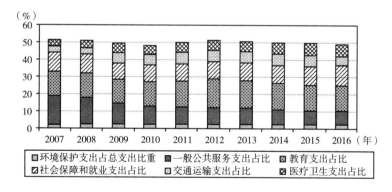

图 2-4　全国主要项目支出占总支出的比重（2007—2016 年）

资料来源：国家统计局。

---

① 王晓姝，孙爽．创新政府干预方式，治愈产能过剩痼疾［J］．宏观经济研究，2013，6

从图 2 - 4 可以看出,相比其他几项支出,环境保护支出所占比重明显偏低,并且近几年没有明显变化,保持稳定的支出比重,大约在 2.5%,这说明,我国虽然意识到了环境保护的重要性,但是并没有加大对其支出的比重。另外,环境保护本身就应该由中央和地方共同来承担,因为大气污染具有明显的空间外溢效应,而地方政府显然不能有效率地对跨区域污染进行治理,所以,这就需要增加中央政府对环境保护的支出。但实际情况并不如此,环境保护责任大都落在了地方政府身上。从图 2 - 5 可以看出,地方政府环境保护支出一直呈增加的态势,中央政府虽然在 2014 年和 2015 年大幅增加了环境保护支出,但是从整体看,中央所占的比例较小,这对于财力有限却责任众多的地方政府来说,是一种财政负担。

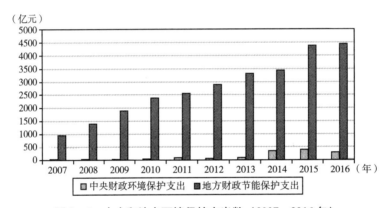

图 2 - 5　中央和地方环境保护支出数（2007—2016 年）

资料来源:国家统计局。

此外,环境保护财政转移支付是解决地区环保失衡、实现环境治理的重要途径。中央政府会通过转移支付,给地方政府补助环境专项资金。但从每年的决算报告来看,从 2014 年起,中央对地方税收返还和转移支付决算表"节能环保"项目下才单独列出"大气污染防治资金"这一明细项目,以前年度并没有大气污染专项资金,而是被包括在"污染减排、污染防治"项目中,这会大大缩减用于防治雾霾上的财政资金。近几年虽然单列出大气污染防治资金,但是,这种纵向转移支付效率不高,资金监管的力度和效果有待提高。

图 2 - 6 所示为 2014—2016 年中央对地方大气污染防治专项转移支付占总转移支付的比重变化情况,可以看出,2014 年为 0.2268%,到 2016 年下降为 0.2128%,随着我国大气污染越来越严重,转移支付比重却有所下降。

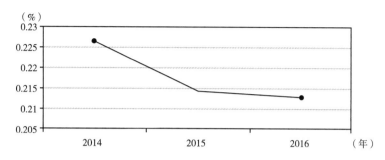

图 2 - 6 大气污染防治资金占总转移支付比重（2014—2016 年）

资料来源：财政部官网，http：//www. mof. gov. cn/zhengwuxinxi/caizhengshuju/。

2.2.3 国外财政分权与雾霾污染治理

（1）日本

早期的日本企业普遍实行低税率，造成了财政收入过小，财政政策和产业结构的调整，使得自然环境问题很严重。1960—1970 年的十年间，产业公害索赔案件数和酸化物产生量分别增长了 5 倍、2.5 倍。

日本大气污染产生的原因主要包括以下几点：首先，1955 年实施地方交付税制度，规定地方债相关费用由地方政府自己负担，再加上福利国家理念的影响，地方政府用于环境投资的财政支出远远少于居民的实际需求。其次，同大多数分权国家一样，地方政府获得很大的激励去发展本地经济，化工业的集中发展让日本大气污染等环境问题爆发。最后，中央对地方的转移支付也限制了地方政府对大气污染的治理力度。地方政府往往将环境转移支付挪作他用，以维护自身利益，造成政府对环境投入的缺口不断扩大。

1970 年以后，日本制定了非常严格的环境规制政策。第一，划分了政府之间环保支出责任。以水流域环境治理为例，中央政府主要负责一级河流治理，都道府县负责一级、二级河川管理，市町村负责准用河川、下水道管理等。[①] 第二，日本建立了多元的环保投、融资渠道。主要来源于政府、市场投资以及非营利组织，同时，将财政资金与贷款项目基金融合，致力于大气污染治理。第三，对产业结构作了相关调整，倡导绿色采购，建立生态园区。第四，完善了政府间的纵向转移支付制度，协调了政府间的财税关系。日本地方政府环境污

---

① 何平林，刘建平，王晓霞. 财政投资效率的数据包络分析：基于环境保护投资 [J]. 财政研究，2011（5）：30 - 34.

染治理方面的转移支付主要来自于国库支出金，它是一种带有附加条件的转移支付手段，主要用于自然灾害救助、环境保护等方面，中央会对地方资金的使用进行监督。

（2）美国

美国政府分为联邦、州和地方政府三级。20 世纪中叶以来，美国逐渐演变成财政分权式的联邦主义国家，宪法规定联邦政府和州政府可以在规定的权限内享有自主的环境立法权。随着美国经济的快速发展，重工业的比重也不断扩大，给美国的环境造成了一定的影响。联邦式的财政分权制下，也是通过财政支出结构、产业政策和转移支付制度为环境污染创造条件。

首先，美国同样存在地方政府财权与事权的不统一。在联邦集权的财政分权下，联邦政府通过掠夺式行为，将州和地方政府的财政收入揽入自己的囊中，同时，将事权支出责任大量下放给地方政府，让地方政府收支缺口不断扩大。其中，在 1958 年，全国对实证排污系统的投资短缺大约为 69 亿美元。其次，以重工业为主的产业结构，进一步加剧大气污染。1943 年发生的光化学烟雾事件就是最典型的事例，对化工业的放纵和不治理，是引发大气污染的直接原因。到 1970 年，美国的重化工业率竟然达到了 57.4%，1973 年，美国钢产量达到 13680 万吨，创历史新高。[①] 此外，转移支付机制限制了污染的防治。在美国，地方政府对转移支付资金依赖程度较高，其财政支出中很大一部分靠转移支付资金支付，而转移支付主要用于社会保障，公共福利支出比例一直都不高。最后，大气污染的空间扩散效应造成了跨区域污染。

由于各个地方政府治理污染的成本与收益不成正比，所以，他们缺乏动力主动去进行雾霾防治。

综合国外大气污染产生的原因以及治理途径，可以发现，解决中央和地方政府财权、事权划分与完善转移支付是治理雾霾污染的两大主要途径。

2.3　中国空气污染和财政支出结构——基于人口老龄化的视角

中国作为世界上最大的发展中国家和世界第二大经济体，其经济增长的状

---

① 张欣怡，王志刚. 财政分权与环境污染的国际经验及启示 [J]. 现代管理科学，2014（4）.

态和模式受到国际社会的广泛关注。自 2008 年国际金融危机以来，中国宏观经济增长进入新常态，对我国的经济结构调整和财政治理手段提出了全新要求。近年来，我国人口老龄化程度加深，也进一步对我国践行包容性增长和可持续发展提出了更高要求。党的十八届五中全会指出，实现"十三五"时期发展目标，破解发展难题，厚植发展优势，必须牢固树立并切实贯彻创新、协调、绿色、开放、共享的发展理念。而空气污染治理是践行五大发展理念的关键一步。2017 年 3 月，李克强总理在全国人民代表大会上作《政府工作报告》时强调，要加强生态环境保护治理力度，打好"蓝天保卫战"。空气污染治理已经成为党中央和国务院重点关注的问题，而在空气污染治理中如何发挥财政的重要基础和支柱作用，就成为我们要探讨的问题。

　　Tiebout 认为，在充分自由流动的理想制度下，居民能够自由选择符合偏好的公共产品提供方，即地方政府。Oates 认为，由于居民偏好的异质性，地方政府能够更有效地掌握居民偏好，从而使得政府提供公共产品更有效率。居民的偏好并不是一成不变的，在工具理性的假设下，在空气质量和可支配收入之间，较低收入的居民可能往往选择后者，但较高收入的居民可能会优先选择空气质量。偏好的变化导致了政府财政治理空气污染的选择差异，如何选择符合地区偏好特征的财政治理手段就成为一个重要的问题。目前，人口老龄化是社会发展的必然结果，也是未来社会的基本特征。中国的人口老龄化趋势也日益严重，据全国老龄办发布的《中国人口老龄化发展趋势预测研究报告》显示，到 2050年中国的老龄人口数量将达到 4 亿以上，老龄化水平将超过 30%。在人口老龄化的背景下，探究空气污染的财政治理手段显得尤为必要，并且需要进一步讨论人口老龄化、财政治理以及空气污染的关系。

　　王艺明认为，在相同的政府支出总规模下，增加生产性支出规模会加重环境污染。对于消费性的环境污染，卢洪友通过 GMM 估计，讨论了财政支出结构导致的消费融资效应和环境规制效应，并强调政府应当回归到满足公共需求的非经济支出偏向中来。雷明通过 DEA 模型，讨论了财政支出和低碳经济发展的关系，认为科技支出占比提高能够引导低碳经济转型，而工业污染治理投资和排污费征收皆存在效率低下的问题。马万里、李娟娟认为，地方政府有放松环境管制的倾向，而公共支出结构的增长偏向减少环境污染治理支出，造成环境污染加剧。张鹏认为，公共财政支出更多地通过环保技术创新等途径间接作用于环境，从而导致公共财政支出对于环境的积极影响存在一段时间的时滞效应。田淑英通过实证分析提出，环保财政支出具有一定的引致效应，投入环保项目能够带来社会投资的引入。张玉认为，现行的环境转移支付、政府绿色采购等环境保护财政支出的手段对于环境污染都有一定的抑制作用。孙开通过对吉林省地市数据进行分析后提出，大部分地级市环境保护支出的效率较低，而达到相对高效率后，环境保护支出规模有所下降，从而导致效率进一步提升困难。陈思霞认为，环境公共支出并没有体现出正外部性外溢特征，而更多为"趋底竞争"效应，同省份内环境公共支出成为地市间争夺发展要素的工具。在影响环境污染的人口因素中，Prskawetz认为，人口老龄化对于大气污染具有反向作用。而王芳认为，我国人口老龄化和大气污染呈 U 形关系，随着人口老龄化的进一步加剧，大气污染程度也会随之提升。从上述文献中，我们可以发现学者们基本上沿着财政支出特征和人口老龄化两条基线进行深入研究，但是，对于财政支出和人口老龄化的相互影响研究较少。本节在前述文献的基础上，回答人口老龄化和财政支出结构以及空气污染的关系，并讨论两者的交互作用，以此为人口老龄化背景下治理空气污染提供一定的参考。

2.3.1 人口老龄化、财政支出结构与空气污染的内在逻辑

人口老龄化对于具体人口现象的影响主要体现在两方面：一方面是劳动力占总人口比例有所下降，如《中国统计年鉴》显示，从 2013 年开始，中国 15—64 岁人口的绝对数规模首次出现了下降，标志我国人口老龄化程度的进一步加深；另一方面，则体现在老年人口抚养比逐步提高，如图 2-7 所示。

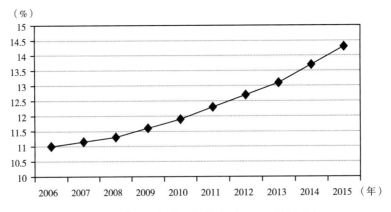

图 2-7 我国老年人口抚养比（2006—2015 年）

资料来源：国家统计局。

结合人口学理论来分析，人口老龄化对于劳动力规模会产生供给约束，从而导致社会生产规模有所减小，而环境污染和社会总产出规模是紧密相关的，即人口老龄化能间接减少环境污染。但是，从另外一个方面来考虑，人口老龄化日趋严重，导致大量的社会资源用于保障老龄事业的发展以及老龄人口的社会福利，从而无法使用更多社会资源来进行环境污染治理，这对于社会治理乃至国家治理都提出了更高的要求。

另外，经验研究发现，人口老龄化一般会导致公共支出的进一步扩大，从而影响财政支出的结构变化。从消费性支出的角度看，人口老龄化会对社会保障以及其他公共服务造成一定的压力，从而在"需求驱动"层面要求政府提高消费性支出的比例；但从生产性支出的角度上看，政府需要发展经济，以保障劳动力的可支配收入水平能够负担日益上升的老年人口抚养比，从而也需要进一步扩大生产性支出的规模。

但是，从劳动力产业转移的角度看，由于我国产业间的利润差异，劳动力受到可支配收入压力后会自然向高收入行业即第三产业转移。我国经济结构转型升级要求大力发展第三产业和高新技术产业，生产性支出的扩大可能引导劳动力向第三产业转移，从而有效调整产业结构，减少环境的负外部性。同时，消费性支出的扩大可能会使得劳动力能够在老年人口抚养比上升的背景下继续保持原有的收入水平，从而减少劳动力向第三产业转移的迫切性，一定程度减缓了劳动力转移的速度，从而降低了产业结构调整的效率，间接性地促进了环境污染。

2.3.2　模型设定与数据来源

为了衡量中国空气污染的严重程度，我们采用人均二氧化硫排放量作为反映中国空气污染的被解释变量，选取生产性支出和消费性支出之比作为财政支出结构的代理变量，同时，选取老年人口抚养比作为衡量人口老龄化的代理变量。需要说明的是，我们将一般公共服务支出、公共安全支出、文化体育传媒支出以及财政教育支出作为消费性支出处理。另外，由于本书研究年限较短，从而将科学技术支出也作为消费性支出处理。同时，将政府一般预算内支出减去消费性支出，得到财政生产性支出。通过生产性支出和消费性支出的比较，可以看出政府的财政支出偏向，从而得以考察政府的财政治理情况。选取老年人口抚养比，一方面能够考察人口老龄化程度，另一方面通过老龄人口与劳动力的对比来反映人口老龄化对整体年龄结构和劳动力负担的影响。基于以上说明，我们构建一个简单的多元线性模型如下：

$$\text{per SO}_{2\,it} = \alpha_0 + \alpha_1 \text{Rfiscal}_{it} + \alpha_2 \text{old}_{it} + \varphi X_{it} + c + u_{it}$$

上述模型中，被解释变量 $\text{per SO}_{2\,it}$ 为省级政府 i 地 t 年的人均二氧化硫排放量，Rfiscal_{it} 表示省级政府 i 地 t 年的生产性支出和消费性支出之比，old_{it} 表示省级政府 i 地 t 年的老年人口抚养比，X_{it} 表示省级政府 i 地 t 年的其他控制变量，α_0 表示不可观测的固定效应，u_{it} 为随机扰动项。

事实上，上述模型并没有考虑到财政治理和人口老龄化的交互作用，具有两者只存在主效应的隐含假设。那么根据前文分析，政府会根据居民的偏好来提供公共产品，而居民也会根据自身的客观条件来产生对公共产品的需求，那么，从理论上说。两者是有相互作用的。同时，也隐含假设解释变量对于被解释变量的影响是线性的。基于此，结合王芳（2012）的模型设计，我们将老年人口抚养比的二次项以及财政治理和人口老龄化的交互项纳入到模型中来，并给出模型如下：

$$\text{per SO}_{2\,it} = \alpha_0 + \alpha_1 \text{Rfiscal}_{it} + \alpha_2 \text{old}_{it} + \alpha_3 \text{Rfiscal}_{it} \times \text{old}_{it} + \alpha_4 \text{old}_{it}^{\;2} + \varphi X_{it} + c + u_{it}$$

同时，为了降低交互项带来的共线性问题，以及保障模型估计偏效应的稳健性问题（毛得凤，2016），我们加入财政治理和人口老龄化的其他参数，并给出模型如下：

$$\text{per SO}_{2\,it} = \alpha_0 + \alpha_1 \text{Rfiscal}_{it} + \alpha_2 \text{old}_{it} + \alpha_3 \left(\text{Rfiscal}_{it} - \mu_1 \right) \times \left(\text{old}_{it} - \mu_2 \right)$$
$$+ \alpha_4 \text{old}_{it}^{\;2} + \varphi X_{it} + c + \mu_{it}$$

其中，μ_1 和 μ_2 分别代表 Rfiscal_{it} 了和 old_{it} 的总体均值（或25分位，50分位以及75分位），α_3 代表在不同分位上的偏效应，从而避免了模型可能发生的共线性问题。

人均二氧化硫排放量、老年人口抚养比、生产性支出和消费性支出之比以及相关控制变量的数据来自国家统计局国家数据网站以及中经网统计数据库，时间段为2007年至2015年。其中，由于缺失2010年各地老年人口抚养比数据，使用2009年与2011年的数据取均值代替。本节还控制了其他可能影响环境污染的变量如下：

第一，财政分权度。我国已有文献指出，财政分权对于空气污染存在显著性影响。按照陈硕的讨论结果，财政自主度能够较好地胜任分税制改革之后的央地财政分权关系的测度，故而本节也同样采用一般性预算内收入/一般性预算内支出来代表财政分权度。

第二，消费水平。卢洪友认为，人们的消费行为也是造成环境污染的一种重要因素。本节采用消费水平与当地地区生产总值之比来反映地区消费水平对地区空气污染的影响。

第三，贸易体量。标准贸易理论认为，贸易自由化会使实施严格环境保护的发达国家的污染产业迁移至环境规制较宽松的地区，从而使较不发达地区成为生产污染产品的"污染避难所"。从而，我们通过进出口额占 GDP 的比重来考察地方进行的贸易对于地方空气污染产生的影响。同时，由于进出口额是按照万美元为单位计量，故而需要用年均美元汇率进行换算，该数据同样来自于国家统计局。以下是各变量定义及描述性统计（见表 2 - 1）。

表 2 - 1　　　　　　　　　　变量描述性统计

Variable	变量名称	变量定义	均值	标准差	最小值	最大值
perso2	空气污染	人均二氧化硫排放量（吨）	184. 23	129. 75	5. 61	641. 78
Rfiscal	财政支出结构	生产性支出与消费者支出之比（%）	1. 69	0. 43	0. 79	3. 09
old	人口老龄化程度	老年人口抚养比（%）	23. 04	6. 54	9. 60	42. 20
DFiscal	财政分权度	一般预算内收入/一般预算内支出	0. 51	0. 21	0. 06	0. 95
Cons	消费水平	消费水平与 GDP 之比（元/亿元）	1. 42	1. 67	0. 27	8. 37
Trade	贸易体量	进出口额占 GDP 之比（%）	0. 33	0. 40	0. 04	1. 72

为了避免伪回归现象，我们使用单位根检验来判断所选取的变量是否平稳，若所选取变量皆为平稳变量，那么，我们可以认为接下来的参数估计有效避免了伪回归现象。我们采用 LLC 检验以及 ADF 检验对各变量进行单位根检验，以保证数据平稳性，具体结果参见表 2 - 2。从表 2 - 2 我们可以看到，基本上所有的变量都通过了 LLC 检验以及单位根检验，即所选取的变量皆为平稳变量，从而可以较好地排除伪回归现象。

表 2 - 2　　　　　　　　　　面板数据单位根检验结果

检验方法	perso2	Rfiscal	old	DFiscal	Cons	Trade
LLC 检验	- 6. 34 ***	- 22. 38 ***	- 9. 91 ***	- 8. 31 ***	- 11. 17 ***	- 10. 78 ***
ADF 检验	125. 891 ***	106. 60 ***	82. 42 **	106. 63 ***	94. 70 ***	93. 40 ***

注：其中，*** 为在 1% 显著性水平下显著，** 为在 5% 显著性水平下显著。

2.3.3 实证分析

首先，我们采用 OLS 估计来考察本节的研究对象，模型 1—3 报告了 OLS 估计的参数结果。模型 1 仅考察了生产性支出与消费性支出之比与老年人口抚养比，对人均二氧化硫排放量的影响，从中可以看出，两个解释变量分别在 1% 和 5% 显著性水平下显著，说明财政支出结构和老年人口抚养比确实对于空气污染有一定的相关性。但是，从模型 1—3 的可决系数和 F 统计量我们也可以看出，OLS 估计的参数结果并不精确，拟合效果较差，因此，我们通过 Hausman 检验，按照检验结果，采用个体时间固定效应模型，来对模型进行估计。模型 4—6 报告了个体时间固定效应（FE）估计的参数结果。从模型 4 可以看出，在个体时间固定效应中，财政支出结构的结果依然稳健，但是，老年人口抚养比的参数估计结果失去了显著性，从而我们初步判断老年人口抚养比对人均二氧化硫排放量的影响并不是严格线性的。在模型 5 中，我们加入了老年人口抚养比的二次项以及财政支出结构与老年人口抚养比的交互项，从结果中可以看出，老年人口抚养比对人均二氧化硫排放量的影响路径呈 U 形，即老年人口抚养比在上升到一定阶段后，会进一步加重空气污染的程度。同时，我们也可以看到，财政支出结构的参数估计结果符号为正。但在我们控制了其他可能影响二氧化硫排放的变量之后，模型 6 的报告结果和模型 5 的结果有部分差异（见表 2 − 3）。

表 2 − 3   OLS 估计与 FE 估计结果

变量	OLS 估计			FE 估计		
	模型 1	模型 2	模型 3	模型 4	模型 5	模型 6
Rfiscal	78.9 *** (4.43)	121.1 (1.57)	16.94 (0.21)	27.9 *** (8.26)	46.2 ** (−2.06)	−44.45 *** (−3.52)
old	2.98 ** (2.55)	7.10 (0.61)	−22.01 (−1.64)	0.2 (0.63)	−16.07 *** (−3.17)	−18.04 *** (−4.72)
old^2		−0.02 (−0.13)	0.42 ** (2.15)		0.22 *** (2.78)	0.25 *** (3.92)
Rfiscal × old		−1.82 (−0.56)	1.89 (0.56)		3.05 *** (3.60)	3.19 *** (6.05)
Dfiscal			223.2 *** (2.70)			123.8 *** (2.72)

续表

变量	OLS 估计			FE 估计		
	模型 1	模型 2	模型 3	模型 4	模型 5	模型 6
cons			7.67 (1.25)			-0.78 (-0.08)
trade			-203.1 *** (-4.91)			-19.03 (-0.88)
常数项	-17.4 (-0.39)	-100.57 (-0.53)	288.1 (1.26)	132.4 *** (14.32)	389.1 *** (4.98)	352.5 *** (8.14)
F 统计量	11.57	5.83	7.38	216.7	217.69	204.87
R^2	0.07	0.08	0.16	0.97	0.97	0.98

注：其中，*** 为在 1% 显著性水平下显著，** 为在 5% 显著性水平下显著，* 为在 10% 显著性水平下显著。

　　在纳入控制变量后，首先依然稳健的是老年人口抚养比对人均二氧化硫排放量的 U 形关系，但是，财政支出结构的系数变负。老年人口抚养比和财政支出结构的交互项系数为正，说明在人口老龄化的背景下，政府扩大生产性支出进一步加重了空气污染的程度。同时，我们可以看到，财政分权度的系数为正，并且在 1% 的显著性水平下显著。因为在加入控制变量后，核心解释变量系数发生变化，我们考虑，个体时间固定效应模型的估计结果可能并不具有无偏性和一致性。陈硕（2012）认为，衡量财政收支分权的指标容易产生内生性和时间依赖性，杨龙见（2015）也同样认为，财政支出指标构建的内生性问题，会导致模型的估计效果不佳。由此，本节将选取财政支出结构的滞后一期作为财政支出结构的工具变量，进而选取二阶段最小二乘估计（TSLS）来进行参数估计（见表 2-4）。

表 2-4　　　　　　　　　　　　　TSLS 估计结果

变量	模型 7	模型 8	均值	25 分位	50 分位	75 分位
Rfiscal	-41.4 *** (-3.06)	-33.7 *** (-2.63)	55.28 *** (2.85)	36.2 ** (2.27)	55.13 *** (2.84)	74.8 *** (3.20)
old	-14.6 *** (-2.93)	-19.6 *** (-3.23)	-13.04 *** (-2.73)	-14.2 *** (-2.84)	-13.2 *** (-2.75)	-12.09 *** (-2.62)
old^2	0.17 ** (2.13)	0.25 *** (2.60)	0.25 ** (2.60)	0.25 ** (2.60)	0.25 ** (2.60)	0.25 ** (2.60)

续表

变量	模型 7	模型 8	均值	25 分位	50 分位	75 分位
Rfiscal * old	3.61 *** (4.36)	3.86 *** (4.16)	3.86 *** (4.16)	3.86 *** (4.16)	3.86 *** (4.16)	3.86 *** (4.16)
Dfiscal		170.9 ** (2.05)	170.9 ** (2.05)	170.9 ** (2.05)	170.9 ** (2.05)	170.9 ** (2.05)
cons		−0.46 (−0.04)	−0.46 (−0.04)	−0.46 (−0.04)	−0.46 (−0.04)	−0.46 (−0.04)
trade		−56.3 *** (−3.06)	−56.3 *** (−3.06)	−56.3 *** (−3.06)	−56.3 *** (−3.06)	−56.3 *** (−3.06)
常数项	345.63 *** (6.96)	323 *** (9.64)	173.6 *** (5.87)	226.9 *** (8.77)	178.6 *** (6.16)	113.9 *** (2.95)
F 统计量	213.45	201.81	201.81	201.81	201.81	201.81
R^2	0.97	0.97	0.98	0.98	0.98	0.98

注：其中，*** 为在 1% 显著性水平下显著，** 为在 5% 显著性水平下显著，* 为在 10% 显著性水平下显著。

模型 7—8 报告了 TSLS 估计下的参数结果。从模型 7 和模型 8 可以看出，老年人口抚养比及其二次项，财政支出结构以及老年人口抚养比和财政支出结构的交互项系数保持符号一致，老年人口抚养比对人均二氧化硫排放量的 U 形关系较为稳健，并且财政支出结构系数在模型 7 和模型 8 中都报告为负，同时，在加入控制变量后，财政支出结构系数的绝对值有所减小，财政分权度的系数依然为正。我们认为，目前我国的经济增长方式已经逐渐脱离了"高污染—高增长"的模式。地方政府的生产性支出越来越重视支出规模带来的环境负面效应，同时，践行共享发展理念、保障我国在国际上节能减排的承诺，已经成为地方政府的政策目标之一，从而使生产性支出本身的环境负外部性得以有效减少。同时，由于我国的产业政策影响，生产性支出会引导生产要素朝第三产业转移，调整我国产业结构的方式对治理环境污染可以起到积极的作用。从消费性支出的角度看，消费性支出的提高可能推动本地的人口净流入，在扩大社会总生产的同时，扩大污染物排放量，并且消费性支出对于劳动力福利的提高可能会减缓劳动力产业转移的速度，从而进一步加重空气污染的程度。而当财政分权度被考虑进来后，财政分权度的提高会对环境质量产生负面影响，即财政分权度的提高可能会降低政府生产性支出的环境规制约束，从而使得财政支出结构表现出系数绝对值变小的现象。同时，我们也进一步估计了老年人口抚养比和财政支出结构的交互项，可以看出，在不同分位上交互效应的估计结果比较稳健，皆在 1% 的显著性水平下保持显著。

2.3.4　稳健性检验

由于二阶段最小二乘估计对于数据仍然存在经典假设，并且根据文献通行做法，我们将模型扩展为动态面板模型，并为了验证模型估计结果，采用二阶差分广义矩（GMM）估计进行参数估计。首先给出模型设定如下，其中 per SO_{2it}（-1）为人均二氧化硫排放量的滞后一期，另外，我们采用人均二氧化硫排放量滞后二期为工具变量，同时，包括财政支出结构的滞后一期工具变量：

$$\text{per}SO_{2it} = \alpha_0 + \alpha_1 \text{per}SO_{2it}(-1) + \alpha_2 \text{Rfiscal}_{it} + \alpha_3 \text{old}_{it} + \alpha_4 \text{Rfiscal}_{it} \times$$
$$\text{old}_{it} + \alpha_5 \text{old}_{it}^2 + \varphi X_{it} + c + u_{it}$$

表 2-5 报告了 GMM 估计的估计结果。我们发现通过 GMM 估计，核心变量的系数符合结果仍然稳健，对于人均二氧化硫排放量的影响没有太大变化，各项核心变量参数估计在 1% 的显著性水平下依然显著。为了验证 GMM 估计的有效性，我们同时报告了 Sargan 检验以及 AR 检验的结果，其中，AR（1）显著通过残差项序列相关的假设，AR（2）则拒绝该假设。另外，Sargan 检验也表明无法拒绝"所有工具变量"有效的原假设，由此可以说明我们稳健性检验的有效性。

表 2-5　GMM 估计结果

	SO_2（-1）	Rfiscal	old	old^2	Rfiscal * old	控制变量	Sargan 检验	AR（1）P 值	AR（2）P 值
模型 9	0.49 *** (50.55)	-119.9 *** (-37.5)	-12.9 *** (-15.22)	0.09 *** (5.94)	4.38 *** (31.53)		0.314	0.043	0.383
模型 10	0.53 *** (32.8)	-70.9 *** (-10.9)	-7.9 *** (-8.69)	0.06 *** (4.05)	2.39 *** (8.76)	YES	0.322	0	0.545

注：其中，*** 为在 1% 显著性水平下显著，** 为在 5% 显著性水平下显著，* 为在 10% 显著性水平下显著。

2.3.5　总结与政策建议

综合模型分析的结果，我们可以得出以下结论：第一，人均二氧化硫排放量与老龄人口抚养比呈 U 形关系，即在人口老龄化的初期会对环境保护起到积极的作用，但是，到人口老龄化后期会进一步加重空气污染。在人口老龄化的初期，我国仍然处于"高污染—高增长"的经济模式，即增长的"边际污染量"较高，人口老龄化主要起到抑制生产的作用，对于环境污染的积极影响相对明显。而在人口老龄化后期，由于分享了较大规模的社会资源，一定程度上限制了环境治理的资源投入。第二，在人口老龄化的背景下，生产性支出提高能够对减少空气污染起到积极作用，我们认为是生产性支出能够起到"引导劳动力要素向低污染行业流动"的作用，从而调整产业结构，减少环境污染。第三，人口老龄化与财政支出结构对空气污染的交互效应显著为正，也说明人口老龄化对于生产性财政支出的要素引致效应产生了负面影响。在人口老龄化程度较高的地区，人口老龄化程度进一步提高会使得劳动力的负担加重，劳动力在产业间转移所承担的收入风险和交易成本也相对提高，从而，老龄人口的比例提高以及老龄人口抚养比的提高可能会减缓劳动力生产要素的转移速度，并且进一步加剧劳动力供给约束，最终导致生产性支出的"引致效应"效果变差。

2015年，我国全面放开二孩政策，对于人口老龄化可以起到一定的抑制作用。但是，从目前的形势来看，人口老龄化趋势在短期内还是无法逆转的。在此背景下，政府财政需要作进一步调整，从而有效治理空气污染。我们认为，政府的生产性支出偏向对于环境的影响并不是确定的，政府需要不断健全绿色采购、绿色投资等形式，减少生产性支出对环境的负外部性。同时，正确引导产业发展，不断提高第三产业发展水平，帮扶高新技术产业快速发展。另外，要不断完善要素自由流动的市场机制，保障生产要素尤其是劳动要素向低碳产业、绿色产业自由转移。除此之外，人口老龄化会进一步加重劳动力的负担，政府仍然需要在有力引导的同时，履行照顾老龄人口的社会责任，并且通过与社会资本合作、购买老龄事业公共服务等方式为老龄人口提供充分保障，从而引导劳动力合理流动，调整产业结构，进一步深化经济转型升级。

第 3 章

我国雾霾成因的税收治理问题研究

3.1 成品油消费税税制与征管改革

成品油是指汽油、煤油、柴油及其他符合国家产品质量标准、具有相同用途的乙醇汽油和生物柴油等替代燃料。2016 年，我国成品油表观消费量为 3.15 亿吨，其中，70% 以上为机动车用油。机动车在方便人们的出行、提高人们生活质量、促进经济社会发展的同时，也带来了一系列环境污染问题。2016 年，全国机动车保有量为 2.79 亿辆，机动车尾气排放已成为我国空气污染的重要来源，其排放的氮氧化物和颗粒物、碳氢化合物和一氧化碳分别占全国污染物总量的 90%、80% 以上，是造成灰霾、光化学烟雾污染的重要原因。未来，我国的成品油消费量仍会持续增加。2016—2020 年，我国的机动车保有量、成品油消费量预计将分别以年均约 2000 万辆、1200 万吨的增速增长，机动车尾气排放会持续增加，环境保护和减排的压力将会更加巨大，提高石油利用效率、提升成品油质量、发展清洁能源汽车是我们践行绿色发展理念、推动生态文明建设的必然选择。财政是国家治理的基础和重要支柱；税收作为国家治理的重要经济手段，承载着调控经济、引导消费、保护环境的重要职能。党的十八届三中全会提出，"要进一步深化税收制度改革，调整消费税征收范围、环节、税率，把高耗能、高污染产品及部分高档消费品纳入征收范围"，以充分发挥消费税引导合理消费行为的作用。其中，具有"绿色税收"性质的成品油消费税，使污染环境和资源过度消费的负外部性内部化，已成为有效引导消费、抑制环境污染行为的重要手段之一。但现行的成品油消费税制仍存在征管方式粗放、税负分配不尽公平等多方面的问题，已不适应能源绿色发展的要求，亟须进一步完善以更好地发挥绿色税收的调控作用，激发消费者节约、清洁用油的积极性和主动性，促进绿色能源发展。

3.1.1 我国成品油消费税改革历程

消费税是国际上普遍采用的对某些消费品和消费行为征收的一种间接税。建国初期，我国消费税只包括电影戏剧、舞厅、筵席、冷食、旅馆等税目。随着社会经济的不断发展，在总结以往经验和借鉴国际经验的基础上，顺应经济社会的发展要求，1993 年 12 月 13 日，国务院颁布了《中华人民共和国消费税暂行条例》（国务院令第 135 号），同年 12 月 15 日，财政部发布了《中华人民共和国消费税暂行条例实施细则》，自此，我国开始对汽油、柴油征收消费税。为进一步完善税制，财政部和国家税务总局联合下发了《财政部　国家税务总局关于调整和完善消费税政策的通知》（财税〔2006〕33 号），此次改革增列成品油税目，取消了汽油、柴油税目。汽油和柴油改为成品油税目下的子目，另增加燃料油、润滑油、溶剂油、石脑油、航空煤油 5 个子目。因此，现行成品油消费税制是在 2006 年改革的基础上逐渐完善起来的。总体来说，我国成品油消费税从无到有，其改革历程主要经历了如下 6 个阶段。

（1）中华人民共和国成立以后至 1994 年分税制改革

中华人民共和国成立初期，针对当时的居民收入和消费情况，我国在 1950 年1 月曾对电影戏剧及娱乐、舞厅、筵席等消费行为征税，随后在 1953 年将其取消；1989 年，为调节消费，对彩色电视机和小汽车开征消费税；随着彩电市场供不应求的状况有所好转，于 1992 年取消了对彩电征收的特别消费税。因此，中华人民共和国成立以后我国并没有对汽、柴油等石化产品征税，因此，也不存在成品油消费税这一税目。但在此期间，国家通过行政事业性收费的方式，对在普通公路上行驶的车辆征收养路费，按照"以路养路、专款专用"的原则，向有车单位和个人征收用于公路养护、修理、改善、技术改造和管理专项事业费。

（2）1994 年工商税制改革，开始对汽、柴油征收消费税

为顺应社会经济发展的形势，理顺中央与地方政府间的财政关系，国务院下发了《国务院关于实行分税制财政管理体制的决定》（国发〔1993〕第 85号），提出"进行税收管理体制改革，建立以增值税为主体的流转税体系"。因此，1993 年 12 月 13 日，国务院颁布了《中华人民共和国消费税暂行条例》（国务院令第 135 号），同年 12 月 15 日，财政部发布了《中华人民共和国消费税暂行条例实施细则》（财政部〔93〕财税法字第 39 号），正式确立了消费税为我国

的三大流转税之一。当时，消费税的征收品目有 11 个，主要包括烟、酒、化妆品、贵重首饰、摩托车、小汽车、汽油、柴油等。其中，汽油、柴油的单位税额分别为 0.2 元/升、0.1 元/升，采用从量定额征收办法，为价内税。国家税务总局《关于〈印发消费税征收范围注释〉的通知》（国税发〔1993〕153 号）规定："汽油是轻质石油产品的一大类，由天然或人造石油经脱盐、初馏、催化裂化，调合而得。为无色到淡黄色的液体，易燃易爆，挥发性强。按生产装置可分为直馏汽油、裂化汽油等类。经调合后制成各种用途的汽油。按用途可分为车用汽油、航空汽油、起动汽油和工业汽油（溶剂汽油）。本税目征收范围包括：车用汽油、航空汽油、起动汽油。工业汽油（溶剂汽油）主要作溶剂使用，不属本税目征收范围。"

（3）1998—2005 年汽、柴油税率调整

1998 年《财政部国家税务总局关于调整含铅汽油消费税税率的通知》（财税字〔1998〕163 号）规定："自 1999 年 1 月 1 日起，对含铅汽油按 0.28 元/升的税率征收消费税；无铅汽油仍按 0.20 元/升的税率征收消费税。含铅汽油是指含铅量每升超过 0.013 克的汽油。"

2005 年，国家税务总局出台的《汽油、柴油消费税管理办法（试行）》（国税发〔2005〕133 号）对汽油、柴油消费税管理作了比较详细的规定，各级税务机关以此为依据，逐渐规范了对汽油、柴油生产企业消费税的管理。

（4）2006 年消费税改革，增列成品油税目

为适应社会经济形势的客观发展需要，进一步完善消费税制，《财政部　国家税务总局关于调整和完善消费税政策的通知》（财税〔2006〕33 号）发布。此次消费税改革增列成品油税目，取消了汽油、柴油税目，另外，增加燃料油、润滑油、石脑油、溶剂油、航空煤油 5 个子目，其适用税率（单位税额）分别为：燃料油 0.1 元/升、润滑油 0.2 元/升、石脑油 0.2 元/升、溶剂油 0.2 元/升、航空煤油 0.1 元/升，汽柴油单位税额保持不变。其中，燃料油、润滑油、溶剂油、石脑油暂按应纳税额的 30% 征收消费税，航空煤油暂缓征收消费税。

石油制品的消费税在 2006 年之前只有汽油和柴油 2 个税目，经此次调整后，扩大了征收范围，开始对燃料油、润滑油、石脑油、溶剂油、航空煤油征收消费税，之所以将这 5 种石油产品纳入消费税征税范围，是因为这有利于调控消费结构和控制能源消耗，进一步扩大消费税对石油产品的调控力度。此次改革具有其存在的必要性，石油作为国家的血液，是保证经济持续发展和国防的重要资源，应积极引导石油产品的消费，并节约使用石油资源，因此，扩大石油

制品消费税的征收范围是有必要的。另外，新增的某些油品若质量好，可以直接替代汽油、柴油使用，这就导致了在实际征管中，有个别企业通过混淆石油名称等进行逃税的问题。

此后，2008 年《中华人民共和国消费税暂行条例》（国务院令 539 号）调整了成品油消费税税额，调整后成品油 7 个子目单位税额分别为：含铅汽油 0.28 元/升、无铅汽油 0.20 元/升、柴油 0.10 元/升、航空煤油 0.10 元/升、石脑油、溶剂油及润滑油均为 0.20 元/升、燃料油 0.10 元/升。

（5）2008 年成品油税费改革

2008 年 12 月 18 日，国务院出台《关于实施成品油价格和税费改革的通知》（国发〔2008〕37 号），决定提高成品油消费税单位税额，取消公路养路费等收费，逐步有序取消政府还贷二级公路收费。此次税费改革，是成品油消费税的重大调整，并沿用至今，成品油消费税纳税人为在我国境内生产、委托加工和进口成品油的单位；纳税环节在生产环节（包括委托加工和进口环节）；计征方式实行从量定额计征，价内征收；成品油 7 个子目单位税额分别为：汽油 1.0 元/升、含铅汽油 1.4 元/升、柴油 0.8 元/升、航空煤油 0.8 元/升（暂缓征收）、石脑油 1.0 元/升、溶剂油 1.0 元/升、润滑油 1.0 元/升、燃料油 0.8 元/升。

2008 年 12 月 24 日，《财政部 中国人民银行 国家税务总局 交通运输部关于实施成品油价格和税费改革有关预算管理问题的通知》（以下简称《通知》）规定了成品油消费税收入预算级次和分配原则。《通知》规定："成品油消费税和进口成品油消费税为中央税""提高成品油消费税税额后，由此相应增加的地方增值税、城市维护建设税、教育费附加收入由国库部门根据财政部核定的比例自动划转中央财政。"

（6）2014 年至今成品油消费税改革

2014 年 11 月 28 日，财政部、国家税务总局发布《关于提高成品油消费税的通知》（财税〔2014〕94 号）规定，为促进环境治理和节能减排，从 2014 年 11 月 29 日起，将汽油、润滑油、石脑油和溶剂油的消费税单位税额提高至 1.12 元/升，即在现行单位税额基础上提高 0.12 元/升；将柴油、燃料油和航空煤油的消费税单位税额提高至 0.94 元/升，即在现行单位税额基础上提高 0.14 元/升。航空煤油继续暂缓征收。同时，《关于停止征收成品油价格调节基金有关问题的通知》（财税〔2014〕96 号）规定，自 2014 年 12 月 1 日起，各地区停止在成品油批发、销售环节征收价格调节基金。这进一步贯彻了楼继伟在解读中央政治局《全面深化财税体制改革总体方案》中所强调的"清费立税，进一步强化税收筹集财政收入主渠道"的改革原则。同年 12 月 12 日,财政部、国家税务总局发布《关于进一步提高成品油消费税的通知》(财税〔2014〕106 号)规定,从 2014 年 12 月 13 日起,将汽油、润滑油、石脑油和溶剂油的消费税单位税额由 1.12 元/升提高到 1.4 元/升;将柴油、燃料油和航空煤油的消费税单位税额由 0.94 元/升提高到 1.1 元/升。航空煤油继续暂缓征收。2015 年,为促进环境治理和节能减排,再一次提高石油制品的消费税单位税额,汽油、润滑油、石脑油和溶剂油的消费税单位税额提高到 1.52 元/升;柴油、燃料油和航空煤油的消费税单位税额提高到 1.2 元/升;航空煤油继续暂缓征收。

同时,财政部还强调,目前,我国石油对外依存度接近 60%,已成为世界第一大石油进口国。但随着我国成品油消费量的稳步增加,一些地区出现臭氧、灰霾污染等复合型污染的现象越来越严重,机动车尾气排放是导致这种问题的主要原因之一。因此,为了节约利用石油资源、合理引导消费需求、减少污染物的排放,应该适当提高成品油消费税。这不仅有利于大气污染的治理,还有利于新能源产业的发展,有利于推动我国经济转变为健康可持续的增长模式。因此,在当前较为宽松的能源供需环境下,国家及时把握住油价持续下跌的有利时机,提高成品油消费税税额,确保不因提税导致油价上涨,同时还保持着国内成品油价格形成机制不变;提高成品油消费税的新增收入,主要用于促进节约能源、应对气候变化、治理环境污染、鼓励新能源汽车发展等,纳入一般公共预算统筹安排。此外,提高成品油消费税后,国家将继续落实和完善对困难群体和公益性行业补贴政策。

3.1.2 现阶段我国成品油消费税政策概述

消费税是国际上普遍采用的对某些消费品和消费行为征收的一种间接税。成品油消费税是指中国现行消费税制度下以成品油为税目所征收的消费税,是以调控油品价格来控制消费总量、鼓励节约和清洁用油的税收政策。

(1) 1993 年以来,以绿色发展为理念,不断完善成品油消费税制

历年来的成品油消费税改革,结合消费税差别课征的特点,着重调整征税范围和税率,通过增加能源使用成本,以有效抑制不合理的石油消费需求,引导节约利用,减少大气污染物排放,促进绿色发展。

成品油消费税政策几经调整,课征范围扩大,单位税额不断提高。1993 年 12 月 13 日,国务院颁布了《中华人民共和国消费税暂行条例》(国务院令第 135 号),同年 12 月 15 日,财政部发布了《中华人民共和国消费税暂行条例实

施细则》，自此，我国开始对汽油、柴油征收消费税。此后，《关于调整和完善消费税政策的通知》（财税〔2006〕33 号）增列成品油税目，其下共设 7 个子目，取消了汽油、柴油税目，将其改为成品油税目下的子目，另增加燃料油、润滑油、石脑油、溶剂油、航空煤油 5 个子目。2008 年，《中华人民共和国消费税暂行条例》（国务院令第 539 号）调整了成品油消费税税额，经调整后成品油的单位税额无铅汽油为 0.20 元/升（含铅汽油为 0.28 元/升），石脑油、溶剂油及润滑油为 0.20 元/升，柴油、燃料油及航空煤油为 0.10 元/升。2009 年 1 月 1 日起施行的《关于实施成品油价格和税费改革的通知》（国发〔2008〕37 号），对成品油消费税制进行了较大调整，其主要精神一直沿用至今；提高成品油消费税单位税额：汽油、石脑油、溶剂油、润滑油消费税单位税额提升到 1 元/升，柴油、燃料油、航空煤油提升到 0.8 元/升。其中，汽油每升提高 0.8 元，柴油每升提高 0.7 元，其他成品油单位税额都有相应的提高。《财政部　国家税务总局关于调整消费税政策的通知》（财税〔2014〕93 号）规定，从 2014 年 12 月 1 日起，汽油税目不再划分二级子目，即取消车用含铅汽油消费税，统一按照无铅汽油税率征收消费税。2014 年下半年以来，随着国际油价持续大跌，我国接连三次提高了成品油消费税水平，汽油、石脑油、溶剂油和润滑油的消费税单位税额由 2009 年的 1 元/升调至 2015 年的 1.52 元/升，柴油、航空煤油和燃料油由 0.8 元/升调至 1.2 元/升，航空煤油继续暂缓征收，停止征收成品油价格调节基金。

除了以上成品油消费税政策外，为促进我国乙烯芳烃类化工行业的发展，2008—2013 年国家税务总局先是出台政策对进口和国产的用作乙烯、芳烃类产品原料的石脑油免征消费税，后来因该办法在实际工作中效果不明显，又对石脑油恢复征收消费税。2013 年，国家税务总局根据《财政部　中国人民银行　国家税务总局关于延续执行部分石脑油　燃料油消费税政策的通知》（财税〔2011〕87 号）、《财政部　中国人民银行　海关总署　国家税务总局关于完善石脑油　燃料油生产乙烯芳烃类化工产品消费税退税政策的通知》（财税〔2013〕2 号）和《国家税务总局关于发布〈用于生产乙烯、芳烃类化工产品的石脑油、燃料油退（免）消费税暂行办法〉的公告》（国家税务总局公告 2012 年第 36 号），就用于生产乙烯、芳烃类化工产品的石脑油、燃料油消费税退税问题作出规定："乙烯、芳烃类化工产品生产企业外购石脑油、燃料油用于乙烯、芳烃类化工产品的生产，符合退税条件的，可以享受消费税退税政策。"

在生物柴油税收政策方面，2010 年财政部、国家税务总局联合发布的《关于对利用废弃的动植物油生产纯生物柴油免征消费税的通知》（财税〔2010〕118 号）中规定："对利用废弃的动物油和植物油为原料生产的纯生物柴油免征消费税。"之后，在 2011 年发布了《关于明确废弃动植物油生产纯生物柴油免征消费税适用范围的通知》（财税〔2011〕46 号），对"废弃的动物油和植物油"的范围作了明确的规定和划分。

2013 年 12 月 31 日，国家海关总署公告 2013 年第 74 号《关于明确部分成品油进口环节消费税征收问题的公告》规定，自 2014 年 1 月 1 日起，对进口的灯用煤油（税则号列：27101912）、其他煤油（税则号列：27101919）征收每升 0.8 元的消费税。同时，对进口的含有生物柴油的成品油（税则号列：27102000）以及归入税则号列 38260000 项下不符合国家《柴油机燃料调和用生物柴油（BD100）》标准的生物柴油及其混合物征收每升 0.8 元的消费税。若要对进口生物柴油免征消费税，其生物柴油含量必须超过总量的 30%，同时，其进口生物柴油必须满足《柴油机燃料调和用生物柴油（BD100）》标准。

（2）现阶段成品油价格政策概述

2008 年，《国务院关于实施成品油价格和税费改革的通知》（国发〔2008〕37 号）确定了成品油价格形成的"原油成本法"，即"国内成品油出厂价格以国际市场原油价格为基础，加国内平均加工成本、税金和适当利润确定。当国际市场原油一段时间内平均价格变化超过一定水平时，相应调整国内成品油价格"。同时，将挂靠油种更改为布伦特、迪拜、米拉斯。调整的最短时期也由原来的一个月改为 10 天，当连续 10 个工作日的汽、柴油移动平均价格的变动幅度超过 50 元/吨时，国内成品油的出厂价和最高限价就会相应作出调整。

同年，《成品油价税费改革方案（征求意见稿）》中提出："将现行汽、柴油零售基准价格允许上下浮动改为实行最高零售价格。最高零售价格以出厂价格为基础，加流通环节差价确定，并将原流通环节差价中允许上浮 8% 的部分缩小为 4% 左右。国家将继续对成品油价格进行适当调控。"

2009 年 5 月，国家发展改革委发布了《石油价格管理办法（试行）》（以下简称《办法》），对成品油定价机制作出了进一步调整，这是我国至目前一直沿用的定价规则。《办法》规定，国内的成品油价格跟踪国际石油市场的原油价格，并以此为基础，加上加工成本、流通费用、税金及其附加和合理利润，最终形成成品油的销售价格。当国际市场原油价格低于每桶 80 美元时，成品油价格按正常加工利润率计算；高于每桶 80 美元时，开始扣减加工利润率，直至按加工零利润计算成品油价格；高于每桶 130 美元时，按照兼顾生产者、消费者利益，保持国民经济平稳运行的原则，采取适当财税政策保证成品油生产和供应，汽、柴油价格原则上不提或少提；当国际市场原油连续 22 个工作日移动平均价格变化超过 4% 时，可相应调整国内成品油价格。

《办法》还规定了国家发展改革委制定汽、柴油吨升折算原则。省级价格主管部门会同有关部门依据国家确定的折算原则制定当地汽、柴油吨升折算系数。在此基础上，省级价格主管部门制定当地以升为单位的汽、柴油最高零售价格。

（3）现行的成品油消费税制基本发挥了绿色税收的职能作用

目前，我国的成品油价格构成中，成品油消费税占比达 1/4 左右，确立了以税收手段鼓励节约用油、限制环境污染的政策导向，基本体现了"绿化"税制理念，发挥了绿色税收的作用。以 2015 年 7 月 8 日成品油价格为例。93#汽油最高零售价为 8448 元/吨，其中，消费税及附加为 2363 元/吨，占零售价的 28%；0#柴油（国Ⅳ）最高零售价为 6985 元/吨，其中，消费税及附加为 1581 元/吨，占零售价的 23%。

我国现行的成品油消费税制是以《关于实施成品油价格和税费改革的通知》（国发〔2008〕37 号）为基本依据，形成了包括征收环节、征收范围、计征方式、税收管理和收入支配等在内的政策体系。国发〔2008〕37 号文件规定，成品油消费税在炼厂环节（包括委托加工和进口环节）征收，征收范围为汽油、柴油、石脑油、溶剂油、润滑油、航空煤油（暂缓）及燃料油，从量定额计税，价内计征，属中央税。其中，从量定额征收方式的优点如下：首先，便于征收管理。这是因为消费税在生产（进口）环节一旦漏征税款，则很难在以后环节弥补，其具有一次性征收的特点。而采取从量定额计征，监控对象是成品油数量，与消费品销售收入相比，对数量的监控比较直观、简单，容易实现，便于征收管理。其次，免受市场价格波动的影响。这是由于从量定额计征的依据是成品油的销售数量，因此，不受国际油价波动的影响，对巨幅波动的油价起到了"压舱石"的作用，这有助于稳定政府税收收入和平滑纳税人税收负担。再次，有利于提高资源利用率，促进节能减排。从量定额计征根据成品油的消费数量，消费多的多纳税，消费少的少纳税，发挥价格对资源优化配置的功能，有利于引导消费者节约能源、绿色消费。另外，采取从量定额计征符合成品油自身特点。针对不同的征税对象，可采取不同的征收消费税的方式。成品油具有同质产品价格差异不大、计量单位规范的特点，因此，按从量定额方式征收。最后，从量定额计征符合国际惯例。如美国燃油税、欧盟国家矿物油税、日本汽油税等,均采用从量定额征收消费税。

3.1.3 消费税改革对成品油行业的影响

当前,成品油消费税改革关于课税环节的调整备受关注。现行成品油消费税在生产环节课税,如果将课税环节后移,将对成品油市场产生深远影响。在现有成品油定价机制以及成品油消费税征管能力条件下,课税环节后移将加剧成品油市场的不公平竞争。

(1)课税环节后移将扩大厂零差

成品油消费税如果后移至流通环节征收,出厂环节则不包含消费税。以当前的成品油价格为例,90#汽油、0#柴油出厂价将分别降至 6821 元/吨、6297 元/吨,其出厂价与国家规定零售价的价差将分别高达 2619 元/吨、2033 元/吨。巨大的厂零差将为成品油消费税偷逃税行为提供利益刺激,增加企业偷逃税款的动机(见图 3-1、图 3-2)。

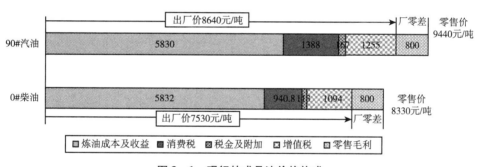

图 3-1 现行的成品油价格构成

注:以 2014 年 3 月 27 日调价后国内成品油价格为样本分析;城建税金及附加暂按 12% 计算。

资料来源:根据相关资料分析、整理。

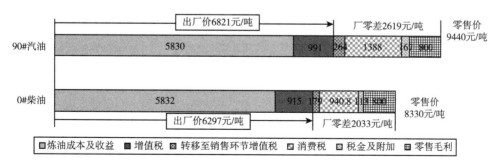

图 3-2 课税环节后移情况下的成品油价格构成

资料来源:根据相关资料分析、整理。

（2）纳税主体急剧膨胀，税收征管难度进一步加大

若成品油消费税后移至流通环节征收，消费税纳税人群体将急剧膨胀。在生产环节征税，税务部门只需向全国200多家炼厂征税；改在流通环节征收后，税务部门除了向三大集团征税外，还要向全国约4000家社会成品油批发企业、约45000家社会成品油零售企业及炼厂共计9.8万家企业征税，征税难度将大幅增加（见图3-3）。

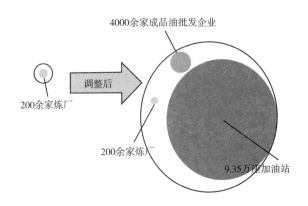

图3-3　课税环节后移情况下纳税主体的变动

资料来源：根据相关资料分析、整理。

当前，我国税务征管执行的是税收管理员制度。成品油消费税从生产环节转移到流通环节征收，将使税收从原来相对集中的几个省延展至全国各省、市、县。鉴于目前我国成品油市场秩序混乱、社会诚信度不高、税收征管手段缺失，在纳税主体急剧膨胀、管理幅度大幅增加的情况下，依靠有限的征管人员根本无法监管到位，必将导致国家税收大量流失。

（3）加剧体制内外两种渠道、两个市场的分化

成品油消费税后移至消费环节后，巨大的厂零差与庞大的纳税主体，将对税务部门的征管能力提出严峻挑战。如果税务部门的征管仅依赖以票控税手段，则经营者可通过不开票方式偷逃税款，地方炼厂原有不开票逃税方式不但没有消除，还将产生大量新的逃税主体（民营批发企业和社会加油站），很有可能形成两个市场，一个是以三大集团、延长集团等国企为主的既足额缴纳税款又易于监管的体系内市场，另一个是从地炼企业到民营批发、民营零售为主的既不纳税也难以监管的体系外市场。由于巨额价差导致的不公平竞争，体系外市场将严重冲击体系内市场，必将导致成品油市场秩序更加混乱，体系内市场份额严重流失、效益大幅下滑，将对体系内全产业链产生重大影响，损失难以估量。

（4）炼油、销售企业的资金占用状况将发生改变

现行征管体制下，销售企业向炼油企业支付货款时已将消费税一并支付，而炼油企业采用按月申报纳税方式，销售企业提前支付的消费税可参与炼油企业日常经营周转。消费税征收环节后移后，因货款中不含消费税，炼油企业的日常周转资金将减少（见表 3 - 1、表 3 - 2）。

表 3 - 1　　　　　　　　　炼油企业资金状况变化情况

油品	2013 年月均配置量（万吨）	消费税及附加（元/吨）	月均资金来源减少（亿元）	年影响财务费用（亿元）
汽油	370	1388 + 167	28.75	1.15
柴油	630	940.8 + 113	33.19	1.33

资料来源：根据相关资料分析、整理。

表 3 - 2　　　　　　　　　销售企业资金状况变化情况

油品	平均库存（万吨）	月均销量（万吨）	消费税及附加（元/吨）	库存占用减少（万吨）	月均进货占用资金减少（亿元）	年影响财务费用（亿元）
汽油	300	478	1388 + 167	46.65	37.17	- 3.35
柴油	350	795	940.8 + 113	36.88	41.89	- 3.15

注：1. 炼油企业月均流动资金减少考虑资金滚动结算因素，按资金占用影响一半计算；财务费用取 3% 借款和 5% 贷款的综合 4%（年化利率）计算；销售企业月均资金增加、减少考虑资金滚动结算因素，按月均销量资金增加影响一半计算。

2. 销售企业库存占用减少 = 月均库存 × 消费税及附加；

3. 销售企业月均资金删除了配置量，主要考虑外采也同样包括了消费税，故月均进货占用资金减少按照销量计算 = 月均销量 × 消费税及附加/2；

4. 年影响财务费用 = （库存资金减少 + 月均资金增加）× 0.04。

资料来源：根据相关资料分析、整理。

现行征管体制下，销售企业支付购油款时提前垫支消费税，且库存油品全部包含消费税，征收环节后移后，销售企业一是不用提前垫支消费税，二是库存油品不再包含消费税，三是向终端消费者收取的消费税，因次月申报缴纳，可参与一段期间的经营周转，销售企业的资金占用可能降低，资金紧张状况会有所缓解。

（5）对销售企业日常经营产生深远影响

A. 增加销售企业税费负担。消费税转移到流通环节后，除消费税由生产企业转到销售企业征收之外，消费税所附带的城建税和教育费附加也将由生产企业转移至销售企业承担，增加销售企业约 208 亿元的税负（数据由本书课题组

成员预测得出）。

B. 外采效益预计下降。消费税后移到批发零售环节后，由于石化资源仅能满足销售企业总经营量的80%，还有20%需要依靠外采，现行征管体制下，外采油品的消费税应由外部生产企业在出厂环节交纳，但我们认为，极可能因外部生产企业一定程度上存在偷逃税行为，导致目前外采价大大低于石化炼厂出厂价。消费税后移后，理论上外采出厂价与石化出厂价差将缩小，销售企业的外采收益空间预计收窄，可能影响到销售企业现有的盈利水平。

C. 无序竞争格局预计进一步扩大。消费税征管方式改革后，各地政府可从消费税中获得可观受益，地方政府为扩大税源，可能会增批成品油经营网点，将对现在加油站网络布局和中国石化市场份额造成冲击，进一步增加市场管控难度。

D. 乙醇汽油税负将增加。现税法规定，乙醇汽油只对汽油组分缴纳消费税。消费税转移至消费环节征收后，对于乙醇汽油品名的商品将无法区分乙醇和汽油组分，若税务总局统一按普通汽油征收，将多缴纳消费税15.8亿元/年（目前，销售企业乙醇用量约114万吨/年）。

E. 吨升转换效益流失。如果消费税后移并采用价税分离征收方式，因升价定价基数中减少消费税，将导致零售环节顺价收入减少，直接减少14亿元吨升换算效益。如果采用价税分离方式，则零售环节应按照实际销售升数征收消费税，若国家发展改革委重新核定计价密度，则销售企业将损失几十亿元的顺价收入。

3.1.4 我国成品油消费税政策存在的主要问题

近年来，成品油消费税税基有所扩大、单位税额多次提高，拟借此增加财政收入并纳入一般公共预算统筹安排，用于治理日益突出的雾霾等环境污染、应对气候变化、促进能源绿色发展，但数据显示，2012年至2014年的成品油消费税实际收入维持在2800亿元左右，这主要与我国滞后的社会信用体系建设和不健全的社会性监管机制有关。另外，现行的成品油消费税制存在一些亟待解决的深层次矛盾和问题，已不适应建立现代财政制度和绿色发展的要求，主要体现在以下五个方面：

第一，在起始环节征收消费税，导致出现部分生产经营成品油的企业利用不法手段偷逃消费税的现象。最初规定在生产、委托加工和进口环节征收消费税，符合当时的具体国情，这样可以节约征税成本，有利于征收管理。但是，成品油具有生产工艺复杂、产品体系丰富的特点，导致税务人员很难确定应税商品，难以对其实施专业化、精细化管理，基本处于纳税人申报多少、税务人员就征多少的局面。而纳税人则可通过关联企业及生涩、专业的商品名称进行多道环节的变票流通。在我国沿海地区就存在较严重的成品油走私的现象，例如，为了逃避消费税，以生物柴油的名义变相进口普通柴油，可以获得更大的利润。审计署 2009 年第 9 号 "16 省区市国税部门税收征管情况审计调查结果" 就曾指出，在征税范围设置、环节设计和资源环境保护等方面，现行消费税制仍存在不足，急须调整和完善。党的十六届三中全会通过的《关于完善社会主义市场经济体制若干问题的决定》曾明确提出了 "完善消费税，适当扩大税基" 的要求，其中，税制设计不合理是指由其导致的缩小消费税税基的问题。例如，一些生产企业通过设立独立核算的销售公司等方法，改变经营方式，使一部分价值从生产环节转移到流通环节，从而缩小消费税税基，减轻消费税纳税义务，形成了税收上的漏洞。为此，审计建议应根据实际情况，逐步将消费税征收由单一环节过渡到多环节，更具灵活、有效性，来促进消费税的调节功能，保障国家财政收入。

《财政部　国家税务总局关于调整烟产品消费税政策的通知》（财税〔2009〕84 号）在卷烟批发环节加征了一道从价税，《关于调整卷烟消费税的通知》（财税〔2015〕60 号）将卷烟批发环节从价税税率由 5% 提高至 11%，并按 0.005 元/支加征从量税。但是，由于种种原因，我国成品油消费税征税环节的改革迟迟未能启动。

第二，消费税对地方征管的积极性具有抑制作用。一方面，因为消费税是中央税，不会给地方财政带来收入，同时，还会倒扣一部分增值税、城市维护建设税和教育费附加的地方财政分成。另一方面，它是价内税，征收得越多，企业的利润就越少，企业所得税越低，而企业所得税与地方的利益密切相关。因此，成品油生产企业是很多地区的重点税源企业，当地政府不会对成品油的消费税进行严格征管，甚至为了地方利益，还会一定程度上纵容企业规避税收，形成地方保护主义。

第三，由于成品油不同产品的税率不同，导致了减少应税收入、少缴消费税的现象。现行的成品油消费税是从量计征，其中，柴油、燃料油、航空煤油的消费税单位税额为 1.2 元/升，汽油、石脑油、溶剂油、润滑油的消费税单位税额为 1.52 元/升，航空煤油暂缓征收消费税。部分企业则利用成品油不同产品之间的单位税额差异，通过不法手段将应纳高税率的成品油变名为应纳低税率或不需缴纳消费税的成品油（如将燃料油变名为稀释沥青）。

第四，以票管税的征管方式，导致了部分企业通过虚开发票、转票、变票、不开票和倒票等手段来规避消费税。一是混淆应税收入与免税收入，规避消费税。如进口稀释沥青用以替代燃料油作为原料加工生产汽柴油、以化工产品生产替代汽柴油的调和油等，利用极其类似的商品作为原料生产汽柴油，通过生产和销售环节之间转票，从而逃避征管。二是隐藏应税产品信息，减少应税收入。部分企业在成品油出厂及流通环节变换品名、虚开发票。例如，将汽油、柴油、燃料油等应税商品直接变名为沥青或化工产品等非税商品，不须缴纳消费税。三是不申报纳税，从而逃避税务部门的监管。

第五，监管不到位，随意抵扣消费税，导致税款流失。首先，存在人为抵扣消费税的现象，税务主管部门随意发放抵扣凭证，导致可多次进行消费税抵扣。其次，抵扣凭证不规范，即进货凭证上货物名称不在消费税征收的注释范围内，但仍然计算抵扣消费税，造成税款流失。再次，部分企业在生产应税、非应税油品的同时，外购已税成品油（如质量差的），人为在应税、非应税品目之间编写抵扣税款。将不应抵扣非应税品目耗用的原料所含税款在应税的品目中抵扣，达到少缴消费税的目的。最后，还有少数纳税人直接按购进发票数量抵扣税款，而不以实际生产领用量作为税款抵扣数量，将消费税抵扣政策与增值税混淆在一起。

3.1.5 成品油消费税六种方案比较

（1）方案一：现行（炼厂征收）成品油消费税政策方案

《关于实施成品油价格和税费改革的通知》（国发〔2008〕37 号）规定：成品油消费税在炼厂环节（包括委托加工和进口环节）征收；征收范围为汽油、柴油、航空煤油（暂缓）、石脑油、溶剂油、润滑油及燃料油；从量定额计税，汽油、石脑油、溶剂油和润滑油税额均为 1.52 元/升，柴油、航空煤油和燃料油税额均为 1.2 元/升；价内计征；属中央税。该方案如图 3 - 4 所示（以汽油为例）。

该方案的优势在于：一是从源头控制，易于征收，征管成本低。仅对炼厂征收，目前，我国拥有炼厂 239 家，其中，中国石化 35 家、中国石油 26 家、中国海油 16 家、中国化工 12 家、延长集团 3 家、兵器集团 2 家、山东地炼 62 家、广东地炼 19 家、其他省地炼 64 家。二是税收收入稳定。从量定额征收，不受油价波动直接影响。三是易于转嫁。由终端消费者来承担最终税负，体现了"多用

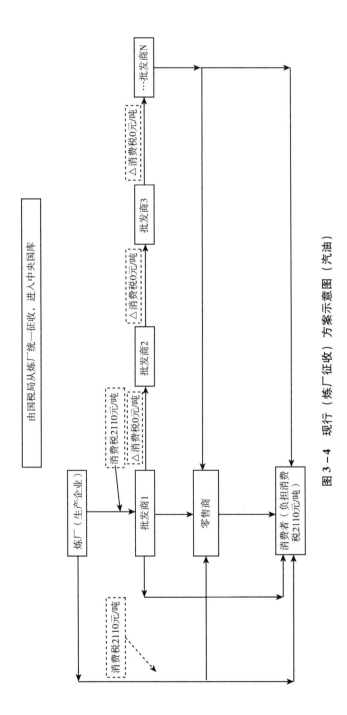

图 3 - 4　现行（炼厂征收）方案示意图（汽油）

油、多缴税"的量能负担原则。

该方案的劣势在于：一是成品油消费税作为中央税，地方征管积极性不高。二是征收环节单一，造成成品油消费地与税收实现地之间的背离，也无法对成品油流向进行有效跟踪；并且在利益驱动下，各地政府对新建炼厂积极性很高，导致各地炼厂重复建设问题严重，产能过剩。三是占用成品油生产经营企业资金成本。

（2）方案二："炼厂征收、定向跟踪"方案

成品油消费税在炼厂环节（包括委托加工和进口环节）征收；征收范围为汽油、柴油、航空煤油（暂缓）、石脑油、溶剂油、润滑油及燃料油；从量定额计税。在成品油增值税专用发票上的二维码中，增加成品油消费税税额变量，借助增值税的征管链条，体现消费税批发环节的税额征收和流向情况，获取当地实际消费税税额数据，科学实现中央对地方的税收返还。该方案具体如图 3-5、图 3-6 所示。

该方案的优势在于：一是该方案具有跟踪统计功能，有助于掌握成品油消费流向。二是从源头控制，易于征收，征管成本低。三是税收收入相对稳定。从量定额征收，不受油价波动直接影响。四是通过地方参与成品油消费税的税收返还，一定程度上可兼顾中央与地方税收征管的积极性，有利于减少偷税、漏税现象。

该方案的劣势在于：一是无法真正实现各环节之间的税收征管稽核，无法真正解决目前存在的大量税收流失问题，市场各主体之间不公平竞争问题依然存在。二是占用成品油生产经营企业资金成本。

（3）方案三："出圈征收"方案

炼厂和批发环节征收；征收范围为汽油、柴油、航空煤油（暂缓）、石脑油、溶剂油、润滑油及燃料油；从量定额计税；中央与地方共享；炼厂和具有批发资质的企业（圈内）间销售不征消费税，圈内企业对外销售一律征税。该方案具体如图 3-7 所示。

该方案的优势在于：一是提高地方征管的积极性。二是税收收入稳定。三是在一定程度上促进消费税在各地的公平分配。四是减少炼厂资金占用成本。

该方案的劣势在于：一是纳税人数量大幅增加，征管难度加大。相对于现行炼厂征收方案，从对 239 家征管增到 4000 多家。二是不但对圈内、圈外企业难以界定，而且还要对已存在的圈内企业进行严加管控，大规模批发资质的认定不符合国家当前着力强调的简政放权改革的要求。三是偷漏税问题加重，税收流失隐患增加。

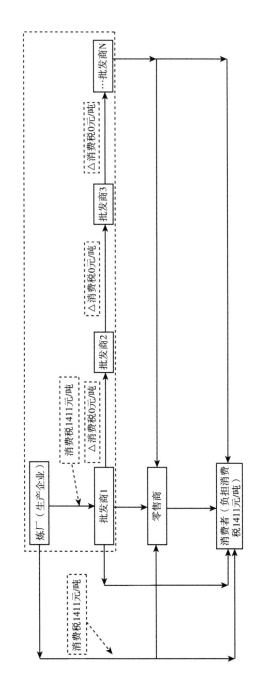

图 3 - 5　"炼厂征收、定向跟踪" 方案示意图（汽油）

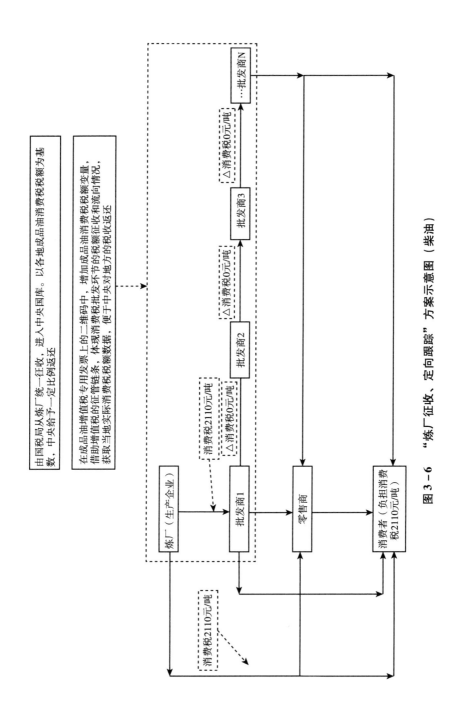

图 3 - 6 "炼厂'征收'、定向跟踪"方案示意图（柴油）

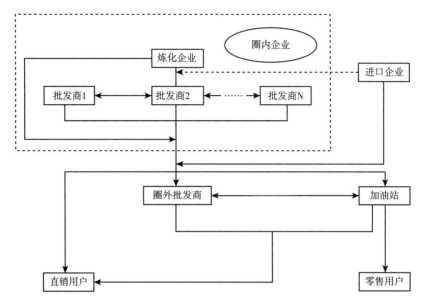

图 3 - 7　"出圈征收"方案示意图

（4）方案四：多环节出圈征收方案

多环节征收；从量定额计税；多环节是对炼厂和批发企业（以下简称"圈内"）从量定额计税；征收范围为汽油、柴油、航空煤油（暂缓）、石脑油、溶剂油、润滑油及燃料油。同时，在现行成品油增值税专用发票上的二维码中，增加成品油消费税税额变量，借助增值税的征管链条，体现消费税的税额征收和流向情况（见图 3 - 8、图 3 - 9）。

在这个方案中，征收两部分的成品油消费税，一部分征收在"圈内"企业流转时的成品油消费税，另一部分征收由"圈内"企业流向"圈外"企业时的成品油消费税。由图 3 - 8 可以看出，当汽油在圈内流转时，由国税部门向生产企业征收 2000 元/吨①的成品油消费税，生产企业将这部分税金转移给批发商。当成品油在具有批发资质的企业之间流转时，不征收成品油消费税；一旦汽油流出圈内企业，即生产企业销售给零售商或直销给大客户、批发企业销售给零售商时，对成品油生产商或批发商征收 2110 元/吨②的成品油消费税，最终 2110元/吨的成品油消费税由消费者承担。

从成品油消费税税收收益分享来看，第一部分为国税部门对圈内企业征收

---

① 此处税率只是为便于计算而设置，具体税率应根据实际情况重新设定。
② 此处按照汽油税率为 1.52 元/升、密度为 1388 升/吨计算得出。

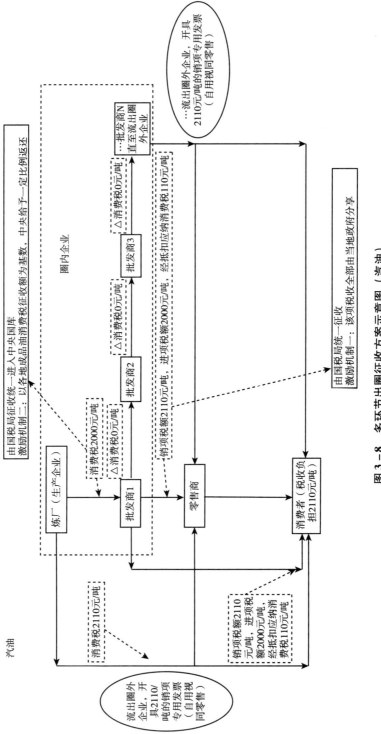

图 3-8 多环节出圈征收方案示意图（汽油）

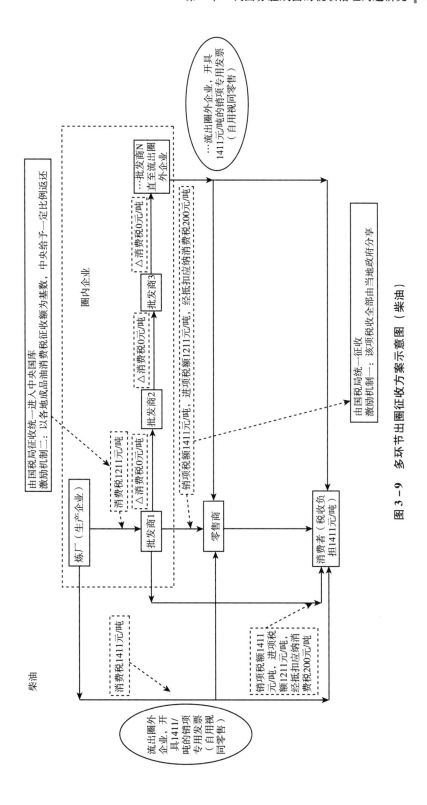

图 3 - 9　多环节出圈征税方案示意图（柴油）

2000 元/吨的成品油消费税，这部分税收收入统一进入国库结算中心，在此基础上拿出一定比例按照一定基数①返还给地方政府；当成品油流向圈外企业时，由国税部门向流出企业征收 2110 元/吨的成品油消费税，存在的 110 元/吨的税收差额由地方政府独享。因此，此方案对地方政府存在双重激励，一是"多征多分享"，二是"独享税收差额收益"。

同时，从征管机制上来讲，对企业"卖油开票"行为形成激励。当成品油在圈内企业流转时，圈内企业无须缴纳成品油消费税，此时圈内企业不存在开票动力。但是，成品油一旦流向圈外企业，流出企业则须缴纳 2110 元/吨的成品油消费税。在如此高的税额压力迫使成品油在圈内企业流转时，圈内企业都会开具发票，以备"流出"进行税额抵扣之需。

该方案的优势在于：一是在炼厂和批发企业之间构建起税收稽核关系，下游企业存在督促上游企业进行开票的动机，从而减少税收漏洞、防止税收流失。二是征收环节适度后移至批发环节，实现成品油消费税多环节征收，有助于保证税制改革的平稳推进。三是借鉴 1994 年分税制改革的成功经验，通过税收分享和税收返还"双重激励"，将中央和地方的利益有效捆绑，充分调动中央与地方税收征管的积极性。四是可在一定程度上缓解成品油消费地与税收实现地之间的背离，促进税收收入在地区间的公平分配。五是有助于保证税收规模，稳定税负。六是总体可保证成品油销售领域的应有利益，适度减轻炼厂资金占用。

该方案的劣势在于：一是不但对圈内、圈外企业难以界定，而且对现存的圈内企业严加管控，大规模批发资质的认定不符合国家当前着力强调的简政放权改革要求。二是征收环节增加，对税务部门的监管水平和管理幅度提出更高的要求，增加征管成本。三是成品油消费税的双重共享机制增加财政体制运行的复杂性，对中央财政部门的管理提出更高的要求。四是在一定程度上增加成品油销售企业的资金占用。

（5）方案五：零售环节征收方案

成品油消费税在零售环节征收，实行中央与地方共享，从量定额，价外征收。如图 3 – 10、图 3 – 11 所示。

从零售环节征收成品油消费税回归了消费税的本质，符合"谁消费，谁纳税"的原则。但是，该方案实质上是更高形态的改革方案，对税务人员、税控

---

① 具体比例、具体基数应根据中央与地方政府间财政关系合理计算得出。

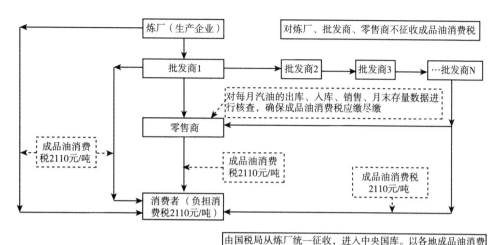

图 3－10　零售环节征收示意图（汽油）

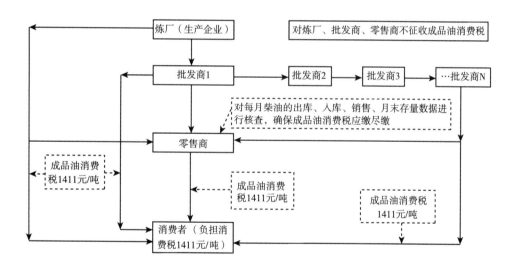

图 3－11　零售环节征收示意图（柴油）

系统以及纳税人都有极高的要求，并且，该方案还依托于完善的征信体系以及监管体系。

　　为保证该套方案的顺利实施与落实，首先，要从源头控制好加油站的进入资质以及对存量加油站税控系统的完善整改。其次，要加强对加油站等零售端的监管，税务机关定期稽查零售端的成品油出库、入库、销售、月末存量等数据，保证出库数量与销售数量相符，做到应收尽收。再次，应完善现有的税控系统，做到有效监督油品销售数量，避免落为华而不实的"摆设"。最后，要依托我国征信体系的建设，依托大数据、"互联网＋"等科技手段，多管齐下，堵塞税收流失漏洞。

在税收分享机制上，继续实行税收中央与地方共享，以当地成品油消费税征收数额为基数，由中央给予地方一定比例的返还。

在价税关系上，实行价外征收，有利于消费者确立纳税意识和节约意识。

该方案的优势在于：首先，极大提高了地方税收征管的积极性。其次，促进税收收入在地区间的公平分配，从根本上解决成品油消费地与税收实现地之间的背离问题。再次，只要从零售端销售的成品油都要纳税，改善了正规成品油生产企业与非正规成品油生产企业面临的不公平竞争局面，净化了成品油销售市场。另外，还减少了炼厂资金的占用。最后，充分发挥了消费税的消费引导作用。

该方案的劣势在于：一方面，税收流失将非常严重，加剧不同市场主体之间的不公平竞争。另一方面，纳税主体的数量急剧上升，这也增加了征管难度。

（6）方案六：全环节从价定率征收

炼厂至销售全环节征收，以进抵销、层层抵扣；征收范围为汽油、柴油、航空煤油（暂缓）、石脑油、溶剂油、润滑油及燃料油；从价定率计税；中央与地方税收共享。

中央与地方税收分享的具体方案为：炼厂环节消费税由中央统一征收，其余环节由地方政府征收；中央征收的部分消费税与地方分享，分享比例按地方征收消费税数额确定。

按照2013年成品油消费税应收收入，结合炼厂实际出厂价，仅考虑单一税率的测算结果显示，从价计征的成品油消费税税率可考虑定为15%，如表3－3所示。

按照2013年成品油消费税应收收入，结合炼厂实际出厂价，考虑汽、柴、燃油差别税率的测算结果显示，从价计征的消费税税率可考虑汽油为17%、柴油为13.5%、燃料油为16%，具体见表3－4。

以稳定税负为前提，当国内成品油含税出厂价变动在±1500元/吨时，税率最大变动幅度为4个百分点（见表3－5）。

表 3－3　成品油消费税转移测算（单一税率）

内容	单位	价格（含增值税）	批发商价差	税率	进项税额	销项税额	实纳税额	产量＋进口－出口	税收收入	改革后税额总计	改革前后税额差额（改革后差额－2013 年实际税额）
		元/吨	元/吨	%	元/吨	元/吨	元/吨	元/吨	亿元	亿元	亿元
汽油 合计		—	—	—	—	—	1176	9351	1100		
汽油 生产供国内、进口		7041	—	15.0	0	1056	1056	—	—		
汽油 环节 1		7241	200	15.0	1056	1086	30	—	—		
汽油 环节 2		7441	200	15.0	1086	1116	30	—	—		
汽油 环节 3		7641	200	15.0	1116	1146	30	—	—		
汽油 环节 4		7841	200	15.0	1146	1176	30	—	—		
汽油 消费者		—	—	—	—	—	—	—	—		
柴油 合计		—	—	—	—	—	1066	16981	1811	3208	14
柴油 生产供国内、进口		6309	—	15.0	0	946	946	—	—		
柴油 环节 1		6509	200	15.0	946	976	30	—	—		
柴油 环节 2		6709	200	15.0	976	1006	30	—	—		
柴油 环节 3		6909	200	15.0	1006	1036	30	—	—		
柴油 环节 4		7109	200	15.0	1036	1066	30	—	—		
柴油 消费者		—	—	—	—	—	—	—	—		
燃料油 合计		—	—	—	—	—	809	3672	297		
燃料油 生产供国内、进口		4591	—	15.0	0	689	689	—	—		
燃料油 环节 1		4791	200	15.0	689	719	30	—	—		
燃料油 环节 2		4991	200	15.0	719	749	30	—	—		
燃料油 环节 3		5191	200	15.0	749	779	30	—	—		
燃料油 环节 4		5391	200	15.0	779	809	30	—	—		
燃料油 消费者		—	—	—	—	—	—	—	—		

注：1. 本书课题组模拟计算所得，价格、产量为 2013 年数据。

2. 依据调研实际情况，初步设定成品油行业每吨内每吨油品的利润为 800 元/吨，为便于测算，在不影响测算结果的前提下，表中将每环节批发商价差定为 200 元/吨，将流转环节简化为 4 个环节。

表3-4　成品油消费税转移测算（差别税率）

内容		价格（含增值税）	批发商价差	税率	进项税额	销项税额	实纳税额	产量+进口-出口	税收收入	改革后税额总计	改革前后税额差额（改革后差额-2013年实际税额）
单位		元/吨	元/吨	%	元/吨	元/吨	元/吨	元/吨	亿元	亿元	亿元
汽油	合计	—	—	—	—	—	1333	9351	1247		
	生产供国内、进口	7041	—	17.0	0	1197	1197	—	—		
	环节1	7241	200	17.0	1197	1231	34	—	—		
	环节2	7441	200	17.0	1231	1265	34	—	—		
	环节3	7641	200	17.0	1265	1299	34	—	—		
	环节4	7841	200	17.0	1299	1333	34	—	—		
	消费者	—	—	—	—	—	—	—	—		
柴油	合计	—	—	—	—	—	960	16981	1630	3193	-1
	生产供国内、进口	6309	—	13.5	0	852	852	—	—		
	环节1	6509	200	13.5	852	879	27	—	—		
	环节2	6709	200	13.5	879	906	27	—	—		
	环节3	6909	200	13.5	906	933	27	—	—		
	环节4	7109	200	13.5	933	960	27	—	—		
	消费者	—	—	—	—	—	—	—	—		
燃料油	合计	—	—	—	—	—	863	3672	317		
	生产供国内、进口	4591	—	16.0	0	735	735	—	—		
	环节1	4791	200	16.0	735	767	32	—	—		
	环节2	4991	200	16.0	767	799	32	—	—		
	环节3	5191	200	16.0	799	831	32	—	—		
	环节4	5391	200	16.0	831	863	32	—	—		
	消费者	—	—	—	—	—	—	—	—		

注：本书课题组模拟计算所得，价格、产量和净进口量为2013年数据。

表 3 - 5　　　　　　稳定税负前提下油价波动对单一税率的影响

价格波动	汽油价格	柴油价格	燃料油价格	税率	税率差
元/吨	元/吨	元/吨	元/吨	%	百分点
1500	5541	4809	3091	18.9	4.0
1400	5641	4909	3191	18.6	3.7
1200	5841	5109	3391	18.0	3.0
1000	6041	5309	3591	17.4	2.4
800	6241	5509	3791	16.8	1.9
600	6441	5709	3991	16.3	1.4
400	6641	5909	4191	15.8	0.9
200	6841	6109	4391	15.4	0.4
0	7041	6309	4591	14.9	0.0
- 200	7241	6509	4791	14.5	- 0.4
- 400	7441	6709	4991	14.1	- 0.8
- 600	7641	6909	5191	13.8	- 1.2
- 800	7841	7109	5391	13.4	- 1.5
- 1000	8041	7309	5591	13.1	- 1.8
- 1200	8241	7509	5791	12.8	- 2.2
- 1400	8441	7709	5991	12.5	- 2.5
- 1500	8541	7809	6091	12.3	- 2.6

注：价格、产量和净进口量为 2013 年数据。
资料来源：本书课题组模拟计算所得。

在 15% 的单一税率下，当国际原油价格在 60—120 美元/桶区间波动时，税收收入最大差额将达 1337 亿元（见表 3 - 6）。

表 3 - 6　　　　单一税率下国际油价变动对成品油消费税税收的影响

品种	布伦特国际油价	现行消费税出厂价	现行消费税后移出厂价	现行消费税后移零售价（800）	消费税单位税额	税收收入	税收收入合计	与基准情景差额
单位	美元/桶	元/吨	元/吨	元/吨	元/吨	亿元	亿元	亿元
汽油		4615	2750	3550	533	498		
柴油	30	3674	2401	3201	480	815	1395	- 1775
燃料油		1758	683	1483	222	82		

续表

品种	布伦特国际油价	现行消费税出厂价	现行消费税后移出厂价	现行消费税后移零售价（800）	消费税单位税额	税收收入	税收收入合计	与基准情景差额
单位	美元/桶	元/吨	元/吨	元/吨	元/吨	亿元	亿元	亿元
汽油		5835	3950	4750	712	666		
柴油	50	4803	3511	4311	647	1098	1907	−1263
燃料油		2887	1793	2593	389	143		
汽油		5835	3950	4750	712	666		
柴油	60	5368	4066	4866	730	1239	2079	−1091
燃料油		3452	2348	3148	472	173		
汽油		5835	3950	4750	712	666		
柴油	70	5932	4621	5421	813	1381	2251	−919
燃料油		4016	2903	3703	555	204		
汽油		5835	3950	4750	712	666		
柴油	80	6510	5189	5989	898	1525	2427	−743
燃料油		4594	3471	4271	641	235		
汽油		8126	6202	7002	1050	982		
柴油	90	6901	5573	6373	956	1623	2862	−308
燃料油		4985	3855	4655	698	256		
汽油		8583	6650	7450	1118	1045		
柴油	100	7302	5967	6767	1015	1724	3047	−123
燃料油		5386	4249	5049	757	278		
汽油		8891	6953	7753	1163	1088		
柴油	110	7566	6227	7027	1054	1790	3170	0
燃料油		5650	4509	5309	796	292		
汽油		9489	7541	8341	1251	1170		
柴油	120	8104	6755	7555	1133	1924	3416	246
燃料油		6188	5037	5837	876	322		

注：价格、产量和净进口量为2013年数据。

资料来源：本书课题组模拟计算所得。

该方案的优势在于：首先，全环节征收，无须人为界定批发、零售资质，与国家简政放权改革方向保持一致。其次，通过地方参与成品油消费税的分享和税收返还，实现对地方税收征管的双重激励。再次，在一定程度上缓解成品油消费地与税收实现地之间的背离，促进税收收入在地区间的公平分配。另外，建立层层稽核的征管机制，降低了监管难度。最后，减轻了炼厂的资金占用。

该方案的劣势在于：一是税收收入波动剧烈。当国际原油价格在 60 至 120 美元/桶区间波动时，以 15% 的成品油消费税税率测算，2013 年成品油消费税税收收入差异达 1337 亿元。二是在稳定税负的前提下，当国内成品油含税出厂价变动在 ±1500 元/吨时，税率最大变动幅度为 4 个百分点。三是违背消费税立法意图，不利于油品升级。从价定率导致优质油品税负重、劣质油品反而税负轻，最终出现"劣币驱除良币"现象，不利于产业升级、节能环保。

（7）六种方案综合比较（见表 3 - 7）

方案一现行成品油消费税征收政策在实际实行过程中存在各种弊端；方案六全环节从价定率征收税收收入波动过于剧烈，有违税收收入稳定的基本原则，因此，方案一、方案六仅供探讨，不作为改革选择方案；而"出圈征收"方案行政色彩浓厚，弊大于利，不作为推荐方案。

在当前的法制、社会诚信、市场监管环境下，结合税收收入稳定性、中央与地方关系、市场公平竞争、对成品油销售领域影响以及征管成本等因素，方案二（即"炼厂征收、定向跟踪"方案）在保留现行消费税政策的基础上，从技术层面对现行（炼厂征收）成品油消费税政策方案进行完善，实现了对油品流转的定向追踪，有助于堵塞税收漏洞、遏制税收流失，因此，方案二为本书推荐的成品油首选消费税改革方案。方案四多环节出圈征收方案在炼厂和批发企业之间构建起税收稽核关系，有助于减少税收漏洞、遏制税收流失，作为成品油消费税改革的过渡阶段。方案五零售环节征收最能回归消费税的本质，还原成品油消费税的立税初衷，在我国市场环境逐渐成熟的环境下，最终彻底完成我国成品油消费税改革。

3.1.6　国外成品油消费税制现状

成品油消费税，是指中国现行消费税制度下以成品油为税目所征收的消费税，即国际上的燃油税。燃油税在国外名称有所差异，例如，美国称为汽油税（Gasoline Tax），德国称为矿物油税（Mineral Oil Tax），英国称为烃油消费税（Hydrocarbon Oil Duty），日本称为汽油税和柴油交易税。虽然燃油税的名称不同，但普遍认为这是一项通过提高油品价格来控制消费总量、提升能源使用效率的财税政策。

表3-7 六种方案综合比较

特征	方案一	方案二	方案三	方案四	方案五	方案六
	现行（炼厂征收）方案	"炼厂征收，定向跟踪"方案	出圈征收方案	多环节出圈征收方案	零售环节征收	全环节从价定率征收
优点	1. 从源头控制，易于征收，征管成本低； 2. 税收收入稳定； 3. 易于转嫁，体现了"多用油，多缴税"的量能负担原则。	1. 该方案具有跟踪统计功能，有助于掌握成品油消费流向； 2. 从源头控制，征管成本低； 3. 税收定额征收，不受油价波动直接影响； 4. 通过地方参与成品油消费税的税收返还，一定程度上可兼顾中央与地方税收征管的积极性，有利于减少偷税、漏税现象。	1. 提高地方征管的积极性； 2. 税收收入稳定； 3. 在一定程度上促进消费税在各地地的公平分配； 4. 减少炼厂资金占成本。	1. 在炼厂和批发企业之间构建起税收稽核关系，下游企业进行开票存在督促上游企业进行开票的动机，从而减少税收漏洞，防止税收流失； 2. 征收环节适度后移，实现成品油消费税多环节征收的平稳推进； 3. 充分调动中央与地方税收征管的积极性； 4. 促进税收收入在地区间的公平分配； 5. 总体可保证税收规模，稳定税负； 6. 销售领域应有利益，适度减轻炼厂资金占用。	1. 充分发挥消费税的消费引导作用； 2. 充分调动地方税收征管的积极性； 3. 从根本上解决成品油消费地与税收实现地之间的背离，促进税收收入在地区间的公平分配； 4. 改善成品油销售市场公平竞争局面，净化市场； 5. 减少炼厂资金占用。	1. 与国家简政放权的改革方向保持一致； 2. 建立了层层稽核的征管机制，降低了监管难度； 3. 充分调动中央与地方税收征管的积极性； 4. 在一定程度上缓解了成品油成品消费地实现税收与消费地之间的背离，促进税收收入在地区间的公平分配； 5. 在一定程度上减轻了炼厂的资金占用。

续表

特征	方案一 现行（炼厂征收）方案	方案二 "炼厂征收、定向跟踪"方案	方案三 出圈征收方案	方案四 多环节出圈征收方案	方案五 零售环节征收	方案六 全环节从价定率征收
缺点	1. 成品油消费税作为中央税，地方征管积极性不高； 2. 征收环节单一，造成成品油消费地之间税收实现地之间的背离，在利益驱动下，各地政府对新建炼厂积极性很高，导致各地重复建设问题严重，产能过剩； 3. 占用成品油生产经营企业资金成本。	1. 无法真正实现各环节之间的税收征稽核，无法真正解决税收流失存在的大量税收流失问题，市场各主体之间公平竞争问题依然存在； 2. 占用成品油生产经营企业资金成本。	1. 纳税人数量大幅增加，征管难度加大； 2. 不但对圈内、圈外企业进行严加管控，还要对已存在的圈内企业大规模批发资质的认定不符合国家当前的简政放权的改革要求； 3. 偷、漏税问题加重，税收流失隐患增加。	1. 不但对圈内、圈外企业难以界定，而且对现存的圈内企业严加管控，大规模批发资质的认定不符合国家当前的简政放权的改革要求； 2. 征收环节增加，征管成本增加； 3. 成品油消费税的双重共享机制，增加财政体制运行的复杂性，对中央财政部门的管理提出更高的要求； 4. 在一定程度上增加成品油销售企业的资金占用。	1. 纳税主体急剧增加，极大地增加征管难度； 2. 税收流失将非常严重，加剧不同市场主体之间的不公平竞争。	1. 在税率稳定的前提下，税收收入波动剧烈； 2. 在稳定税负的前提下，税收负担变动大； 3. 违背消费税立法意图，不利于油品升级。从价定率导致优质油品税负较重，劣质油品反而税负较轻，最终出现"劣币驱除良币"现象，不利于产业升级、节能环保。

资料来源：本书课题组综合整理。

从总体上看，将国外燃油税与国内成品油消费税对比可以发现：首先，国外实行差异化的税率设计，几乎所有国家都对汽油课以重税，汽油税率一般比柴油高1—2倍，少数国家甚至高达3—6倍。其次，国外大多数国家和地区如欧洲和美国、日本等国直接在批发或零售环节征税，在销售环节征税体现了"谁用油谁缴税"的原则，对于提升消费者的节约和环保意识、提升能源使用效率具有重要的现实意义。最后，绝大多数国家在税收收入的分配方面，由中央与地方分别征税，共享燃油税的收益。

国外经验对于我国成品油消费税未来改革方向具有重要的借鉴意义。本节选取美国、英国、日本、德国、韩国5个有代表性的国家，深入分析其燃油税的基本情况，以期为我国成品油消费税改革提供经验借鉴。

（1）美国

A. 消费税的产生。20世纪初，汽车数量越来越多，交通压力越来越大，为了满足人们出行的需求，美国政府开始修建州级公路。但由于道路建设资金的不足，各州开始对道路的使用者收费（通行费）。但这种收费的成本过高，如支付收费人员的工资、修建收费站等，并且，道路收费也耽搁了行车的时间，这些都使得通行费这种集资方式经常出现入不敷出的局面。为了解决这个问题，各州最终选择用机动车燃油税来替代通行费。通常来说，用油量的多少和行驶的路程成正比，对燃油征税就等同于对道路的使用进行收费。另外，与通行费相比，燃油税的征管成本也比较低。因此，在美国，燃油税就是道路使用费，主要用于应对筹集道路建设资金的需要。1918年，机动车燃油税首次出现于俄勒冈州，然后，其他各州纷纷开始征收机动车燃油税。州燃油税与交通运输支出之间的关系自20世纪30年代起便由联邦法律明文确定下来。1931年，美国联邦政府开始征收燃油税，当时的燃油税收入作为政府的一般预算收入。1940年，美国各州基本上都征收了燃油税。

1956年，美国国会出台《联邦资助公路法》和《公路收入法》，规定燃油税收入专项用于公路建设。80多年来，燃油税作为通行费的最佳替代选择，为公路建设募集了大量的资金，是美国政府公路资金收入的主要来源。

B. 征收环节。1988年以前，美国燃油税统一在零售环节征收。但在1988年，美国联邦政府将汽油燃油税的征收由零售环节改在生产环节，但柴油燃油税仍维持在零售环节征收。这是由于当时成品油零售站（商）较多，税收监管难度很大，存在大量无照或假照经营、倒买倒卖等非法经营活动，营销秩序出现严重混乱，导致燃油税收入大量流失，为了解决这一问题，政府决定进行这样的改革。改革后，汽油燃油税的情况有明显的好转，但柴油燃油税偷税情况变得更加严重。比如，部分汽油经销商转为经销柴油，倒买倒卖、偷逃税款。为了从根本上解决这一问题，1993 年，美国联邦政府将柴油燃油税征收环节从零售环节改为生产环节。这一改革取得了明显效果，当年柴油燃油税的收入增加了 20% 左右。当前在美国，联邦政府以及各州都征收燃油税，其中联邦燃油消费税由联邦政府在生产和进口环节征收，州燃油消费税由州政府在批发和零售环节征收。

C. 征税对象和征收方法。从征税对象上看，主要是汽油、柴油、乙醇汽油、煤油、航空燃料、液化石油气、压缩天然气和其他燃料，主要对象还是对车征燃油税。当前，美国燃油税主要是机动车燃油税，由联邦机动车燃油税、州机动车燃油消费税以及附加的其他税费（州和地方征收的销售税、收入税、石油检验费、州地下储油罐费等）组成。

从征收方式上看，美国的燃油税采用税额固定，遵循量能负担原则，且税额不会随油价的波动而波动，采取的是从量定额的征收方法。

D. 税率。美国的成品油税负体制与其他国家有所不同：一是只有燃油税，没有增值税。二是实行"一州一税"，即每个州和地方的油价差别较大，相应的燃油税也是大不相同，这是由于美国《宪法》明确规定，联邦、州、地方均拥有税收立法权和征管权，并具有各自独立的税收体系。另外，州税额通常都比联邦税额要高，例如，2014 年 7 月，全美最高的汽油燃油税为加利福尼亚州的68.18 美分/加仑，而全国平均水平为 49.62 美分/加仑。最低值出现在产油重地阿拉斯加，每加仑仅为 30.80 美分/加仑。汽油的联邦税率为 18.40 美分/加仑；柴油的联邦税率为 24.40 美分/加仑。另外，各州根据税法出台的其他税费品类繁多，主要有特许经营权授权费、地下燃油存储信托基金、环境保护税、消费税等。

美国 2014 年 7 月的全国平均汽油价格为 3.61 美元/加仑，由 4 部分构成，即燃油税占 14%、原油成本占 60%、炼油费用占 10%、市场营销成本占 16%。

2012 年，美国消费税收入为 610.34 亿美元，其中，成品油消费税收入为336.60 亿元，占消费税总额的 59.92%。

E. 减免税优惠。联邦燃油税减免范围大致包括州和地方政府农业、出口、外贸、工业生产、火车、公交车（含学校巴士）、商业捕鱼、救护用直升机和飞机商业飞行或其他非公路运输使用的燃料油（料）（如用于发电机、压缩机、割草机或清洁用途）。

由于大部分汽油都使用在公路交通上，而大约只有一半柴油、煤油用在公路交通上，所以，汽油要先征税，少部分非公路用途的汽油都可申请退税。对于柴油、煤油，则需要通过染色方式来区分应税和免税柴油、煤油，即染色油基本上先不征税（火车、公司车、商业飞行用染色油适用低税率）。

F. 征管办法。

①计算机联网监控生产、批发和零售燃油的企业进行油品销售。通过计算机网络系统，税务机关输入纳税人的全部申报资料。若申报资料存在计算有误或内容不准确的问题，通过计算机网络系统的自动核算和比较的功能可以发现，税务部门将以书面形式通知纳税人责令其改正，或将其确定为税务部门的实地核查对象。根据税务部门事先确定的内容和标准，计算机网络系统对纳税人的纳税申报守法情况进行评分。分数越高，表明申报的错误越多，通常会被选为税务部门稽查的对象。

②完整、全面地记录检查燃油流转成本的各个环节。税务部门要定期或不定期地稽查纳税人的有效凭证。例如，按税法要求，油品经销商必须保存完整的油品购销记录，包括收银机的销售存根记录、发票、收据等。批发商将油品销售给零售商，必须保存零售商的销售执照号码和地址，购买油品的种类、数量、价格和日期，运销其他州的销售记录和运货凭单等。

③对车辆用油实行路检。对未经注册、私自经销油品的，给予经济或刑事处罚；一旦发现使用免税柴油（加色柴油）运输的，予以重罚。

（2）日本

A. 燃油税概况。与其他发达国家相比，日本的燃油税征收范围最广、征收办法较为复杂。征收范围大体分为两类：一类是专门为道路建设与维护而征收的特定消费税，日本成品油的特定消费税简单来说，可以分为汽油税和柴油税两个税种。具体又包含挥发油税、柴油税、天然气税和地方道路税这4个税种。其中，发油税和地方道路税均是针对汽油的税种，将其统称为汽油税。而天然气税则是石油消费税的扩大和补充。另一类是一般消费税。

1989年起，日本开始实行税率为3%的一般消费税制度，1997年将其修改为5%，2014年4月1日起进一步提高至8%，其实质是增值税。虽然税率固定，但汽油和柴油两种成品油的征税方式却有明显区别。对于柴油来说，一般消费税的计税基础则是不含税的"裸油价"；而对于汽油来说，一般消费税的5%是在包含汽油税的油价基础上进行计算，等于对汽油税进行了二次征税。

在日本，成品油的零售价格由税前价和税收两部分组成。其中，税前价由原油成本、炼制与销售成本及利润构成；税收主要包括特定消费税和一般消费税（增值税）。

2013 年，日本消费税收入为 106490 亿日元，其中，燃油税收入为 25660 亿日元，占消费税收入的 24.10%。

B. 征收环节。对于汽油而言，是从仓库装运时就征收，即在生产环节征收；而柴油则是在零售环节征收。这是由于汽油税属于间接税，直接纳税人为国内汽油生产商和汽油进口商，但销售商最终还是会将这些税负转嫁到油价上，由消费者承担；而柴油税是使用柴油的汽车所有人在购买柴油时征收。

C. 征税对象和征收方法。日本燃油税的征税对象包括挥发油税、柴油税、地方道路税和天然气税 4 大类。其中，地方道路税和柴油税征收对象分别是汽油和柴油，税款用于地方道路之类设施的维护等，归地方政府所有；挥发油税征收对象是汽油，税款归中央政府所有，专门用于维护公路设施；天然气税的征收对象是天然气，税款中央和地方一起平摊，用于维护公路设施。

挥发油税、柴油税和地方道路税征收方法为从量定额、价外征收，以容积单位"升"为计量单位；天然气也是采用从量定额、价外征收的征收方法，但是计量单位为"千克"。

D. 税率。日本的成品油价格基本上是由各石油企业自行决定的，业内的竞争也相当激烈。但燃油税的税额相对固定，2014 年的标准为：汽油税 53.8 日元/升（其中，挥发油税 48.6 日元/升，地方道路税 5.2 日元/升）；柴油税为 32.1 日元/升；天然气税为 17.5 日元/千克。

E. 减免税优惠。日本主要对船舶动力源、铁路车辆、农林经营用、钢铁、电力或化学工业原料免征燃油税。对出口、煤油、飞机专用油、石油化学用油免征汽油税。

（3）英国

A. 燃油税概况。英国是现代燃油税的鼻祖，其现代燃油税的最早来源是，1909 年设定了一个名为"车用汽油税"的新税种，征税对象为所有的车用汽油。英国在 1908 年的《财政法案》中引入燃油税，当时税率设定为 0.013 英镑/英加仑。此后几年，汽油价格平稳上升，因此，1919 年《财政法案》将燃油税改为以车辆马力为税基的车辆购置税。1928 年，汽油消费量缩减，英国政府又重新引进燃油税。

B. 征收对象与税率。欧洲国家除了挪威和英国，其他国家和日本一样都是贫油国，重视环保的欧洲大多数国家对高税负抑制成品油消费达成了共识。当前，欧洲各国的汽油价格折算成人民币，基本都在 10 元/升以上，而这些油价很大一部分反映的是燃油税。同样是出于控制石油消费和环保的考虑，英国政府对成品油的税率设置得比较高，是欧盟中燃油税负最高的国家，在汽油和柴油的最终销售价中，各项税赋总额约占 78%。具体来说，英国的成品油税负可分为燃油税和增值税这两大块。其中，增值税的税率固定为 20%，但计算税基为加上燃油税的成品油价。换句话说，英国的成品油税负属于复合型，即燃油税为从量定额，而增值税则为随价格波动的从价税。2013 年，英国燃油税收入为 268.81 亿英镑。

C. 征收环节。凡在英国国内从事原油加工及其他各种油类加工的都是烃油消费税的纳税人，征收环节为监管仓库的出库环节。

D. 税收优惠政策。

①航空。根据 1947 年达成的《国际民用航空公约》，对航空用油免征燃油税。2008 年 10 月之前，小型飞机使用的航空燃油减半征收，其他使用无铅汽油的轻型飞机按标准税率征税。

②巴士。公交运营商拨款，为当地的公交服务运营商提供燃油税税收优惠政策（但特快专列不能享受税收抵扣政策）。

③工程和农业用车。对登记注册过的工程和农业用车使用的染色柴油的燃油税率相对较低。但染色柴油仅限于登记过的车辆使用，包括拖拉机、挖掘机、起重机等。

④火车。只对使用生物燃油的火车运营商免征燃油税。

（4）德国

A. 燃油税概况。德国的矿物油税是对汽车燃料征收的一种税。德国政府对矿物油品种作了区别，规定不含铅汽油的适用低税率。

B. 征收对象与税率。燃油税主要由能源税和增值税构成，后者是在燃油税的基础上再对税前的油价与燃油税之和征收 19% 的增值税，即燃油税根据燃油种类以固定数额征收，而增值税的税基则是包含燃油税的燃油价格，从价征收。在德国的燃油价格中，税金即增值税与燃油税之和所占的比重约为 2/3。

C. 税种性质。燃油税在税收收入划分中属于中央税。目前，德国每年征收的能源税收入约 400 亿欧元，是德国最重要的消费税种。

D. 征收环节和征收方法。目前，德国的燃油税在零售环节征收，采取从量定额征收办法。

E. 税收使用。由德国中央政府征收燃油税，所以，采用一般财政预算的方式对燃油税税款进行管理。其中，燃油税款主要是用于义务养老保险者的退休金支付，还有小部分燃油税款用于高速公路的建设。

F. 税收优惠。对于工业生产、农业和林业用油实行减免税，对地方公共交通、使用天然气和生态燃料的交通工具实行较低的税率，对农业生产方面的燃油则实行免税政策。

（5）韩国

A. 燃油税概况。1995 年，韩国开始对石油类产品征收特别消费税。在韩国，成品油价格由原油成本、炼油利润、分销费用及国内税收组成。其中，原油成本包括进口原油到岸价、进口关税和进口附加税；炼油利润包括炼油加工费用和毛利；分销费用包括储存成本、运输费用、销售成本等；国内税收包括交通能源环境税、教育税、燃油税、增值税等。

①交通能源环境税。交通能源环境税也是"交通税"，主要用于道路和交通设施建设。2007 年，韩国政府在税制改革方案中，把交通税改称为"交通能源环境税"。它也是一种从量税，政府可以根据国内经济和国际油价的变化适时在上下 30% 的范围内调整征税金额。其纳税人是生产和分销汽油及其类似替代产品及柴油的人，或从保税区进口汽油、汽油替代品及柴油的人。

②教育税。它是一种固定的中央税，主要用于给政府的教育账户提供资金支持，须按季缴纳。交通能源环境税的纳税人须以交通能源环境税的纳税金额为税基，缴纳 15% 的教育税。

③燃油税。它是一种地方税，主要用于增加地方政府税收。燃油税的征收对象只有车用汽油和柴油，征税基数为交通能源环境税，税率时有调整。2009 年 5 月 21 日更新的税率为 26%。

④增值税。增值税是韩国的第一大税，2007 年，韩国增值税收入达 409 亿美元，占国家税收（1615 亿美元）的 25% 以上。税基为货物货币交易额（出厂价 + 交通税 + 教育税 + 燃油税等），其税率为 10%，由生产或制造应税货物者缴纳。

B. 征收对象和征收办法。韩国燃油税的征税对象有汽油、柴油、煤油、重油、燃料油、LPG、LNG。

汽油和柴油的交通税、地方运行税和教育税实行从量征收，煤油、重油、燃料油、LPG 和 LNG 的特别消费税和教育税也实行从量征收，原油、汽油、柴油、煤油、重油、燃料油、LPG 和 LNG 的增值税和关税实行从价征收。

C. 税收征管与优惠。韩国政府对农业和渔业用油实行免税，并对出口油品实行出口退税政策。

3.1.7 国外经验对我国成品油消费税改革的借鉴意义

由于各国的基本国情不同，因此，大多数国家在成品油消费税的征收范围、对象、办法以及监管手段等方面有很大差异。大多数国家只对用于道路交通的油品课以高税，而对农业、牧业、渔业、取暖等特定行业领域用油都采取了低税、免税、补贴等办法。部分国家除对汽油、柴油征税外，还向煤油、液化气和重燃油等石油产品征收类似的消费税和燃油税。

（1）税目与税率应合理设定

以汽油和柴油为例，与柴油相比，汽油税赋比例一般比柴油高1—2倍，少数国家甚至达到3—6倍。这是因为，使用柴油更加节约能源，柴油发动机热效率高于汽油发动机功率30%。同时，柴油排放对环境的污染低，在环保方面优于汽油。另外，柴油用于交通运输仅为35%，其余都用于农业、渔业、取暖和一些特定行业等。因此，几乎所有国家都对汽油课以高税。

（2）征税环节应科学可行

绝大多数欧洲国家、日本等国直接向消费者或批发商在零售或批发环节征收。而征税环节的确定是否科学可行，对燃油税的实施效果的好坏具有关键的影响。

（3）税收减免政策应规范合理

为了减轻一些特定行业的负担，大多数国家只对用于道路交通的成品油课以高税，而对农业、牧业、渔业、取暖等特定行业领域用油都采取了低税、免税、补贴等办法。如印度、新西兰等以农牧业为主的国家，严格执行对柴油的减免政策。在税率设计上，除汽柴油、车用燃气等基本税率外，对火车、公交车、飞机用汽柴油（燃料）实行优惠税率。

（4）税收征管应进一步加强

发达国家在征收燃油税时，还辅以配套的监管措施。如美国用油品染色来区分是否能够享受税收减免，发现违法，立即处以重罚。

（5）成品油消费税专款专用

为了解决中央税与地方税的税权管理分配问题，很多国家把燃油税收入作为不同用途的资金来源而划分为国家税种和地方税种。燃油税是一种特定目的税，专门用于公路建设、维护和管理方面的开支，而不能挪作他用，各国均设有专门的机构对燃油税进行征管。例如，美国的燃油税收入主要用于公路建设和维护。

3.1.8　成品油消费税改革路线图

成品油消费税在零售环节征收本是回归消费税的本质，但是，综合考虑当前税收征管现状和成品油市场竞争环境，建议采取"先完善现行税制，再构建多环节征收，最后零售环节征收"的三步走策略。

（1）完善现行税制

第一步，完善现行成品油消费税征管机制，采用"炼厂征收，定向跟踪"方案。一是在成品油增值税专用发票上的二维码中，增加成品油消费税税额变量，借助增值税的征管链条，体现消费税批发环节的税额征收和流向情况，获取当地实际消费税税额数据，科学实现中央对地方的税收返还。二是加大中央的财政监督力度，填平税收洼地，取消特殊政策，应对各地的税收（含消费税）返还与成品油消费税征管绩效挂钩，杜绝地炼企业的销售不开票行为。三是加强纳税评估和税务稽查，加强财政、海关、质检等部门同税务部门之间的密切合作，增强信息共享，合力打击偷、漏税行为。四是继续实施乙醇汽油税额优惠政策以及适当降低高标号汽油的单位税额，以促进环保减排、油品升级。

另外，应以完善现行成品油消费税税制为主，即在没有完善现行成品油消费税的征管机制之前，不宜推出新的改革方案。而且，在我国"营改增"全面完成之后，为确保地方财力，可先行推进地方对成品油消费税的分享改革，科学确定中央与地方之间的分享比例。

（2）推进成品油消费税改革，采用多环节出圈征收方案

在完成第一步的基础上，应采用多环节出圈征收方案，推进成品油消费税改革。首先，要严格批发企业资质认定，通过媒体监督、公众监督等渠道确保批发企业准入的公开、公平、公正。其次，根据新的税收征管方案，税务等部门应调整好监管重点，确保新旧税制之间的平稳过渡和新税制的顺利实施。再次，为了充分调动地方在征管中的积极性，应科学确定成品油消费税在中央和地方之间的分享比例。另外，继续实施乙醇汽油税额优惠政策以及降低高标号汽油的单位税额。最后，加强对加油站等零售端的税收监管，为彻底完成成品油消费税改革，在零售环节征收做好准备工作。

（3）彻底完成成品油消费税改革，采用零售环节征收方案

在第一步、第二步改革完成的基础上，彻底完成我国成品油消费税改革，实现在零售环节征收成品油消费税。一是加强对加油站等零售端的监管，堵塞税收流失漏洞。二是加强信息共享，完善我国征信系统建设。三是全程跟踪新

税制运行中出现的新问题、新情况，并加以完善。四是建立激励机制和信息公开制度，完善媒体监督、行业协会自律、公众监督的社会监督体系。

3.2 我国环境税体系研究与构建

3.2.1 我国开征环境税的背景

（1）环境税简介

随着国际社会对可持续发展理念的重视，各国政府逐渐开始重视环境保护。税收作为调节社会和经济生活的工具和手段，在保护环境方面发挥着不可替代的作用。许多发达国家在经济发展的早期阶段都受到不同程度的环境污染。因此，发达国家率先尝试使用环境保护税，并获得了良好的环境治理效果。环境税也称生态税或绿色税，是指在生产或消费过程中根据污染者自付原则开发的可能导致环境污染的税收类型。环境税将环境污染和生态破坏的社会成本内生化到生产成本和市场价格，并通过市场机制分配环境资源。

鉴于发达国家在颁布环境保护税方面的经验教训，世界银行相关专家还建议，严重环境污染的发展中国家应该"对环境退化征收适当的环境税"。到目前为止，许多发展中国家已经将环境保护税作为其税收制度紧迫的政策建设目标。因此，为了保护环境和纠正市场失灵，白垩税收型"环境税"一直在悄然上涨。

在制定环境税时，各国将根据本国国情和税收政策作出不同的调整。然而，环境税的基本内容一般由两部分组成：一方面，环境保护是目标，污染和破坏是环境环境的特殊行为税是一种特殊的环境税。我们称之为"环境保护税"，这是环境税收制度的重要组成部分。例如，荷兰的燃料使用税、废物处理税和地表水污染税；德国的矿物油和汽车税；奥地利的标准石油消费税；经济合作与发展组织成员国的二氧化碳税和噪音税等。另一方面，应该是其他一般税收环境保护采取的税收调整措施，包括各种税收优惠和纳税人控制污染和保护环境的激励措施。在环境税收制度中，税收调整措施通常作为辅助内容存在，并与专门的环境保护税一致。

（2）我国开征的环境保护税

目前，针对工业源雾霾污染问题，已逐步建立了由综合法、单项法和专项法等组成的法律体系和由空气质量检测、工业污染排放管理和清洁生产技术等组成的政策体系。同时，随着生态文明体制建设，环保信息获取及公开程度不断提升，以环境税、资源税和绿色金融债券为主的财税金融工具也不断建立和完善，环境规制强度骤升。2013 年之前，我国已建立了包括《环境保护法》《大气污染防治条例》和《火电厂大气污染物排放标准》（1991、1996、2011）等在内的法律法规体系，碳排放权交易制度和排污收费制度也在全国各行业逐步落实。然而，在财政分权和政治晋升的外在激励框架下追求自由裁量权，对于不同利益诉求的政府官员具有相容性，地方政府对经济增长的追求与企业追求利润最大化的目标一致，而环境数据造假和预算信息不透明进一步助长了"以污染换取工业发展"模式。因此，2013 年之前，环境规制可能对企业生产经营活动中的排污行为缺乏约束力。2013 年以来，随着党的十八大提出"五位一体"发展理念，受新《环境保护法》《大气污染防治法》以及政府信息公开影响，环境规制对企业生产活动的影响力迅速增强，排污者为此承担更高的生产成本。在政企合谋在环境污染领域逐渐被破解的情况下，排污型企业开始调整其生产活动，主要通过调整自身投资偏好作出策略反应，以此维持企业盈利能力。

我国于 2018 年 1 月 1 日开征环境税，酝酿已久的环境保护税终于落地。此次开征的环境保护税遵循"税负平移"的基本原则，这一原则主要体现在如下四个方面：

第一，环境税纳税人是排污费的纳税人，即排污单位和其他生产经营者在中国及其辖区内的企业事业单位；不需要没有生产和管理活动的机构、团体和军队支付环境税：对于应税污染物不直接排入环境的情况，例如从集中式污水处理厂或生活垃圾集中处理厂排放污染物，在符合环境保护要求的设施和场所贮存或处置固体废物标准。规模养殖企业不得对畜禽粪便综合利用和国家畜禽养殖污染防治要求使用环境保护税。

第二，根据目前的污染收费项目，确定环境税的税目。环保税的税目主要包括大气污染物、水污染物、固体废物污染物和噪声四大类。环境保护税征收的具体规定必须按照《环境保护税法》附件中"环境税收项目"和"应税排放表和等值价值表"的有关规定执行。中国的环保税不针对全部污染废物。在法律法规中，污染物分类明确，地方政府有权增加或减少应税污染物的数量。

第三，根据现行污染收费办法，确定环保税的税收依据。我国的《环境保护税法》规定，大气污染物和水污染物必须遵循中国目前的污染物当量值表，并且应该等于相当于当前污染物的当量，相当于中国目前的预算。税基是一致的。

第四，环保税税率标准按现行污水排放标准执行。具体来说，大气污染物和水污染物的税额为每单位 1.2 元、每单位 1.4 元。不同类型的固体废物税费，税额从 5 元到 1000 元不等。噪声必须超过分贝，最低税率为 350 元/月，最高为 11200 元/月。地方政府也有权调整税收标准。根据规定，地方政府可以根据污染物排放程度适当提高收费标准，但上限不得超过下限的 10 倍。

3.2.2　环境税雾霾治理效果

规制是国家对微观经济活动所进行的直接的、行政的和司法的规定和限制。自庇古提出用矫正税来解决诸如环境污染等外部性问题以来，随着全球温室气体水平不断上升，雾霾防治规制的相关理论是近年来学术界的热点话题。

随着政府治理能力不断改进，环境规制理念与政策工具也随之优化，已有研究更多关注各种政策工具的优缺点和组合策略。Bemelmans 将环境规制工具分为经济激励机制、法律约束机制和信息监管机制三大类；马士国将环境规制工具分为命令—控制型（直接规制）、基本类型的市场激励型环境规制和衍生型的市场化环境规制。在市场机制不完善的国家，命令控制型环境规制工具更具有操作性和有效性。政府直接规制是通过颁布环境法规和标准，对微观经济单位的污染排放和政府监管行为进行控制，在欧洲和美国得到应用，成效明显。然而，Tietenberg 认为，与市场型环境规制相比，命令控制型规制工具最大的缺点是实施成本高，容易滋生腐败问题。市场型环境规制工具能有效降低监管信息成本支出，并促进企业技术创新和节能管理水平，对企业降低成本产生实质性激励，其规制工具主要包括环境税、排污权交易、政府补贴和押金返还等。在中国，除了环境税以缴费形式存在外，其余方式均在各地试验和实施，而环境费改税的理论基础、框架设计及模式选择等问题均在不断推进。除了基本的规制工具，Requate 和 Unold 提出多阶段排污收费和多类型排污许可的混合工具，即对排污量施行累进税或阶梯费，不同类型许可证采取不同价格。此外，Arimura 认为，国际 ISO14001 对企业的污染物排放的约束力有效。就各类规制工具的有效性而言，李斌等研究表明：以命令—控制型为主的环境规制致使中国工业绿色全要素生产率非但没有出现增长，反而出现一定的倒退；而以市场激励型为主的环境规制则能激发企业的技术创新，减少污染排放。

环境保护税的效果主要体现在倒逼企业转型。征收环境保护税后，少排污就可以少缴纳税款，所以，企业有充分的动力进行节能减排生产，"环保税确立了多排多征、少排少征、不排不征和高危多征、低危少征的正向减排激励机制，有利于引导企业加大节能减排力度"。若企业可以提高生产技术，便可以降低缴纳税款，在同行业中处于优势地位。

中国征收的环保税采用"两个机制"发挥杠杆作用，形成促进环境保护的长效机制。一是"多排多征、少排少征、不排不征"的积极减排激励机制。环境保护税按相同危害程度的污染因素的排放征税，排放量更多，税收更多。根据具有不同危害程度的污染因子，建立差别污染当量值，对高风险污染因素征收更多税收。二是"中央底线，局部地区可以浮动"的动态税收调整机制。

3.2.3　排污费与环境税的比较

（1）排污费

排污费制度是指环境保护行政主管部门根据有关法律、法规的规定，根据各种污染物的种类和数量，向排污单位和个体工商户收取一定费用。中国颁布的环境保护法律、法规明确规定，国务院环境保护行政主管部门应当会同其他财政、经济贸易行政主管部门，以经济技术条件和污染源承担能力作为依据，并结合国家污染控制的需求和要求制定中国排污收费标准。

在中国，作为污染物排放主体——单位和个体工商户支付的污染物排放费是预算的一部分，属于特殊环境管理资金。我国环境保护专项资金主要用于国家重点和区域污染防治项目、其他与污染防治无关的项目以及新技术和其他工艺的开发、示范和应用。例如，中国的新企业环境卫生、绿化和污染控制项目都属于环保专项资金范畴。

我国排污费的征收范围包括污水、废气、噪音、危险废物以及固体废物5大类、113项污染源。我国污染费制度的开端为1982年颁布的《污染排污暂行办法》，在过去的30多年时间里，我国排污制度不断地完善和改进，对促进我国污染源治理、改善生态环境、推动环保事业发展等诸多方面发挥了非常关键的作用。我国污染费制度的梳理详见表3-8。

表 3 – 8 我国排污费制度演变 (1978 年 12 月—2014 年)

时间	排污费制度
1978 年 12 月	中共中央批转了国务院环境保护领导小组《环境保护工作汇报要点》，第一次正式提出实施排污收费制度
1979 年 9 月	《中华人民共和国环境保护法（试行）》中，排污费制度得到明确规定，各地相继试行
1982 年 2 月	国务院批准并发布了《征收排污费办法》，自当年 7 月 1 日起在全国实行，主要针对企业事业单位超标排污污染征收排污费，这标志着排污收费制度在我国正式建立
1988 年 9 月	《污染源治理专项基金有偿使用暂行办法》是污染费使用由拨款改为贷款的重要措施
1993 年 7 月	《关于征收污水排污费的通知》要求，对不超标的污水排放征收排污费，首次提现了总量控制的思想
2003 年 1 月	国务院新颁布的《排污费征收使用管理条例》（2003 年 7 月 1 日起施行），对原排污收费制度进行了系统的总结和完善，以行政法规形式确立了市场经济条件下的排污收费制度
2014 年	《关于调整排污收费征收标准等有关问题的通知》正式将部分主要污染物排污费征收标准提高 1 倍，逐步实现按自动监控数据核定排污费，要求 2016 年之前，所有国家重点监控企业均要实现按自动化监控数据核定污染费

通过梳理我国排污收费制度的变革过程，可以看出，我国对环境收费的举措越来越完善，紧跟我国发展的步伐，对环境监控的技术也在不断提高。

（2）环境税

早在 20 世纪 20 年代，美国经济学家庇古提出"政府利用税收调节污染行为"的思想，进一步拓展了马歇尔的外部理论。我国开征环境保护税具有一定的必要性：第一，环境保护税是防治环境污染的经济手段，而我国实行社会主义市场经济体制，这要求我们把环境污染和生态破坏的成本纳入市场机制，从而更好地发挥市场机制的作用，有效遏制雾霾的进一步恶化。第二，开征环境保护税，可以弥补我国之前缺乏真正意义上的环境税制的弊端，积极发挥税收体系在市场机制中的作用，优化我国税制结构，弥补现行税制对环境保护的疏忽。第三，环境保护税对完善产业结构也具有非常重要的意义。若征收环境保护税，势必对排污企业造成一定的影响，增加生产成本、降低竞争力，所以，排污企业和个体工商户有动力进行科技创新，开发清洁能源，积极改进生产技术，这种整改行为必定促使高污染行业向清洁行业转型，最终实现产业结构的升级。

（3）我国与环境保护相关的税种

在 2018 年 1 月 1 日我国正式开征环境保护税之前，并没有设立独立的环境保护税种，与环境保护相关的税种分散在消费税、资源税、车船税、车辆购置税、城镇土地使用税、城市维护建设税等税种之中。由于这些税收比较分散，而且并非针对环境保护专门设立的，所以，这些与环境保护相关的税种并没发挥污染防治的作用。此外，除特殊税种允许专款专用外，我国税款通常由国家经预算统一支出，未能充分考虑环境污染的地域差异，而且中央与地方之间不可避免地存在信息不同步和滞后的问题，税收由中央统一安排的效果会大打折扣。众所周知，环境治理需要大量资金的支持，这些税种显然不能发挥明显的作用。

（4）排污费与环境保护税的比较

从征收范围来看，我国刚刚施行的环境税与排污费主要有两方面的区别：一方面，排污费中的噪声包含建筑业噪声和工业噪声，而在环境税中，仅对工业噪声进行征税；另一方面，排污费明确对挥发性有机物（VOCs）进行收费，而环境保护税并未将其纳入征税范围。

从征管模式来看，实行环境保护税之后，征管模式变为"纳税人自行申报、税务征收、环保协同、信息共享"。在仅征收排污费时，责任主体由环保部门核定；在环境保护税体系下，纳税人自行申报。为了防范监管的风险，税务机关若发现纳税人未及时缴纳税款或者缴纳金额有误，可以提请环保部门进行复核。

从立法层面来看，排污费的相关规定主要集中在国务院制定和认可的《排污费征收使用管理条例》中，效力较低。中国实行"立法税"的原则，因此，规定环境税的法律是由全国人大制定的。相比之下，环保税具有较高的效力。

从征收的具体流程和征收状况来看，排污费的征收主要取决于环保部门、银行和财政部门，和税务机关没有关系。我国征收的排污费是我国环保部门的主要经济来源，对环保部门的相关利益方有着举足轻重的影响。基于以上特点，我国所征收的排污费不受财政部门的监管，同样的，财政部门也无权使用排污费。但是，环境保护税则有所不同。环境保护税的征收主要取决于行政主管部门、税务部门和财政部门各司其职、相互配合。行政主管部门负责健全环保制度，税务机构主要负责环境保护税的征收和管理。财政部门须调度资金的使用情况，继而确保环保部门工作的顺利进展和国家的节能减排目标。

从税款的使用方法和用途来说，排污费属于环境保护专项资金专款专用；通过环境保护税征收的税款，必须上缴国库，由政府统一调度。

从取得的效果来看，由于排污费的针对性较强，见效也会比较快。环境保护税具有很高的权威性，那么，在征收过程中，环境保护税就具有严格性和有效性。

从收款的收据来看，排污费仅需要收取费用的行政部门或者是事业单位盖章即可；而征收环境保护税时，必须开具统一印制、盖有当地税务机关印章的正式完税凭证。

排污费与环境保护税的主要区别见表3-9。

表3-9 排污费与环境保护税的主要区别

项目	排污费	环保税
征收主体	环保部门	税务机关与环保部门建立涉税信息共享平台和工作配合机制
污染物确定	环保部门核定污染物的种类和数量	按监测数据计算，或采用物料平衡法、污染系数法计算，或采取抽样测算方法得出
征收程序	按环保部门出具的排污费缴纳通知缴纳	纳税人自行申报缴纳；纳税义务发生时点为排放应纳税污染物的当日，可按季度或次序缴纳；纳税地点为应纳税污染物排放地
资金用途	纳入财政预算，全部专项用于环境污染防治	征收税款纳入国库，进行统一调度
主要处罚手段	责令限期缴纳、责令停产停业整顿、罚款、责令补缴排污费	责令限期改正（申报纳税的）、责令限期缴纳、滞纳金、罚款，严重的可能构成逃税罪

3.2.4 各国征收环境税的经验

工业国家纷纷对二氧化硫、二氧化碳和氮氧化物等废气物征收环境税和通过排污权交易制度控制污染物排放量。环境税通过提高污染产品的生产成本而抑制其生产活动，实现环境污染、生态破坏行为造成的外部成本内部化；排污权交易制度则控制废气物排放总量，并由市场决定交易价格。下文重点梳理环境税在各国的经验。

（1）二氧化硫

二氧化硫税最早由挪威作为独立税种进行征收，目前，在美国、德国、法国等欧美发达国家征收，主要目的是控制二氧化硫排放。依据征收方式不同，可以根据二氧化硫排放量征税，或对产生二氧化硫的燃料进行征收。

A. 北欧国家。挪威于 1970 年最早征收二氧化硫税，计税标准是根据化石燃料的含硫量进行征收。例如，对含硫量较高的柴油按每升征收 0.07 克朗的二氧化硫税。此外，挪威还实行差别化的税率标准，对交通、外运等行业消耗石油资源免征二氧化硫税。为鼓励企业节能技术改造，对生产工艺提高的企业实施税收返回。

为控制二氧化硫排放总量，瑞典则是 1991 年开征二氧化硫税。与挪威类似，瑞典也对含硫燃料征收二氧化硫税，并将其扩展到煤炭等燃料。瑞典同样制定了税收优惠政策，对采取措施减少二氧化硫排放的企业给予一定的税收减免政策。这些政策使得瑞典提前实现二氧化硫减排规划目标。

B. 美国。美国《清洁空气法》修正案出台之后，为落实该法案执行效力，1972 年开始，根据各地区二氧化硫污染程度征收差别化的二氧化硫税。通过设立 3 个不同浓度标准级次，各地根据其所处范围征收或免征不同的税费。为降低征税成本和提高执行效率，美国根据不同的排放源采取不同的计税方式。对火电厂、大型工业企业等大排量、高浓度行业企业，主要根据二氧化硫排放量征税，因此，需要对该类企业实时监控，征税成本较高；而对小排量、低浓度行业则按其消耗的能源资源具体含硫量进行征税。并对税收资源进行专项使用，部分收入用于对企业安装减排设施进行补贴，以及用于监测网络体系的建设。

（2）氮氧化物税

氮氧化物税最早开征于法国，是在原二氧化硫税征税基础上，按照每吨 150 法郎（22.9 欧元）的税率征收氮氧化物税，并于 1998 年提升至 250 法郎/吨。同年，瑞典也推出氮氧化物税，按照每吨 40 克朗（4.43 欧元）的税率征税，政策的实施使得瑞典氮氧化物排放量从 1992 年的 15305 吨下降到 1998 年的 14617 吨，使得氮氧化物排放量得以有效控制。

第4章

我国雾霾成因的交通治理问题研究

随着我国城市化、现代化和机动化进程的加快发展，一些大中型城市的交通承载量不断增加，甚至一些中小城市的某些时段或区域也出现了堵车现象。交通、建筑及工业成为我国三大能耗大户。近五年机动车年均增量达 1500 多万辆，驾驶员年均增量达 2000 多万人。截至 2017 年年底，全国机动车保有量达 3.10 亿辆，其中汽车 2.17 亿辆。① 机动车排放的一氧化碳、碳氢化合物以及氮氧化合物等污染物已经成为影响大气环境质量的主要来源之一。因此，如何有效解决城市交通拥堵问题，对于治理雾霾也具有重要意义。

城市交通的可持续发展不仅与合理的交通管理政策及高效的交通体系相关，同时，也离不开相关财税政策的支持配合。从交通可持续角度出发，交通限行合法性问题、公共交通的补贴可持续论证、拥堵税征收的可行性及有效性都是亟须研究的问题。

4.1　文献研究分析

4.1.1　"公地悲剧"理论

（1）国外研究

公共产品学说作为现代西方财政理论的基础和核心学说之一，众多学者对其进行了科学界定和深入探索，其中，"公地悲剧"是重要的一种理论。"公地

---

① 中国公安部：截至 2017 年底全国机动车保有量达 3.10 亿辆 ［EB/OL］. http：//auto. people. com. cn/n1/2018/0116/c1005 - 29766686. html.

悲剧"是由英国学者哈丁 (Garrett Hardin)① 在 1968 年《科学》杂志上发布的《公地的悲剧》一文中提出来的。根据哈丁的描述,在一个向公众开放的牧场上,追求个人经济利益最大化的牧民会过度放牧,最终导致牧场退化、全体牧民无利可图的悲剧。之后,众多的学者对"公地悲剧"产生的原因进行了分析阐述。以庇古为代表的福利经济学派认为,导致"公地悲剧"的根本原因在于不一致的边际成本与社会成本、个人选择与集团选择之间出现了偏差。② 以科斯③为代表的新制度学派则认为,"公地悲剧"产生的根源在于对于公共产品的产权安排不明确,由此引发了外部效应。

对于如何解决"公地悲剧"问题,经济学界提出了不同的路径选择,以克服负外部性,实现资源的最有效配置,提高社会整体福利水平。一是庇古提出对污染征收税费的想法,即庇古税 (Pigovian Taxes);二是科斯认为,导致出现市场负外部性的行为源于市场本身机制的不完善,重点是要明晰产权归属,但科斯定理使用的前提是零交易费用。科斯定理为排污权交易奠定了坚实的理论基础,Dales④ 首次提出排放权交易的思想,碳排放交易就是在明晰产权归属的基础上,实现外部性的充分内部化。该机制能够激励节能环保企业通过市场化的交易平台获得额外收益,而污染企业必须通过购买额外的碳配额完成减排任务。Tietenberg⑤ 认为,排污权交易作为一种市场化手段,可以促使企业为实现企业利润的最大化而主动减排,当排污权市场达到均衡时,各企业的边际排污成本是最低的,整个社会实现了帕累托最优。Rose⑥ 通过研究美国地区间碳排放交易市场,发现碳交易市场的市场化、参与化程度越高,碳排放交易的边际成本越低,整个社会的碳排放成本节约效应越明显。

(2) 国内研究

与国外类似,针对大气环境的"公地悲剧"问题,国内研究主要集中在"公地悲剧"治理问题上,主要也有两条路径,一是征收碳税,二是实行碳排

① HARDIN G, The Tragedy of the Commons [J]. Science, 1968 (10): 13 - 23.

② PIGOU A C, The economics of welfare [M]. London: Macmillan, 1920.

③ RONALD H COASE. The problem of social cost [J]. The Journal of Lawand Economics, 1960, 3 (4): 1 - 44.

④ HASS J E, DALES J H. Pollution, property&prices [M]. University of Toronto, 1968.

⑤ COOK B J, TIETENBERG T H. Emissions trading: an excercisein reforming pollution Policy [J]. Journal of Policy Analysis & Management, 1985, 6 (3): 490 - 495.

⑥ ROSE A, PETERSON T D, ZHANG Z X. Regional carbon dioxide permit trading in the United States: coalition choices for Pennsylvania [J]. Mpra Paper, 2009, 14 (13547).

放交易。徐华清①认为，解决环境污染等"公地悲剧"问题，可以通过实施生态税、扩大地方财权等措施。蓝虹②通过对科斯定理以及环境税设计的产权进行分析，发现在中国实施"谁污染谁付费"的庇古税不合适，而应该遵循"谁受益谁付费"这一原则。尤其是在当前贫富差距越来越大的国情背景下，由消费者支付环境税一方面有利于调节贫富差距，另一方面又有利于减少环境税的实施成本，提高整体实施绩效。我国京津冀等地区人民群众平均生活水平相对较高，对环境要求也更高，由他们支付一定的环境成本无可厚非；同时，经济欠发达地区群众的迫切需求是改善生活水平而非环境生态优良。但是，欠发达地区的经济发展也不应以破坏环境为代价。为此，通过"谁污染谁付费"可以促使他们将经济发展与生态友好有机结合起来，而非对立起来。这样看来，"谁污染谁付费"和"谁收益谁付费"二者之间也应该相互结合。

高鹏飞和陈文颖③认为，对于碳税来说，定量化最佳碳排放量并货币化其经济损失很困难，实施碳税只能采用次优的费用最小标准，两位作者通过构建模型，量化分析出征收碳税会产生较大的国民经济损失，并确定了最佳的减排效果应当设立 50 美元/吨的碳税水平。魏涛远和格罗姆斯洛德④运用一般均衡模型定量分析了征收碳税尽管会有利于碳减排，但也将恶化中国经济环境。王金南和严刚等⑤同样运用一般均衡模型模拟认为，现阶段在中国实施低税率的碳税是一种行之有效的方案，其减排效果明显且对经济影响有限。何杰⑥认为，碳排放交易不仅能够响应国家节能减排战略，还有助于企业形成新的盈利模式，同时，作为一个平台，可以促进环保宣传教育的普及。刘越⑦认为，除了市场失灵，各级政府的不作为造成的政策失灵也是导致"大气公地悲剧"的原因之一。要实

---

① 徐华清. 发达国家能源环境税制特征与我国征收碳税的可能性 [J]. 环境保护, 1996 (11)：35 - 37.

② 蓝虹. 科斯定理与环境税设计的产权分析 [J]. 当代财经, 2004 (4)：42 - 45.

③ 高鹏飞, 陈文颖. 碳税与碳排放 [J]. 清华大学学报 (自然科学版), 2002, 42 (10)：1335 - 1338.

④ 魏涛远, 格罗姆斯洛德. 征收碳税对中国经济与温室气体排放的影响 [J]. 世界经济与政治, 2002 (8)：47 - 49.

⑤ 王金南, 严刚, 姜克隽, 等. 应对气候变化的中国碳税政策研究 [J]. 中国环境科学, 2009, 29 (1)：101 - 105.

⑥ 何杰. 碳交易所：为可持续发展助力 [J]. 深交所, 2008 (4)：69 - 71.

⑦ 刘越. 基于"公地悲剧"视角审视低碳经济 [J]. 华中科技大学学报 (社会科学版), 2010, 24 (5)：87 - 92.

现人们生活的低碳化、实现人与自然和谐相处，必须明确碳排放产权，并且进行相关的制度创新。曾世宏和夏杰长①认为，高昂的交易费用决定了彻底的私有化不利于雾霾"囚徒困境"的解决，基于政府主导、社区居民共同参与、环境规制约束的活动能有效减少环境治理过程中的执行和监督成本。张磊②认为，大气环境的"公地悲剧"是复杂的，其动态性、远期性、综合性和国际性决定了大气环境治理的特殊性，温室气体减排是个综合问题，包括国家经济结构的调整、减排技术和手段的商业化、提高全民环境保护意识以政府的行政执法水平。2017 年 12 月 19 日，国家发展改革委正式印发了《全国碳排放权交易市场建设方案（发电行业）》（以下简称《方案》），这标志着我国碳排放交易体系正式启动，《方案》明确以发电行业作为突破口，分阶段稳步推进全国碳市场的建设。③崔连标和范英等④通过构建省级排放权交易模型，量化分析出，为实现既定的节能减排效果，碳交易机制具有明显的节约减排成本的效果，部分地区能够在完成减排目标的前提下获得正的收益。

4.1.2　城市交通与雾霾成因研究

近年来，雾霾已经成为严重影响人们日常生活、威胁公众健康的头号"凶手"，尤其是京津冀地区，已然成为"雾都"的代名词。因此，人们开始好奇雾霾究竟从何而来。对于雾霾的成因，不少学者发表了自己的观点。黄杨⑤从历史视角和政治经济学视角对我国雾霾的成因进行了研究分析，利用微观博弈模型，得出我国雾霾的成因主要为粗放型经济的发展带来的大气污染，其中，城市交通所带来的大量尾气排放是关键原因。李霁娆和李卫东⑥认为，机动车尾气排放是北京市雾霾的主要原因所在，而治理雾霾就需要对北京市的交通

---

① 曾世宏，夏杰长. 公地悲剧、交易费用与雾霾治理——环境技术服务有效供给的制度思考［J］. 财经问题研究，2015（1）：10 - 15.

② 张磊. 温室气体排放权的财产权属性和制度化困境——对哈丁"公地悲剧"理论的反思［J］. 法制与社会发展，2014（1）：101 - 110.

③ 国家发展改革委：我国碳排放交易体系正式启动［N/OL］. http：//news. hexun. com/2017 - 12 - 21/192039587. html.

④ 崔连标，范英，朱磊，等. 碳排放交易对实现我国"十二五"减排目标的成本节约效应研究［J］. 中国管理科学，2013，21（1）：37 - 46.

⑤ 黄杨. 国内雾霾成因的经济学分析与对策［J］. 知识经济，2016（4）：18 - 19，21.

⑥ 李霁娆，李卫东. 基于交通运输的雾霾形成机理及对策研究——以北京为例［J］. 经济研究导刊，2015（4）：147 - 150.

状况进行合理规划。周星宇和李卫东①则利用回归分析模型，对北京市交通运输对雾霾的影响程度进行了实际测度，得出公路运输对于雾霾指数的影响程度较为显著。马丽梅和刘生龙等②使用空间杜宾模型，对能源结构、交通模式与雾霾污染的关系进行研究分析，结果发现我国东部地区的雾霾成因主要为交通拥堵，且点明汽车在怠速状态下排放的 PM2.5 是顺畅通行时的 5 倍。易雯晴和茹少峰③从路网形状角度切入，分析因路网形状的不同导致城市的交通状况各不相同，路网形状设计不科学导致交通堵塞，从而增加汽车尾气排放，进一步加剧雾霾的污染程度。综上所述，城市交通拥堵是雾霾的关键成因之一，尤其是像北京这种大城市，因人口众多、道路设置不科学造成的交通拥堵问题尤为突出，机动车尾气排放导致大气污染加重，使得雾霾现象进一步恶化。

4.1.3　财政补贴研究

目前，政府对公交企业的政策补贴以财政拨款为主，例如，为了促进北京环境质量改善，北京市政府根据《关于进一步促进本市老旧机动车淘汰更新方案（2013—2014 年）》，在 2013 年、2014 年共计投入 20 亿元用于报废车辆补贴事项。交通补贴大大加重了政府负担，而且由于政府财力有限，有时补贴难以到位，政府对公交补贴的欠账又造成公交企业经营困难。在完善财税补贴机制方面，李明敏和方良平④分析了公交企业的经营特点和财政补贴的必要性，提出改进现行补贴政策以及补贴额度的计算方法，并指出对公交企业实施财政补贴的原则及补贴范围。

4.1.4　交通拥挤费研究

在大多数情况下，驶入公路的个人使用者或者不知道，或者不愿意承认自己施加给其他道路使用者外部成本，包括拥挤成本。在针对拥挤成本征收交通拥挤税（费）方面，总体来看，大部分专家学者对征收交通拥堵税（费）以缓

---

① 周星宇，李卫东. 城市交通对雾霾影响的实证分析 [J]. 经济研究导刊，2017（25）：101 - 103.

② 马丽梅，刘生龙，张晓. 能源结构、交通模式与雾霾污染——基于空间计量模型的研究 [J]. 财贸经济，2016，37（1）：147 - 160.

③ 易雯晴，茹少峰. 城市路网形状与城市交通和雾霾治理 [J]. 装饰，2016（3）：36 - 39.

④ 李明敏，方良平. 城市公共交通财政补贴方法的改进 [J]. 城市公用事业，2008（4）：20 - 23，67.

解交通压力的政策措施给予了肯定，并充分借鉴国际先进经验，结合对我国城市交通的实证分析，论证了征收交通拥挤税（费）的可行性。目前，道路交通拥堵收费理论的基础研究日趋成熟，拥堵收费实践也取得极大成功，但是，在实施过程中总是遭到公众的极大反对。这源于公众对交通拥堵费的福利效应认识不足，无法将道路拥堵收税（费）的社会效益与个人效益相结合。因此，如何获得公众对拥堵定价的支持和制订相应的行动方案已经成为拥堵定价的一个重要研究分支。

张玉佩[①]认为，就北京地区而言，征收拥堵费不仅可以治理拥堵、缓解重点区域的交通压力，而且，可以防治大气污染。Calfee[②] 则指出，拥堵费收入的分配是拥挤定价政策能否获得公众支持的关键。Winston[③] 将公众反对拥堵定价的原因归结为：第一，公众将拥堵费看作一种附加税，不了解缴纳该税所带来的利益；第二，由于不可能存在其他的可行路线选择，公众尤其反对向现有公路征收拥堵费的做法。吴子啸[④]对出行者的差异属性进行了分析，程琳和王炜等[⑤]在社会剩余最大化条件下对道路拥挤收费进行了探讨，郭永庆和谭雪梅[⑥]对拥堵费收入的使用情况进行了研究。

针对北京的交通拥堵状况，中共北京市委研究室、首都社会经济发展研究所组织专家学者于 2006 年完成了"借鉴国际经验治理北京城市交通拥堵对策研究"的调研课题。课题报告详尽介绍了国外各大城市治理交通拥堵的经验，指出了国外收取拥堵费用抑制交通需求的增长、有效改善交通状况、缓解道路拥堵的做法，并对治理北京的交通拥堵问题提出了对策建议。王中恒和孙玉嵩等[⑦]在分析拥堵收费的内涵基础上提出，征收交通拥堵费应该遵循公平性、效益性、易操作性和可接受性原则。赵全新[⑧]简述了新加坡、英国伦敦、瑞典斯德哥尔

①　张玉佩. 北京拥堵费征收之争 [J]. 决策, 2016 (7)：85 - 87.

②　CALFEE J, WINSTON C. The value of automobile travel time：implications for congestion policy [J]. Journal of Public Economics, 1998, 69 (1).

③　JESSICA H M, DUSTIN A, LELA J S, et al. Factors associated with adolescents' propensity to drive with multiple passengers and to engage in risky driving behaviors. [J]. JAH Online, 2012, 50 (6).

④　吴子啸, 黄海军. 瓶颈道路使用收费的理论及模型 [J]. 系统工程理论与实践, 2000 (1)：131 - 136.

⑤　程琳, 王炜, 邵昀泓. 社会剩余最大化条件下的道路拥挤收费研究 [J]. 交通运输系统工程与信息, 2003 (2)：47 - 50, 56.

⑥　郭永庆, 谭雪梅. 拥挤收费、边际成本定价与福利 [J]. 财经问题研究, 2007 (2)：30 - 33.

⑦　王中恒, 孙玉嵩, 朱小勇. 关于城市征收交通拥堵费的可行性探讨 [J]. 交通科技与经济, 2008 (6)：94 - 95, 98.

⑧　赵全新. 开征城市交通拥堵问题研究 [J]. 价格与市场, 2008 (2)：12 - 17.

摩、挪威、美国部分城市收取道路交通拥堵费的做法和取得的成效，为我国实施交通拥堵费政策提供了参考。

在对城市交通可持续发展进行合理评价方面，国内专家学者通过运用数学模型构建科学的指标体系，找到了对城市交通可持续发展水平进行有效评价的方法。郭清华和叶嘉安①利用可达性概念和地理信息系统，提出交通方式可达性差距指数，并说明了可达性差距指数越高意味着交通可持续能力越强。

从财政收入角度来看，与近年来机动车数量的迅猛增长形成鲜明对比的是停车费等公共资源性收费的入库额的缓慢增加。近半停车费未入库，这一方面形成了财政漏洞，在中国经济增速放缓的背景下稳定财政收入的压力相当大，另一方面助长了雾霾问题的产生，私家车数量不能得到较好抑制。因此，治理雾霾问题，化解交通压力，也有助于我国应对新常态下财政减收的矛盾。

4.1.5　文献评述

回顾以往文献，我们可以发现，人们对于大气环境这种公共物品往往存在一种"搭便车"的想法，认为自己对大气环境的少量污染并不会造成十分严重的后果，殊不知，由此造成的"公地悲剧"才是雾霾频发的根本原因。此外，我国人口众多且主要集中于东部沿海及中部地区，再加上交通路网存在建设不足、设计不够合理等问题，使得交通拥堵成为大城市病之一，由此带来的机动车尾气的排放量大幅增加是雾霾频发的另一诱因。因此，要治理雾霾，首先应从治理交通拥堵入手。

4.2　雾霾与交通现状分析

4.2.1　雾霾现状分析

（1）我国雾霾现状简析

"雾霾"是由"雾"和"霾"组成的。"雾"是由悬浮在大气中微小液滴构成的气溶胶，其含水量达90%以上，多为乳白色，它本身并不是污染；"霾"是

---

① 郭清华，叶嘉安，刘贤腾，等. 交通方式可达性差距——衡量交通可持续发展的指数［J］. 城市交通，2008（4）：26–34.

由悬浮在大气中的大量微小尘粒、烟粒或盐粒的集合体形成的气溶胶系统,其含水量低于80%,多为灰色或黄色,对人体健康有害;而含水量在80%—90%之间的是雾和霾的混合物。由于霾中含有数百种大气化学颗粒物质,所以极易对人体健康产生危害。此外,雾的厚度通常为几十米到 200 米左右,霾的厚度则可以达到 1—3 公里,因此常常引发交通事故,给人民的日常生活造成严重的不便。

自 2012 年开始,"雾霾"这个词才开始进入人们的视野。原来,天空中弥散的白茫茫的一片不是雾,而是会对人体健康造成危害的雾霾,一时间,人们恐慌万分,舆论四起。自此以后,雾霾现象便时不时出现在人们的视线中。2013 年 1 月,上海浦东地区被笼罩在浓浓的雾霾之下;2013 年 10 月,以哈尔滨市为中心的东北地区发生了大规模的雾霾污染,整个东北几乎被浓密的雾霾所覆盖,PM2.5 浓度最高时更是达到了每立方米 1000 毫克,超出世界卫生组织安全标准 40 多倍;2013 年 12 月,我国中东部地区发生重度雾霾污染,京津冀地区与长三角地区雾霾连成片,空气质量指数更是达到严重污染级别六级。自此,"十面霾伏"才揭开面纱,人们与雾霾的攻防战也正式拉开序幕。

鉴于雾霾给人们生活带来的严重负面影响,2012 年下半年开始,我国用空气质量指数(Air Quality Index,AQI)来替代原有的空气污染指数(Air Pollution Index,API)。其中,空气污染指数(AQI)的监测指标为二氧化硫、二氧化氮、PM10、PM2.5、一氧化碳和臭氧等 6 项,与空气污染指数(API)相比,多了 PM2.5 和一氧化碳 2 项指标。空气质量按照空气质量指数(AQI)大小分为 6 级,分别为一级优、二级良、三级轻度污染、四级中度污染、五级重度污染和六级严重污染。指数越大、级别越高,说明污染的情况越严重,对人体的健康危害也就越大。

依据我国生态环境部数据,2013—2016 年这 4 年间,我国监测城市的 PM2.5 变化情况如图 4 - 1、图 4 - 2、图 4 - 3、图 4 - 4 所示。[①] 通过分析这些图表,我们可以发现,PM2.5 整体上呈现出逐年降低的趋势,表明我国针对雾霾污染的治理措施还是行之有效的。其中,2013 年,74 个城市 PM2.5 浓度平均达标天数比例为 60.5%;2014 年,161 个城市 PM2.5 浓度平均达标天数比例为

---

　　① 依据《环境空气质量标准》(GB 3095—2012),2013 年监测城市为 74 个,2014 年监测城市为 161 个,2015 年监测城市为 338 个,2016 年监测城市为 338 个。

73.4%；2015 年，338 个城市 PM2.5 浓度平均达标天数比例为 82.5%；2016 年，338 个城市 PM2.5 浓度平均达标天数比例为 85.3%。

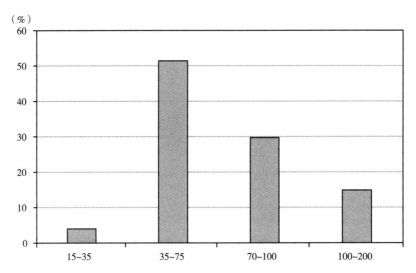

图 4 - 1　2013 年我国 74 城市 PM2.5 不同浓度区间城市比例

资料来源：《2013 年中国环境状况公报》。

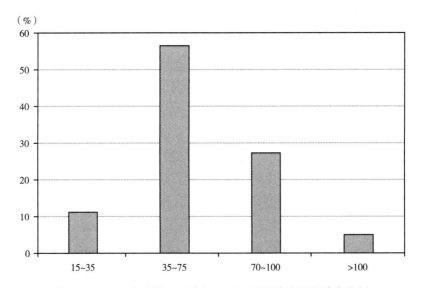

图 4 - 2　2014 年我国 161 城市 PM2.5 不同浓度区间城市比例

资料来源：《2014 年中国环境状况公报》。

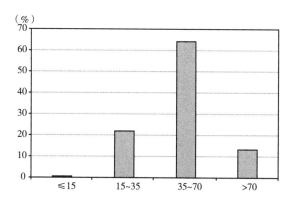

图 4 – 3　2015 年我国 338 城市 PM2. 5 不同浓度区间城市比例

资料来源：《2015 年中国环境状况公报》。

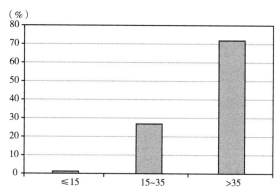

图 4 – 4　2016 年我国 338 城市 PM2. 5 不同浓度区间城市比例

资料来源：《2016 年中国环境状况公报》。

　　依据《环境空气质量标准》（GB 3095—2012）标准，我国 74 城市[①] 2017 年 1 月—2018 年 3 月环境空气质量综合指数[②]、PM2. 5 浓度月度数据如表 4 – 1、表 4 – 2 所示。

　　[①]　74 城市指第一阶段实施新空气质量标准的城市，包括北京、天津、石家庄、唐山、秦皇岛、邯郸、邢台、保定、张家口、承德、沧州、廊坊、衡水、太原、呼和浩特、沈阳、大连、长春、哈尔滨、上海、南京、无锡、徐州、常州、苏州、南通、连云港、淮安、盐城、扬州、镇江、泰州、宿迁、杭州、宁波、温州、嘉兴、湖州、绍兴、金华、衢州、舟山、台州、丽水、合肥、福州、厦门、南昌、济南、青岛、郑州、武汉、长沙、广州、深圳、珠海、佛山、江门、肇庆、惠州、东莞、中山、南宁、海口、重庆、成都、贵阳、昆明、拉萨、西安、兰州、西宁、银川、乌鲁木齐。

　　[②]　环境空气质量综合指数是描述城市环境空气质量综合状况的无量纲指数，它综合考虑了 SO_2、NO_2、PM_{10}、$PM_{2.5}$、CO、O_3 等 6 项污染物的污染程度，环境空气质量综合指数数值越大，表明综合污染程度越重。

表 4 - 1 全国 74 个城市环境空气质量综合指数月度表（2017 年 1 月—2018 年 3 月）

城市	2017/1	2017/2	2017/3	2017/4	2017/5	2017/6	2017/7	2017/8	2017/9	2017/10	2017/11	2017/12	2018/1	2018/2	2018/3
保定	14.22	11.16	7.43	6.67	7.66	6.05	5.52	4.81	7.08	5.80	7.10	8.78	8.40	7.26	7.83
北京	9.15	6.16	5.51	5.42	6.51	5.18	5.25	4.28	5.86	4.55	4.45	4.54	3.92	4.54	6.97
沧州	9.68	8.19	6.54	6.06	6.64	5.67	5.00	4.58	5.59	6.10	6.10	7.80	7.57	7.06	7.16
常州	5.54	6.12	5.44	5.71	5.33	4.94	4.09	3.74	4.27	4.09	5.74	6.88	7.15	5.74	6.05
成都	9.82	6.66	5.20	4.83	5.17	4.88	4.34	3.45	3.99	4.03	5.96	7.90	6.87	6.34	6.31
承德	6.30	5.04	4.72	4.42	5.22	4.05	4.27	3.35	4.28	4.07	4.55	5.01	4.10	4.71	6.16
大连	5.12	4.64	4.98	4.39	4.10	3.99	3.44	2.63	3.71	3.45	3.63	3.88	4.16	4.34	4.49
东莞	4.96	4.64	4.45	4.41	4.56	2.93	3.43	3.57	4.42	4.04	4.49	5.39	5.73	4.05	4.91
佛山	5.90	4.90	5.12	4.95	4.91	2.85	3.62	3.30	4.68	4.39	4.94	6.00	6.13	4.09	4.63
福州	3.69	3.54	3.82	4.19	3.26	2.70	3.08	3.27	3.07	2.93	3.45	3.73	3.23	3.41	3.59
广州	5.63	4.98	4.95	4.81	4.84	3.02	3.63	3.61	4.95	4.11	4.67	5.43	6.16	4.39	5.26
贵阳	4.10	4.10	3.82	3.61	3.20	2.58	2.73	2.64	2.65	2.74	4.46	5.09	3.83	4.51	4.11
哈尔滨	9.69	6.86	5.89	6.43	4.42	3.58	3.58	2.75	3.10	7.05	6.93	6.29	6.68	5.94	5.86
海口	2.92	2.67	2.68	2.62	2.20	1.78	1.53	1.74	1.71	3.00	3.10	3.27	2.52	3.14	2.33
邯郸	14.55	10.59	6.52	4.46	8.02	7.24	6.10	6.47	7.33	6.71	7.81	9.58	9.73	8.86	7.20
杭州	5.46	5.78	5.36	5.32	5.15	3.77	3.97	3.28	4.17	4.13	5.16	6.53	5.84	5.06	4.85
合肥	6.71	6.71	5.83	5.54	5.64	4.80	3.97	3.56	4.36	4.82	6.46	7.42	6.17	5.26	4.75
衡水	11.89	8.67	6.80	6.45	6.76	5.84	5.32	4.71	5.42	5.92	6.37	7.65	7.18	7.26	6.41
呼和浩特	7.68	6.64	5.20	4.77	5.83	4.47	4.70	3.97	4.61	5.73	6.30	6.46	5.29	5.15	5.56
湖州	4.92	5.37	5.01	5.52	5.08	4.01	3.88	3.38	3.74	3.70	4.87	6.30	5.58	4.68	4.77
淮安	5.73	6.06	5.18	5.71	5.55	4.77	3.46	3.31	4.09	4.29	5.52	6.55	7.02	5.19	5.57
惠州	3.92	3.52	3.53	3.82	3.38	2.30	2.97	3.45	4.03	4.72	4.14	3.64	3.50
济南	10.56	7.53	6.91	6.59	6.48	6.11	5.78	4.82	5.29	6.08	6.14	8.06	7.89	6.35	6.32
嘉兴	4.56	5.10	4.85	5.11	4.53	3.61	3.97	3.61	3.80	3.61	5.12	6.46	5.74	5.12	4.84
江门	5.58	4.40	4.90	4.23	4.70	2.10	3.14	2.88	4.37	4.82	5.49	6.38	6.04	4.05	4.13
金华	4.94	4.66	4.42	4.64	4.05	3.21	3.39	2.90	3.68	4.08	5.09	6.31	4.66	4.14	4.15
昆明	3.45	4.00	4.72	4.08	3.88	2.79	3.08	2.94	2.85	3.11	4.31	4.59	3.88	4.14	4.96
拉萨	3.39	3.36	3.06	3.58	2.96	2.45	2.11	2.10	2.40	2.54	3.37	4.44	4.00	2.65	2.60

续表

城市	2017/1	2017/2	2017/3	2017/4	2017/5	2017/6	2017/7	2017/8	2017/9	2017/10	2017/11	2017/12	2018/1	2018/2	2018/3
兰州	9.00	7.21	5.75	6.26	6.71	5.01	4.68	4.35	5.23	5.19	7.59	9.07	7.87	6.68	6.68
廊坊	10.50	7.87	6.22	5.93	6.68	5.47	5.40	4.18	5.81	5.18	5.13	5.78	5.09	5.30	7.55
丽水	3.62	3.85	3.49	3.63	3.17	2.55	2.70	2.50	3.06	3.59	3.90	5.10	3.81	3.44	3.16
连云港	6.04	5.76	5.19	5.19	5.16	3.74	3.16	3.39	3.56	3.82	4.63	6.14	6.44	4.82	4.99
南昌	6.00	5.82	4.38	5.34	5.09	2.98	3.77	2.99	3.72	4.08	6.40	5.82	4.72	4.73	4.76
南京	5.75	5.94	5.46	5.64	5.43	4.61	3.85	3.29	4.03	4.17	5.63	6.39	7.02	5.34	5.15
南宁	5.13	4.29	3.58	3.76	3.59	2.76	3.23	2.82	3.25	4.10	4.93	5.61	5.24	4.67	4.37
南通	4.61	5.19	4.80	5.40	5.11	4.36	4.97	4.26	3.57	2.96	4.89	5.48	5.41	4.60	4.60
宁波	4.33	4.55	4.77	4.82	3.80	3.55	3.35	3.23	3.27	3.28	4.89	6.15	4.96	4.40	3.57
秦皇岛	7.91	7.04	6.38	5.63	5.40	5.22	4.45	3.99	5.02	5.24	4.94	5.59	5.48	5.31	6.53
青岛	6.39	5.01	4.61	5.07	4.85	3.67	3.81		3.87	4.16	4.95	6.01	6.33	4.39	4.92
衢州	5.08	4.89	4.16	4.43	4.21	2.97	3.41	2.89	3.55	4.13	5.10	5.98	4.53	4.10	3.87
厦门	3.84	3.80	4.76	4.04	3.04	2.17	2.08	2.64	3.00	3.00	3.42	3.82	3.42	3.24	3.86
上海	4.45	4.73	4.56	5.15	4.27	4.22	4.33	4.21	3.58	3.41	4.85	5.45	5.16	4.57	4.26
绍兴	5.20	5.24	4.93	5.03	4.57	3.33	3.58	3.17	4.04	4.01	5.32	6.74	5.74	4.93	4.50
深圳	3.92	3.49	3.58	3.51	3.61	1.97	2.50	2.93	3.33	3.46	4.03	4.52	4.12	3.54	3.36
沈阳	8.50	6.66	7.72	5.56	5.22	4.69	4.07	3.66	4.38	5.63	4.39	6.34	5.65	5.78	6.10
石家庄	15.54	11.24	7.44	6.73	7.98	6.62	6.11	5.64	7.75	6.74	7.23	8.61	9.14	8.22	8.95
苏州	5.08	5.41	5.12	5.70	4.79	4.23	3.96	3.52	3.80	3.82	5.53	6.44	6.36	5.12	4.76
台州	3.84	4.08	3.92	4.02	3.31	2.98	2.70	2.87	3.16	3.89	5.15	4.03	4.09	3.48	
太原	12.53	8.99	6.39	10.86	6.17	5.80	5.94	5.78	7.57	6.76	8.49	8.52	7.84	7.05	7.93
泰州	5.59	6.41	5.31	5.82	5.55	4.84	4.06	3.41	3.71	3.54	5.51	6.31	6.31	5.39	5.68
唐山	10.61	9.24	7.66	7.73	8.40	7.33	6.52	5.73	7.16	7.18	6.63	7.43	6.48	6.98	9.27
天津	9.15	7.38	6.80	6.60	6.88	5.23	5.26	4.44	5.65	5.49	5.28	6.35	5.40	5.40	6.92
温州	4.12	4.73	5.08	5.56	4.37	4.15	3.69	3.50	3.33	3.33	4.30	5.40	4.52	3.89	4.08
乌鲁木齐	13.95	10.86	7.18	3.53	3.77	3.48	3.81	3.28	4.05	5.27	5.95	6.69	9.39	8.80	4.60
无锡	5.51	5.72	5.40	5.78	5.19	4.69	3.70	3.65	4.08	4.14	5.78	6.60	6.57	5.29	5.27
武汉	6.67	6.13	5.90	5.43	5.87	4.19	3.48	3.51	4.37	4.26	6.87	7.43	6.16	5.81	5.34

续表

城市	2017/1	2017/2	2017/3	2017/4	2017/5	2017/6	2017/7	2017/8	2017/9	2017/10	2017/11	2017/12	2018/1	2018/2	2018/3
西安	13.00	10.33	6.78	6.15	5.92	4.86	4.84	4.86	5.40	5.12	8.18	9.48	10.34	7.49	8.21
西宁	7.60	6.23	5.02	5.01	4.09	3.93	4.24	2.70	3.50	4.44	6.57	7.71	6.84	5.70	5.42
邢台	14.96	10.71	7.13	6.86	7.87	7.06	6.39	6.07	7.93	6.99	7.65	8.33	9.71	9.34	8.07
宿迁	6.43	6.41	5.11	5.42	5.53	4.87	3.31	3.70	3.93	4.72	5.64	2.37	7.65	5.23	5.59
徐州	8.42	7.72	6.92	6.37	6.72	5.68	4.05	4.37	5.47	6.68	7.04	9.83	9.21	6.82	7.13
盐城	5.21	5.97	4.89	4.97	4.66	3.68	3.57	3.16	3.74	3.39	4.89	5.77	6.07	4.72	5.31
扬州	5.96	6.73	5.95	6.42	6.17	5.42	4.70	3.80	4.09	3.92	5.84	6.65	6.18	5.50	6.30
银川	10.11	7.98	5.81	5.22	6.60	5.32	4.65	4.47	4.76	5.58	6.59	7.13	6.32	5.47	5.97
张家口	4.90	4.05	4.02	3.71	5.11	4.11	4.64	3.18	3.60	3.70	3.82	3.44	3.27	3.76	5.24
长春	7.67	5.94	6.18	5.50	4.72	4.21	3.77	2.84	3.17	6.26	4.94	5.62	5.07	4.51	5.73
长沙	6.86	5.48	4.77	4.67	4.85	3.92	3.16	4.14	4.37	6.80	6.60	5.56	5.37	4.81
肇庆	5.02	4.37	4.91	4.63	4.49	2.86	3.84	4.70	4.26	4.42	5.42	5.91	4.12	4.57
镇江	5.79	6.40	5.84	5.96	5.81	5.44	4.39	4.05	4.61	4.24	6.00	6.71	6.78	5.21	5.69
郑州	11.27	8.80	7.45	6.90	7.39	6.34	4.98	5.21	5.80	5.57	6.96	7.57	8.48	6.88	7.06
中山	5.18	4.31	4.33	3.67	4.36	1.69	2.79	2.81	3.75	4.45	5.33	5.97	5.28	3.95	3.62
重庆	6.62	5.33	4.82	4.45	4.80	4.49	4.12	3.67	3.62	3.34	5.27	6.46	5.22	5.22	4.26
舟山	3.14	3.63	3.39	3.64	2.96	2.78	2.66	2.84	2.43	2.28	3.07	3.88	3.41	3.47	3.04
珠海	4.14	3.56	3.89	3.32	3.31	1.35	2.27	2.38	3.25	3.99	5.10	5.48	4.73	4.12	3.58

资料来源：中华人民共和国生态环境部。

表 4 – 2   全国 74 城市 PM2.5 月均浓度表（2017 年 1 月—2018 年 3 月）   单位：ug/m³

城市	2017/1	2017/2	2017/3	2017/4	2017/5	2017/6	2017/7	2017/8	2017/9	2017/10	2017/11	2017/12	2018/1	2018/2	2018/3
保定	188	146	86	67	66	54	55	49	66	63	75	100	96	87	90
北京	116	71	63	53	60	42	52	38	58	57	46	44	34	50	88
沧州	117	94	68	57	57	51	48	39	49	64	63	90	84	83	78
常州	66	72	55	49	43	40	29	28	33	32	54	76	92	67	63
成都	136	82	49	33	43	43	28	20	30	37	69	103	86	81	65
承德	59	43	38	29	33	24	31	21	29	34	38	41	30	42	57

续表

城市	2017/1	2017/2	2017/3	2017/4	2017/5	2017/6	2017/7	2017/8	2017/9	2017/10	2017/11	2017/12	2018/1	2018/2	2018/3
大连	53	49	50	40	30	29	27	16	27	26	28	33	37	43	42
东莞	53	42	38	39	39	19	23	23	34	36	44	55	60	44	43
佛山	67	49	45	40	39	19	24	22	35	35	42	58	59	43	37
福州	38	35	31	33	23	18	20	24	22	21	27	35	28	35	31
广州	54	44	41	34	34	18	21	23	34	32	39	51	62	44	43
贵阳	46	42	37	32	26	19	19	19	20	23	47	53	39	53	42
哈尔滨	123	73	56	65	30	24	21	16	21	94	101	74	81	66	62
海口	28	26	24	20	15	12	10	11	13	24	28	34	23	35	19
邯郸	171	105	49	156	67	68	66	63	74	83	91	117	123	106	88
杭州	63	67	54	47	41	30	27	23	32	32	48	73	66	58	45
合肥	87	86	63	52	49	43	33	27	36	41	67	98	88	64	49
衡水	153	109	74	63	56	58	62	50	54	73	74	97	90	96	75
呼和浩特	74	64	41	29	39	26	28	25	29	57	57	58	42	43	45
湖州	60	64	52	47	37	31	25	23	27	27	42	71	68	54	43
淮安	69	69	52	55	45	46	30	28	40	43	58	75	95	61	62
惠州	41	33	30	30	27	14	15	20	25	30	39	50	41	41	30
济南	130	83	68	62	57	54	51	37	39	56	55	88	87	65	61
嘉兴	47	55	49	46	36	30	31	27	28	28	47	74	71	59	47
江门	58	40	41	33	35	15	21	19	31	37	49	64	57	42	33
金华	62	60	46	41	34	26	25	23	28	34	48	77	47	45	35
昆明	26	35	39	32	28	17	21	20	20	22	38	44	33	40	46
拉萨	28	26	21	22	19	13	10	17	14	25	41	33	19	16	
兰州	79	63	49	53	57	37	32	30	39	44	60	77	73	57	51
廊坊	127	87	64	52	54	45	52	33	51	52	52	58	46	58	82
丽水	40	44	35	33	29	20	20	19	24	32	38	62	41	39	27
连云港	61	63	50	46	46	33	32	29	30	34	48	71	78	52	48
南昌	74	63	37	39	37	18	26	18	27	33	68	60	48	47	38
南京	59	60	47	42	35	31	19	17	26	31	50	67	90	58	48
南宁	59	47	33	33	28	19	23	19	24	36	47	58	54	52	40
南通	56	61	46	41	34	31	33	28	25	21	40	55	68	48	35

续表

城市	2017/1	2017/2	2017/3	2017/4	2017/5	2017/6	2017/7	2017/8	2017/9	2017/10	2017/11	2017/12	2018/1	2018/2	2018/3
宁波	45	48	44	42	29	29	23	24	23	24	45	68	54	47	33
秦皇岛	75	68	55	43	35	34	33	23	32	45	38	46	39	48	64
青岛	71	54	44	42	36	23	28	18	23	27	41	59	68	42	48
衢州	59	53	40	39	38	25	27	25	30	37	56	73	51	48	33
厦门	39	36	40	31	25	16	14	20	24	23	26	33	28	30	33
上海	45	50	44	45	32	38	33	31	26	24	41	54	58	44	40
绍兴	61	61	51	43	38	28	27	27	33	34	54	81	71	58	46
深圳	38	32	31	27	27	12	14	18	25	30	37	46	39	36	28
沈阳	89	66	84	49	41	34	31	25	32	52	40	66	55	61	64
石家庄	200	139	79	61	68	55	59	50	70	80	78	96	111	99	109
苏州	58	64	53	46	33	31	27	25	28	29	48	66	77	56	41
台州	41	44	37	37	27	27	20	23	22	26	36	57	41	47	31
太原	136	87	55	103	48	43	47	47	61	68	81	81	77	74	81
泰州	71	79	59	57	48	47	33	28	34	34	58	75	84	64	61
唐山	119	96	70	66	58	49	46	36	54	70	62	75	57	70	96
天津	109	84	70	64	59	46	52	37	54	62	53	69	52	62	80
温州	41	49	50	47	32	35	26	26	45	27	37	56	43	40	34
乌鲁木齐	226	165	101	27	24	22	22	18	81	46	71	92	136	120	42
无锡	60	61	53	50	37	38	26	26	56	33	52	68	79	55	46
武汉	90	73	64	44	48	32	23	24	30	34	76	95	86	68	50
西安	186	131	69	50	44	33	32	35	44	50	94	112	141	87	93
西宁	64	53	38	31	23	21	24	19	21	28	55	82	72	54	42
邢台	185	121	63	56	60	53	57	50	66	79	81	94	122	112	93
宿迁	83	82	52	52	51	46	32	34	40	50	67	83	113	69	70
徐州	107	90	67	60	62	48	32	37	52	69	78	128	140	92	92
盐城	59	73	53	49	39	32	31	23	29	26	46	63	80	54	58
扬州	76	84	66	56	48	44	35	29	35	35	62	80	71	65	67
银川	91	73	50	39	52	35	33	30	31	48	50	61	57	42	46
张家口	49	36	35	25	35	30	38	22	25	32	29	26	25	33	44
长春	88	60	61	50	28	24	24	15	17	68	57	60	50	42	60

续表

城市	2017/1	2017/2	2017/3	2017/4	2017/5	2017/6	2017/7	2017/8	2017/9	2017/10	2017/11	2017/12	2018/1	2018/2	2018/3
长沙	99	64	49	41	43	25	26	24	35	46	87	89	79	71	50
肇庆	60	49	51	42	37	20	28	22	40	37	42	57	66	50	43
镇江	69	80	64	52	48	46	34	34	46	41	65	81	96	67	67
郑州	154	110	78	58	64	50	40	42	45	51	73	93	117	88	89
中山	52	43	39	28	31	11	15	17	26	34	46	59	59	42	29
重庆	88	63	45	35	36	35	26	23	24	27	56	82	59	60	35
舟山	30	36	29	29	20	20	18	21	16	15	30	38	35	34	25
珠海	40	34	33	26	27	10	14	16	22	33	44	55	46	43	29

资料来源：中华人民共和国生态环境部。

对表 4-1、表 4-2 进行详细的分析，我们可以得出如下几个结论：

第一，从环境空气质量综合指数来看，我国 74 个城市的综合指数整体上呈现出下降趋势，表明我国总体空气质量处于不断改善过程中。2017 年 1 月—2018 年 3 月，空气质量相对较好的 10 个城市分别是海口、拉萨、舟山、厦门、福州、丽水、深圳、惠州、贵阳和珠海；空气质量相对较差的 10 个城市分别是徐州、衡水、郑州、西安、唐山、保定、太原、邯郸、石家庄和邢台。从区域分布来看：长三角区域、珠三角区域的空气质量状况相对较好，京津冀区域的空气质量状况相对较差。空气质量状况产生上述差异的原因主要是地理环境的不同以及经济发展政策的不同。从主要污染物角度来看，我国 74 城市的主要污染物为 PM2.5 的占比高达 88%。

第二，从 PM2.5 月均浓度数据来看，我国 74 城市 PM2.5 月均浓度整体上呈现出不断降低的态势，且降幅较明显，表明近年来我国的雾霾治理工作取得了一定的成效。2017 年 1 月—2018 年 3 月，PM2.5 月均浓度相对较低的 10 个城市分别是拉萨、海口、舟山、厦门、福州、深圳、昆明、惠州、珠海和张家口；PM2.5 月均浓度相对较高的 10 个城市分别是太原、郑州、徐州、衡水、乌鲁木齐、西安、保定、邢台、石家庄和邯郸。因为 PM2.5 月均浓度与空气质量状况密切相关，所以，从区域分布来看，长三角区域、珠三角区域的 PM2.5 月均浓度普遍低于京津冀区域。

综上所述，自雾霾现象出现以来，全国人民对雾霾治理工作给予了高度的关注。2012 年，第三版《环境空气质量标准》（GB 3095—2012）修订实施，首次将细颗粒物（PM2.5）纳入监测指标，这也直接体现了党中央、国务院对于雾霾污染治理的重视。首先，从法律层面来看，《中华人民共和国环境保护法》以及《大气污染防治法》等法律法规的修订为雾霾的治理提供了法律依据。其次，从节能减排方面看，"煤改气"、老旧机动车淘汰等一系列措施为治霾提供了方法路径。最后，从行业转型升级方面看，通过治理散乱污企业、关停污染企业、给予节能环保设备税收优惠等措施推动行业的转型升级，加快我国雾霾的治理进程。

（2）北京市雾霾现状简析

就北京市的雾霾成因来看，主要原因有二：一是北京的地理位置因素，二是北京的经济区位因素。从地理位置因素来看，北京市地处华北平原与太行山脉、燕山山脉的交接部位，地势呈现西北高、东南低的特点，西、北、东三面环山，形成向东南展开的半圆形大山弯，这种"簸箕状"地形不利于空气的流动。加之，北京市属于典型的北温带半湿润大陆性季风气候，逆温、静风特征显著，不利于大气污染物的扩散。从经济区位因素来看，北京市属于经济较为发达的大城市，2017 年常驻人口数量达 2170 万，加之道路等交通状况并不发达，导致交通拥堵情况严重，由此造成机动车尾气排放量总量巨大。另外，北京市紧邻"钢铁大省"河北，炼钢过程排放的大气污染物经由空气流动部分转移到北京地区，由此，造成了北京市雾霾污染状况严峻的现状。

因为 PM2.5 是加重雾霾污染的罪魁祸首，因此，以下采用北京市环境保护局公布的 PM2.5 月均浓度数据分析北京市雾霾的污染情况，由于统计数据自 2014 年 8 月开始，因此，选取的数据区间为 2014 年 8 月—2018 年 3 月（详见图 4 - 5）。

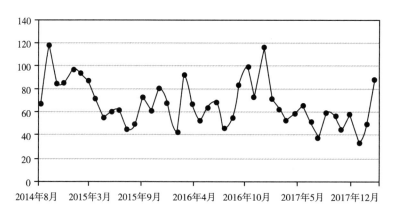

图 4 - 5　北京市 PM2.5 月均浓度变化图（2014 年 8 月—2017 年 12 月）（单位：ug/m³）

资料来源：北京市环境保护局。

从年度变化趋势来看，2014—2017 年北京市 PM2.5 月均浓度总体上呈现逐年降低的趋势，从月度变化数据来看，2014 年 8 月—2018 年 3 月，月度同比数据也呈现出下降的态势，表明北京市采取的雾霾防治措施取得相应成效，雾霾污染得到了一定程度的控制。仔细分析图 4 – 5，我们可以发现 PM2.5 月均浓度呈现出周期性的变化规律，冬、春两季的 PM2.5 月均浓度明显高于夏、秋两季。其原因为冬、春两季煤炭使用率较高，由此也可以看出煤炭的使用是造成雾霾污染的原因之一。

4.2.2 交通现状分析

（1）我国交通现状简析

近年来，随着经济的腾飞发展和城镇化进程的加快，我国逐步迈进大众汽车消费时代，机动车保有量增长迅速。据公安部数据显示，截至 2017 年底，我国机动车保有量达 3.10 亿辆，其中，汽车 2.17 亿辆。[①] 机动车数量的迅速增加，为人们的出行带来了便利，但同时我们也应该看到，机动车的迅速增加导致的交通拥堵问题日益凸显。

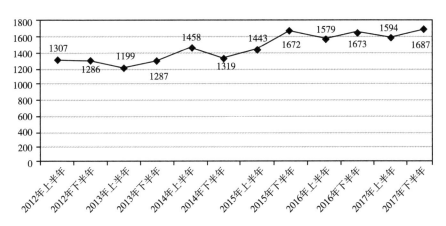

图 4 – 6 全国机动车新注册登记量变化图（2012—2017 年）（单位：万辆）

资料来源：中华人民共和国公安部交通管理局。

分析图 4 – 6 可知，2012—2017 年间，我国机动车新注册登记量呈现逐年增加的趋势，但其增速处于逐年降低态势。与机动车增速迅猛相对的是道路建设

---

① 中国公安部. 截至 2017 年底全国机动车保有量达 3.10 亿辆［EB/OL］. http：//auto. people. com. cn/n1/2018/0116/c1005 – 29766686. html.

增速较低，截至 2017 年底，我国公路总里程为 477.35 万公里，公路密度为 49.72 公里/百平方公里（详见图 4-7）。

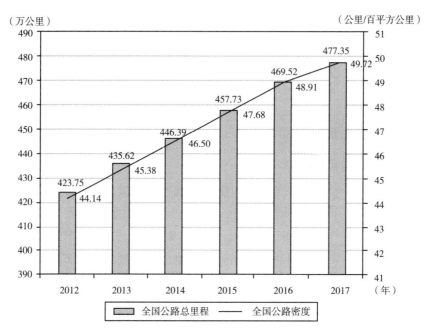

图 4-7　全国公路总里程及公路密度变化图（2012—2017 年）

资料来源：中华人民共和国交通运输部。

（2）北京市交通现状简析

据中科院大气物理研究所报告①显示，北京市 PM2.5 主要有 6 大来源，分别是土壤尘、燃煤、生物质燃烧、汽车尾气与垃圾焚烧、工业污染和二次无机气溶胶，由此，我们可以清楚地看到汽车尾气对于雾霾污染起到了一定的助推作用。所以，下文将对北京市的交通现状进行详细分析，以期找出交通拥堵与雾霾形成之间的确切关系。

如表 4-3 所示，2012—2016 年的 5 年间，北京市公共电车和轨道交通等公共交通系统得到了快速的发展。其中，2016 年轨道交通运营路线长度较之 2012 年增长率为 29.9%，运营车辆增长率为 41.2%，客运量增长率为 48.7%；公共电车则呈现先增长后下降的趋势。总体来看，北京市公共交通的各项指标均有所增长，这也表明了北京市政府对于改善北京城市交通现状

---

① 北京雾霾成因 [EB/OL]. http://www.360doc.com/content/14/0101/12/535749_341693820.shtml.

所作的努力。公共交通系统迅速发展的同时，私家车数量也迅速增加，2016年机动车保有量与2012年相比，增幅为9.9%。与机动车保有量9.9%的增速相比，北京市公路里程的增长率2016年较之2012年仅为2.5%，相当于机动车保有量增速的1/4。从供给与需求角度来看，道路交通需求量因交通系统的发展的猛增，而道路的供给却跟不上，如此一来，交通拥堵现象便日益加重。

表4-3　　　　　　北京市主要公共交通数据表（2012—2016年）

年份	公路里程（公里）	城市道路里程（公里）	公共交通运营线路长度（公里）		公共交通运营车辆（辆）		公共交通客运量（万人次）		机动车保有量（万辆）
			公共电车	轨道交通	公共电车	轨道交通	公共电车	轨道交通	
2012	21492	6271	19547	442	22146	3685	515416	246162	520.0
2013	21673	6295	19688	465	23592	3998	484306	320469	543.7
2014	21849	6426	20249	527	23667	4664	477180	338668	559.1
2015	21885	6423	20186	554	23287	5024	406003	332381	561.9
2016	22026	6373	19818	574	22688	5204	369019	365934	571.7

资料来源：北京市统计局、国家统计局北京调查总队、北京市统计年鉴［M］. 北京：中国统计出版社，2012—2016。

4.2.3　交通拥堵成因分析

Shields[1] 将交通拥堵定义为车辆在路上行驶缓慢导致时间损失的现象，Downs[2] 则指出交通拥堵的成因为道路供给无法满足需求致使车辆停滞，造成交通拥堵。在本书中，交通拥堵指的是在特定时间和空间下，道路上车流量过量导致车辆停滞不前或行驶缓慢的现象。

我国城市交通拥堵的成因较为复杂，主要原因为经济发展与城市发展进程不一、城市规划建设不合理、机动车数量增长过快、城市公共交通不完善等，但其本质是道路交通的供给与需求不平衡。

①　GREEN B D, BIBBINS J R, CHANNING W S, et al. A study of traffic capacity ［J］. Highway Research Board Proceedings, 1935, 14.

②　DOWNS A. The law of peak - hour expressway congestion ［J］. Traffic, 1962, 33 (3).

（1）路网结构不科学，密度较低

据调查研究显示，交通拥堵主要发生于道路主干路及路口处，加之路网间连通性较差，因此，交通拥堵现象更加严重。我国的路网形状大致分为方格式路网、环形放射式路网、自由式路网和混合式路网。以北京市为例（详见图 4-8），其路网形式为混合式，即采用方格式与环形放射式结合的路网形式。形成此种路网形状的原因是随着城市的扩展，为了缓解城市中心的交通压力，在原有的方格式路网的基础上向外设置了环路和放射性路。混合式路网结构是由不同路网发展而来的，可以很好地发挥不同路网的优势，利于城市扩展和交通分流，但是，由于其路网是在原先的基础上扩展形成，所以，路网间的连接沟通性较差，会在一定程度上造成交通拥堵。

图 4-8　2017 年北京市公路交通路网图

资料来源：中华人民共和国交通运输部。

从我国各地区的路网密度来看，华东地区路网密度最大，2016 年路网密度达到 2862 千米/万平方千米；华北、中南地区路网密度次之；东北地区路网密度最小（详见图 4-9）。与国外城市的路网密度相比，我国各城市路网密度依旧显得有些欠缺。如表 4-4 所示，我国路网密度最高的城市为武汉市，其路网密度为 9.8 千米/平方千米，相较于国外路网密度较低的巴塞罗那而言，仍然存在一定的差距；东京的路网密度接近北京市的三倍水平。由此可以看出，我国出现交通拥堵现象的原因之一为路网密度水平不够，因此，缓解交通拥堵可从增加路网密度角度出发。

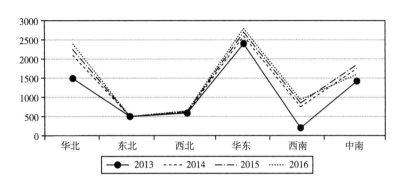

图 4 – 9　我国高速路网密度（2013—2016 年）（单位：千米/万平方公里）

资料来源：WIND、兴业证券研究所。

注：2013 年有部分省份数据缺失，绝对值不可比。

表 4 – 4　　　　　　　　　国内外城市路网密度对比表　　　　　单位：千米/平方千米

国外城市	路网密度	国内城市	路网密度
东京	18.4	北京	6.3
横滨	19.2	上海	6.7
大阪	18.1	深圳	5.7
纽约	13.1	武汉	9.8
芝加哥	18.6	杭州	5.2
巴塞罗那	11.2	成都	5.9

资料来源：依据公开资料整理。

（2）机动车保有量的快速增长

汽车尾气排放的污染物主要有碳氢化合物、氮氧化合物、CO、SO_2 以及颗粒物等，这些都是导致雾霾污染形成以及加重的重要污染物。另外，据环保部研究显示，机动车污染已成为我国空气污染的重要来源，是造成细颗粒物、光化学烟雾污染的重要原因。2017 年 6 月，我国环保部发布了《2017 年中国机动车环境管理年报》[①]，数据显示，2016 年全国机动车排放污染物为 4472.5 万吨。其中，汽车是机动车污染物排放总量的主要贡献者，其排放的 NO_x（氮氧化物）和 PM（颗粒物）占比超过 90%。近年来，我国私家车数量呈现快速增长态势，其排放的污染物势必会随着汽车保有量的增加而增加，而这种污染物排放量的

① http：//www.zhb.gov.cn/gkml/hbb/qt/201706/t20170603_415265.htm。

增加在交通拥堵时表现将更为明显，依据相关数据显示，汽车在时速 20 公里/小时状态下比时速 50 公里/小时状态下污染物排放量高出近 50%。

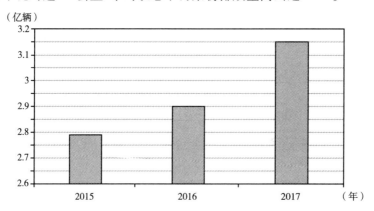

图 4 - 10 我国机动车保有量柱形图（2015—2017 年）

资料来源：中华人民共和国公安部交通管理局。

根据图 4 - 10，我们可以清楚地看到我国机动车保有量年度增幅明显，因此，北京等城市为了减少雾霾污染，实行"限购＋限号"的双限管理，并取得了一定的成效。虽然强制减少机动车出行是缓解雾霾污染最简单快速的方法，但并非长期有效之策。从长远的角度来看，治理雾霾污染，其中一个重要的环节是解决交通拥堵问题。而解决交通拥堵又可以从两个方面来考虑：其一，增加道路建设以及公共交通设施的建设。其二，提倡使用新能源汽车以减少污染物排放。

（3）城市规划及交通管理的不科学

目前，我国城市的布局基本表现为以市中心为原点向四周扩展开来，并且主要的商业中心往往集中于市中心，造成市中心人流量较大、车流密度大，因此，道路负荷水平增加，交通拥堵问题时有发生。另外，城市发展的速度与机动车保有量增速相比有所滞后，道路建设不完善导致的交通拥堵率近年来也有所上升。

随着科技的迅速发展以及人们出行需求的增加，智能交通成为许多大城市的首选，但我国的城市交通管理技术手段相对滞后，交通管控系统未达到较高的智能化水平，导致交通管理效率低下。除此之外，由于交通管理设施及水平有限，未能使现有的道路设施发挥最大的效率，加之车辆违规停放现象较为普遍，造成交通秩序混乱，引发交通拥堵。

4.3　雾霾与交通的灰色关联模型分析

4.3.1　灰色关联模型的设定

华中科技大学教授邓聚龙创立的灰色系统理论，是一种研究少数据、贫信息、不确定性问题的新方法。[1] 而灰色关联模型分析是灰色系统理论中最常用的一种，其理论本质是用数学的思维来寻找序列之间的相关性，其基本思想是根据参考序列（母序列）与若干比较序列（子序列）的曲线几何形状来判断它们之间的联系是否密切。序列之间曲线走势的相似程度反映它们之间关联程度的大小，走势越相似，关联程度越高。[2] 灰色关联模型的好处在于，其主要研究的是一个动态过程，并且可以通过关联系数的大小直接判断关联程度的高低，而不必像回归分析那样有诸多限制条件。

若记参考序列（母序列）为 $X_0(t)$，比较序列（子序列）为 $X_i(t)$，则当时间 $t = k$ 时，$X_0(k)$ 与 $X_i(k)$ 的关联系数 $\zeta_{0i}(k)$ 用下式计算：

$$\zeta_{0i}(k) = \frac{\Delta\min + \rho\Delta\max}{\Delta_{0i}(k) + \rho\Delta\max}$$

式中：$\Delta_{0i}(k)$ 为 k 时刻两个序列的绝对差，即

$$\Delta_{0i}(k) = |X_0(k) - X_i(k)|$$

$\Delta\max$、$\Delta\min$ 分别为各个时刻的绝对差中的最大值与最小值。因为进行比较的序列在经数据变换后互相相交，所以，一般来讲，$\Delta\min = 0$。

ρ 为分辨系数，其作用在于提高关联系数之间的差异显著性。一般情况取 $0.1 - 0.5$，通常取 0.5。

因为关联系数并不是唯一的，且每个序列的关联系数太多、比较分散，不利于对数据进行分析，所以，有必要用关联度（反映全过程的关联程度）来进行分析。序列的关联度可用两序列各个时刻的关联系数之平均值计算，公式如下：

---

[1]　易德生. 灰色理论与方法——提要·题解·程序·应用 [M]. 北京：石油工业出版社, 1992.
[2]　刘思峰，蔡华，杨英杰，等. 灰色关联分析模型研究进展 [J]. 系统工程理论与实践. 2013 (8)：2041 - 2046.

$$r_{0i} = \frac{1}{N}\sum_{k=1}^{N}\zeta_{0i}(k)$$

式中：r_{0i} 为子序列 $X_i(t)$ 与母序列 $X_0(t)$ 的关联度；N 为序列的长度，即数据个数。

4.3.2 数据选取

本节选取了 2006—2016 年 10 年间的雾霾的相关数据以及我国交通运输业的相关数据，研究交通拥堵（包括私人汽车保有量、公路营运汽车拥有量、公路里程、高速公路里程、公路客运量和公路货运量共 6 个指标）与雾霾污染之间的关系，从而进一步分析我国雾霾污染与交通拥堵之间的关系。由于雾霾的主要成分为 SO_2、氮氧化物以及可吸入颗粒物，加上目前国内有关 PM2.5 以及 AQI 的数据时间序列较短，因此，本节用 SO_2 的总排放量（万吨）作为我国雾霾污染程度的衡量指标。所以，本节的参考序列为 SO_2 的总排放量，比较序列为 6 个交通运输业相关指标（具体数据详见表 4 - 5）。

参考序列（母序列）：X_0 为 SO_2 的总排放量（万吨）。

比较序列（子序列）：X_1 为私人汽车保有量（万辆）；

X_2 为公路营运汽车拥有量（万辆）；

X_3 为公路里程（万公里）；

X_4 为高速公路里程（万公里）；

X_5 为公路客运量（万吨）；

X_6 为公路货运量（万吨）。

表 4 - 5　　SO_2 排放量与各类能源消费情况一览表（2006—2016 年）

年份	SO_2排放量	私人汽车保有量	公路营运汽车拥有量	公路里程	高速公路里程	公路客运量	公路货运量
	X_0	X_1	X_2	X_3	X_4	X_5	X_6
2006	2588.7	2333.32	802.58	345.7	4.53	1860487	1466347
2007	2468.1	2876.22	849.22	358.37	5.39	2050680	1639432
2008	2321.2	3501.39	930.61	373.02	6.03	2682114	1916759
2009	2214.4	4574.91	1087.35	386.08	6.51	2779081	2127838
2010	2185.2	5938.71	1133.32	400.82	7.41	3052738	2448052
2011	2217.9	7326.79	1263.75	410.64	8.49	3286220	2820100
2012	2117.6	8838.60	1339.89	423.75	9.62	3557010	3188475
2013	2043.9	10501.68	1504.73	435.62	10.44	1853463	3076648

续表

年份	SO₂排放量	私人汽车保有量	公路营运汽车拥有量	公路里程	高速公路里程	公路客运量	公路货运量
	X₀	X₁	X₂	X₃	X₄	X₅	X₆
2014	1974.4	12339.36	1537.93	446.39	11.19	1736270	3113334
2015	1859.1	14099.10	1473.12	457.73	12.35	1619097	3150019
2016	1102.9	16330.22	1435.77	469.63	13.1	1542759	3341259

注：SO₂ 排放量单位为万吨；私人汽车保有量、公路营运汽车拥有量的单位为万辆；公路里程、高速公路里程的单位为万公里；公路客运量、公路货运量的单位为万吨。

资料来源：国家统计局、中国统计年鉴 ［M］. 北京：中国统计出版社，2007—2017。

4.3.3　灰色关联模型实证分析

（1）均值化处理

由于各数据的数量级不同，在比较时难以得到正确的结果，为了便于分析、保证各因素具有等效性和同序性，因此需要对原数据进行无量纲化处理。对数据进行均值化处理后，新序列表示的是不同时刻的值对于第一时刻值的倍数，在不改变序列趋势的情况下实现了无量纲化。处理之后，参考序列（母序列），比较序列（子序列）记为 $x_i(t)$（处理后的数据详见表 4 −6）。

表 4 −6　　　　数据无量纲化处理结果（2006—2016 年）

年份	SO₂排放量	私人汽车保有量	公路营运汽车拥有量	公路里程	高速公路里程	公路客运量	公路货运量
	x_0	x_1	x_2	x_3	x_4	x_5	x_6
2006	1.23	0.29	0.66	0.84	0.52	0.79	0.57
2007	1.18	0.36	0.70	0.87	0.62	0.87	0.64
2008	1.11	0.43	0.77	0.91	0.70	1.13	0.75
2009	1.05	0.57	0.90	0.94	0.75	1.17	0.83
2010	1.04	0.74	0.93	0.98	0.86	1.29	0.95
2011	1.06	0.91	1.04	1.00	0.98	1.39	1.10
2012	1.01	1.10	1.10	1.03	1.11	1.50	1.24
2013	0.97	1.30	1.24	1.06	1.21	0.78	1.20
2014	0.94	1.53	1.27	1.09	1.29	0.73	1.21
2015	0.89	1.75	1.21	1.12	1.43	0.68	1.22
2016	0.53	2.03	1.18	1.15	1.52	0.65	1.30

（2）灰色关联分析

计算关联系数之前，需要先求出各子序列与母序列之间的差数序列：

具体结果如下：

$\Delta_{01}(t) = \{0.94, 0.82, 0.67, 0.49, 0.30, 0.15, 0.09, 0.33, 0.59, 0.86, 1.50\}$

$\Delta_{02}(t) = \{0.57, 0.48, 0.34, 0.16, 0.11, 0.02, 0.09, 0.27, 0.33, 0.33, 0.66\}$

$\Delta_{03}(t) = \{0.39, 0.30, 0.20, 0.11, 0.06, 0.05, 0.03, 0.09, 0.15, 0.23, 0.62\}$

$\Delta_{04}(t) = \{0.71, 0.55, 0.41, 0.30, 0.18, 0.07, 0.10, 0.23, 0.35, 0.54, 0.99\}$

$\Delta_{05}(t) = \{0.45, 0.31, 0.03, 0.12, 0.25, 0.33, 0.50, 0.19, 0.21, 0.20, 0.13\}$

$\Delta_{06}(t) = \{0.66, 0.54, 0.36, 0.23, 0.09, 0.04, 0.23, 0.22, 0.27, 0.34, 0.77\}$

观察以上 6 个差数序列，不难发现 $\Delta\max = 1.50 \mid \Delta\min = 0$，我们取 $\rho = 0.5$ 带入关联系数 $\zeta_{0i}(k)$ 以及关联度 r_{0i} 的公式，分别计算其关联系数和关联度，得到结果如表 4-7 所示。

表 4-7　SO_2 排放量与交通运输 6 个指标的关联系数及关联度（2006—2016 年）

年份	2006	2007	2008	2009	2010	2011	2012	2013	2014	2015	2016	r_{0i}
ζ_{01}	0.44	0.48	0.53	0.61	0.71	0.84	0.90	0.69	0.56	0.46	0.33	0.60
ζ_{02}	0.57	0.61	0.69	0.82	0.87	0.98	0.89	0.74	0.70	0.70	0.53	0.74
ζ_{03}	0.66	0.71	0.79	0.87	0.92	0.93	0.97	0.89	0.83	0.76	0.55	0.81
ζ_{04}	0.51	0.58	0.65	0.71	0.80	0.91	0.88	0.76	0.68	0.58	0.43	0.68
ζ_{05}	0.63	0.71	0.96	0.86	0.75	0.69	0.60	0.80	0.78	0.79	0.86	0.77
ζ_{06}	0.53	0.58	0.68	0.77	0.89	0.95	0.76	0.77	0.74	0.69	0.49	0.71

观察表 4-7，我们不难发现，SO_2 排放量与交通运输 6 个指标之间关联度最小的是 $r_{01} = 0.60$，即 SO_2 排放量与私人汽车保有量的关联度最小；而 SO_2 排放量与公路里程（$r_{03} = 0.81$）的关联度最高。由此也反映出交通拥堵的重要原因在于公路里程供给不足，即公路设施建设滞后于交通发展。另外，由于关联度不是唯一的，所以，关联度本身的大小并不是关键，而各关联度大小的排列顺序（关联序）则更为

重要。由表 4 - 7 我们可以得出，SO_2 排放量与各类能源消费情况之间的关联序为：

$$r_{03} > r_{05} > r_{02} > r_{06} > r_{04} > r_{01}$$

即交通运输 6 个指标与 SO_2 排放量之间的关联度排序为：

公路里程 > 公路客运量 > 公路营运汽车拥有量 > 公路货运量 > 高速公路里程 > 私人汽车保有量

从交通运输 6 个指标与 SO_2 排放量之间关联度的排序情况来看，公路里程与 SO_2 排放量关系最为密切，这也反映出，公路里程对于机动车而言存在相对供给不足问题，从而导致交通拥堵问题，进一步增加了 SO_2 的排放量，导致雾霾污染现象的出现。

由图 4 - 11 我们可以非常清楚地看出 2006—2016 年 SO_2 排放量与交通运输 6 个指标的关联系数的走势情况。其中，ζ_{05}（SO_2 排放量与公路客运量关联系数）走势波动最大，在 2008 年关联度达到最大，主要原因为 2008 年北京奥运会的举办以及汶川地震等大事的发生，使得人们利用公路进行客运次数较多。ζ_{01}（SO_2 排放量与私人汽车保有量关联系数）、ζ_{02}（SO_2 排放量与公路营运汽车拥有量关联系数）、ζ_{03}（SO_2 排放量与公路里程关联系数）、ζ_{04}（SO_2 排放量与高速公路里程关联系数）以及 ζ_{06}（SO_2 排放量与公路货运量关联系数）的走势基本相同，都呈现出先升后降的趋势，关联系数高峰期基本位于 2010—2013 年这个时间区间内，主要原因为 2010—2013 年为我国雾霾的潜伏期及大规模爆发期，在此期间，SO_2 排放量与私人汽车保有量、公路营运汽车拥有量、公路里程、高速公路里程以及公路货运量高度相关。

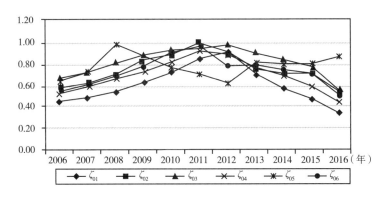

图 4 - 11　SO_2 排放量与交通运输 6 个指标的关联系数走势图（2006—2016 年）

综上所述，SO_2 排放量与私人汽车保有量、公路营运汽车拥有量、公路里程、高速公路里程、公路客运量以及公路货运量等 6 个交通运输指标高度相关。

这也从侧面反映出了雾霾的污染程度与交通拥堵密切相关，因此，要治理雾霾污染问题，首先应该正视交通拥堵问题。

4.4 结论

前文利用灰色关联模型对雾霾污染与交通拥堵的关系进行了实证分析，从结果来看，交通拥堵与雾霾污染之间有着密切的联系，具体表现为：

（1）私人汽车及公路营运汽车增速迅猛

随着经济的高速发展，人们的可支配收入迅速提高，私人汽车数量呈现爆发性增长趋势，人们享受私家车带来便利的同时，也受到交通拥堵的困扰。加之目前我国私家车市场质量良莠不齐，部分汽车产品存在质量不达标、尾气排放不符合标准等问题，由此更加剧了雾霾污染的严重程度。

（2）公路及高速公路建设滞后

与私人汽车保有量及公路营运汽车拥有量的迅速增长形成鲜明对比的是公路里程以及高速公路里程的缓慢增长。众所周知，公路以及高速公路的建设属于较大的固定资产项目，不仅需要前期的投资、规划及设计，还需要后期的建设及运营，相比于汽车等产品的生产而言，公路建设的时间周期相对较长。因此，在一定程度上存在交通供给与需求的矛盾，导致交通拥堵现象的出现。

（3）公路客运量缓慢减少

科技的进步、交通方式的革新变化使得人们的出行方式变得更加多样化，飞机、火车等逐渐成为人们长途旅行的出行手段，而不再像过去一样，仅仅依靠公路客运方式出行，所以，公路客运量近年来呈现逐步降低的趋势。

（4）公路货运量不断增加

大数据信息时代的到来，使得人们利用互联网购物更加便利，网购成为人们的日常生活，由此带动了物流业的高速发展。由于我国地域广博、幅员辽阔，且大部分地区位于内陆，因此，利用公路进行货物运输成为目前各物流公司使用最多的运输方式。公路货运量的急剧增长在一定程度上加大了公路的运输负荷，使得原本拮据的公路资源更加捉襟见肘，交通拥堵现象更为明显。

总而言之，交通设施供给与需求的矛盾导致了交通拥堵的出现，由交通拥堵引发的机动车尾气排放问题又对雾霾污染起到了一定的助推作用，因此，要想解决雾霾污染问题，就应该从源头着手，即解决交通拥堵问题。

第 5 章

交通拥堵的治理模式分析

　　PM2.5 作为影响空气质量的罪魁祸首，一直以来为人们所诟病。其主要来源包括汽车尾气、扬尘、工业生产等。就机动车而言，其直接排放的颗粒物对 PM2.5 贡献并不算高，但汽车尾气排放的超细粒子和污染气体，却能在空气中发生化学反应或吸湿增长变成 PM2.5。根据专家测算，汽车在拥堵或怠速时造成燃料不完全燃烧，会产生更多的污染物排放，是正常行驶状态下污染物排放的 10 多倍。随着我国城市化、现代化和机动化进程的加快，一些大中型城市的交通承载量不断增加，甚至一些中小城市的某些时段或区域也出现了交通拥堵问题，在大量的能源消耗下，所排放的一氧化碳、碳氢化合物以及氮氧化合物等污染物，已经成为影响大气环境质量的主要来源之一。2017 年天津市环保局公布的大气颗粒物来源解析显示，在本地污染物贡献中，机动车所占比例约为 20%，石家庄市的这一比值为 15%，西安市也同样在 20% 左右。据《2015 年中国机动车污染防治年报》显示，我国连续 6 年为世界机动车产销第一大国，排放的氮氧化物和颗粒物超过 90%、碳氢化合物和一氧化碳超过 80%。虽然机动车的四项排污[①]总量在 2014 年出现了首次下降，但由于我国机动车增量过大，总量仍呈现爆发性增长，此外，再加上新能源汽车占汽车总量的比重过小，还不足 1%[②]，因此，总的污染源并没有能够很好地控制住。当大气中的 PM2.5 或 PM10 及其前体污染物大大超过了由当地气候、地形等条件形成的环境容量，一旦出现持续的静稳天气，就会出现污

---

① 4 项总排放物：一氧化碳（CO）、碳氢化合物（CH）、氮氧化物（NO）、颗粒物（PM）。
② 2017 年，全国新能源汽车保有量达 153 万辆，占汽车总量的 0.7%。

染物无法扩散的情况，进而导致大气中细粒子超标。[①] 从表 5 - 1 的统计数据可以看出，虽然 PM2.5 数值排名与汽车拥有量水平之间并不存在一一对应关系，但从部分地区看，如山东省、北京市、河北省、河南省等省、市，其 PM2.5 数值较高，即排名越靠前对应人均汽车拥有量较多；而 PM2.5 数值排名靠后，即空气质量相对较好的地区，如江西省、上海市、贵州省等省、市，其人均汽车拥有量较少。可以说，汽车的数量在一定程度上与空气质量的好坏密不可分，因此，如何有效地控制机动车数量、解决好城市交通拥堵问题，对于治理雾霾污染具有重要意义。

表 5 - 1　2016 年中国各省、市、自治区汽车拥有状况与空气污染排行

地区	PM2.5 数值排名（以省会城市为例）	平均每几人拥有一辆汽车
河北	1	4.11
河南	2	4.43
山东	3	3.96
北京	4	3.83
新疆	4	4.95
陕西	6	5.84
天津	7	5.48
山西	8	5.92
四川	9	5.51
安徽	10	5.13
湖北	10	5.33
宁夏	12	3.44
湖南	13	5.79
辽宁	13	5.14
甘肃	13	4.34
重庆	13	5.92
黑龙江	17	7.64
浙江	18	3.33
青海	18	5.31
江苏	20	4.29

[①] 雾霾从何而来？专家详解雾霾成因 [EB/OL]. (2014 - 11 - 03). http://finance.china.com.cn/industry/energy/xnyhb/20141103/2768052.shtml.

续表

地区	PM2.5 数值排名（以省会城市为例）	平均每几人拥有一辆汽车
吉林	21	5.28
上海	22	6.49
江西	23	6.75
内蒙古	24	4.36
贵州	25	5.53
广东	26	4.04
广西	26	4.34
云南	28	3.75
福建	29	4.08
西藏	29	7.89
海南	31	4.56

资料来源：根据各地区统计局网站的相关数据整理而得。

5.1 交通拥堵治理的理论基础

5.1.1 公共悲剧与公地悲剧

"公共悲剧"和"公地悲剧"产生的根本原因都是私人成本和社会成本、私人收益与社会收益的不一致，但休谟的"公共悲剧"产生于公共产品的供给过程中。由于提供公共产品的私人收益低于社会收益，因此，公共产品总是有供给不足的倾向；相反，在享用公共产品的过程中，由于私人成本低于社会成本，又有过度消费的倾向，从而容易发生哈丁所谓的"公地悲剧"。

交通作为典型的公共产品之一，其拥堵既有"公共悲剧"，即道路资源提供不足的原因，也有"公地悲剧"，即人们过度使用的原因。特别是针对后者来说，公路交通具有准公共物品的属性，一个人的使用不够排斥他人使用，但出于私利，消费者在公路交通的消费上却存在着竞争，导致具有公共性质的道路在被使用过程中可能存在着"拥挤效应"。城市中私家车主的出行，仅关注的是私人成本，而基本未考虑道路拥挤而施加给其他车主的"负外部性"。这样，一方面会产生负外部性问题，另一方面则是私人车主按其私人成本决定的出行量将大于按社会成本决定的交通流量，从而造成公路交通的过度使用，产生"公地的悲剧"福利经济学的外部性理论认为边际私人成本与边际社会成本不一致，造成交通拥堵；但若考虑到凡勃伦效应，即消费者能在商品固有价值基础上额外获得一个正效用，从而加剧边际私人收益和边际社会收益的不一致性，道路拥堵的程度会更加严重。凡勃伦效应最早由美国经济学家凡勃伦提出，是指某些商品价格定得越高，反而越能得到消费者的青睐，愿意为其付出更高的购买价格。我国经济水平的提高使得人们收入增加的同时，消费方式也发生变化，部分中高收入阶级逐步地注重起生活的品质与格调。私家车作为一种高档的消费品，不仅能实现在相等的位移内比传统出行工具节约时间的功效，还能使车主享受更高的出行舒适度和显示自己更高的社会地位，所以，私家车可以看作一种具有凡勃伦效应的商品。

5.1.2 地方公共产品供给

前文已分析到，以道路交通为例的公共产品具有非竞争性和非排他性，市场机制在此类物品供给中存在失灵，需要由中央政府加以提供。传统的环境经济学是在福利经济学的基础之上展开的研究，其最主要的假设是政府是仁慈的，会承担下环境保护的责任，却忽略了并非所有的环保政策规则制定与行动落实都由中央政府来执行，其中很大一部分由地方政府来承担的这一事实。Oates 针对环境质量的性质划分了三种情况：一是纯公共产品性质，由中央政府统一提供。二是标准的地方公共产品。三是具有跨区外溢效应的公共产品，需要中央政府出台环境保护政策对地方政府作出统一规范。蒂布特在 1956 年发表的《一个关于地方支出的纯理论》一文中支提出了蒂布特模型（Tiebout Model），提出在一系列假设的基础上，在均衡条件下，人们基于他们对公共服务的需求而分布在不同的社区，不再通过流动来改善境况。

如果根据上述理论，地方政府可以按照本辖区内所拥有的机动车数量及经济发展水平等确定合适的道路路网建设数量，以满足交通出行需求。但 Antony Down 提出了著名的当斯定律（Down's Law）：机动车造成的交通拥堵，并不能通过增建城市道路来解决，由于城市道路是免费使用的，增加城市道路反而会诱发新的交通需求，使道路变得更加拥堵，这也从一定程度上解释了我国许多大城市越修越堵的原因。当斯定律从理论上解释了通过增建道路来缓解城市拥堵问题的之一方法行不通，政府可运用交通管制政策来治理拥堵。

5.1.3　外部性的解决

公共物品或资源的外部性问题往往成为影响其有效供给，乃至造成"悲剧"的根源。经济学采用庇古路径、科斯路径等将外部成本内部化，实现资源的有效配置。

其中，庇古路径是强调通过收取拥堵费等庇古税（Pigovian Taxes）的手段来消除交通拥堵，而科斯路径则是强调以厘清产权的形式提高交通等公共产品的供给效率。

5.2　限行政策的影响分析

5.2.1　机动车限行的效果

早在 2008 年北京奥运会期间，为缓解交通流量压力，北京市实施了为期两个月的单双号限行政策，使机动车限号出行成为舆论的焦点。限行政策对于改善空气质量和交通拥堵具有立竿见影的效果，如 APEC 期间，首都天朗气清，出现可喜的"APEC 蓝"，但实际上，常态化的限行政策并不能一劳永逸地解决拥堵问题。以北京为例，虽然其在 2015 年 3 次实行单双号限行政策，但未能阻止其拥堵率夺魁。① 城市拥堵的缓解除了依赖车流量之外，还与城市过饱和路段量、公众出行分布、拥堵程度等多种因素的治理有关，限行政策的效果并不是最理想的。从道路交通拥堵的状况来看，拥堵是由诸多因素综合作用的结果，限行措施无法从机制上解决汽车保有量逐年增加的趋势。因为目前大力扶持的汽车产业政策、人民生活水平提高带来刚性需求下的重复购车等都是造成大面积拥堵的根本原因，限行措施或许可以短时期缓解交通压力，但长期来看却很难实现预期的目标。

5.2.2　机动车限行的法律依据

从《宪法》的角度看，个人对私家车的使用属于宪法中关于财产权所保护的范围，其中对物的所有权又是民法中所保护的诸多财产权的首要，公民对机

---

① 根据高德发布的《2015 年度中国主要城市交通分析报告》显示，"2015 年度中国堵城排行榜"Top10 中，北京高峰拥堵延时指数 2.06，平均车速 22.61 公里/小时，居榜首。

动车的所有权包括了占有、使用、收益、处分等四大部分，而车辆限行措施其本质是行政主体交通部门运用法律所赋予的行政权力实施的一种行政命令，这种公权力设定的限行措施就是对财产的使用进行的一种限制，继而影响到公民从机动车的使用中获得的收益。机动车使用价值的损失一定程度上反映了限行措施对公民财产权的侵犯。但私有财产神圣不可侵犯并非是绝对化的，从公众利益角度出发，法律可以对私有财产进行适当的限制。其中的有关规定在《中华人民共和国道路交通安全法》第三十九条、《中华人民共和国大气污染防治法》第十七条第三款等法律条例中都有体现。因此，像 2008 年的奥运会、2014年的 APEC 会议以及 2015 年的阅兵仪式等涉及全民族的利益的机动车限行，保证了交通秩序的通畅，减轻了大气环境的污染程度，展示了我国国家形象，这种政策目标所产生的公共利益要远大于机动车限行给机动车驾驶者所带来的利益损失。我国现行宪法中就规定中华人民共和国公民有维护祖国的安全、荣誉和利益的义务。所以，在重大国事期间实行限行措施，符合理论与制度上的规定。①

但从法律明确性的角度来看，相关的限制规定很模糊，并未规定是临时性的限制还是长期性的限制，以及"严格的措施"中是否包含机动车限行，从理论上说，这暂时就不能作为机动车限行常态化的法律依据。有些城市发布了交通管理措施的通告，并规定限行的期限，之后再对限行时间加以延期，俨然成了一种常态化的限行，且这种限行直接影响到公民对"路权"或"驾车通行权"的行使，而这些权利作为汽车财产权的延伸部分，隶属于财产权中的使用权。②

法律中的比例原则是对公权力行为的目的与手段的衡量，具体包括了行政目的的正当性、行政措施手段的适当性或必要性以及行政目的所带来的利益与行政命令给相关人带来的权益损失之间的衡量。③ 但机动车限行对公民财产权的限制还是相对较大的：如果实行的是单双号限行，那么意味着机动车主有一半的时间不能使用汽车，全价购买的汽车被强行贬值；如果是尾号限行，那么限行政策对道路通畅的贡献以及对空气质量改变的贡献多少有待进一步衡量。

5.2.3 机动车限行对公共利益的影响

按照我国现行《宪法》与《物权法》的规定，为了满足公共利益的需要，

---

① 莫纪宏. 机动车限行必须要有正当的公共利益 [J]. 法学家，2008（5）.
② 李红. 权利与权力之博弈与平衡——机动车限行法律现象解释 [J]. 法学研究，2010（11）.
③ 连健彬. 论机动车限行的合法性 [J]. 河北科技师范学院学报，2015（3）.

国家有权依法对公民的私有财产进行征收或者征用，并给予补偿。因此，限行措施的实行也要满足两个条件，一是为了公共利益，二是财产权受到限制的公民会得到一定的补偿。事实上，在北京奥运会期间实行的单双号限行措施，就对停驶机动车减征三个月的车船税，并减征当年 7、8、9 三个月的养路费。① 但目前近乎常态化的限行措施忽略了车辆购置税、每年一交的强交险等支出成本。因为车辆购置税作为一种财产税且税负不发生转嫁，纳税人即为负税人，其缴纳的这部分税收由中央财政根据国家交通建设投资计划，统筹安排。限行就阻碍了纳税人对于道路的使用权，没有充分享有使用公共交通的权利，一定程度上偏离了纳税初衷，即限行的做法违背了衡量性原则。再从之前减征养路费的补偿措施来看，从 2009 年起，养路费取消，并入了燃油税中，将原本的定额费变成了依据耗油量的多少来征收，体现了使用公路权利越多，对公路养护所尽义务也就越多的原则。这恰恰符合了治理拥堵的目标——当车辆使用越频繁，行驶里程越长，耗油量相应增多，包含在油价中上交的燃油税增加，起到了变相调节车辆使用频率的目的。这种措施与限行相比，其最大的特点就是没有抑制公民的财产使用权，避免了给公民基本权利造成的损害。因此，采取限行措施治理交通拥堵时，更要关注的是公共利益，逐渐将其纳入法制化的过程，通过透明立法，将法律的规划提前向社会公布，广泛征求各方面的意见，听取各方团体的利益诉求，在各方的利益博弈中寻找到一个平衡点，保证立法的科学性和民主性。②

5.3 征收拥堵税的影响分析

5.3.1 关于拥堵税的定义

无论是学界提出的拥挤收费的概念，还是拥堵税的概念，其在定义上的表述虽略有不同，但都是旨在通过对拥挤时空定价的方式来缓解拥挤的状态。如钱俊君认为，拥堵收费是指对行驶于拥堵公路或高峰时段的车辆征收费用，目

---

① 关于 2008 年北京奥运会残奥会期间北京市停驶机动车减征养路费的通告 [EB/OL]. (2008 - 07 - 01). http://www.bjjtw.gov.cn/.

② 供暖季要单双号限行先做"不可行性研究" [EB/OL]. (2016 - 01 - 26)/http://news.163.com/16/0126/08/BE89F50R00014Q4P.html.

的就是利用价格机制的作用来控制和限制交通流量，减少或者消除拥堵。而拥堵税则是以税收的形式对造成负外部性的一方进行收取，并将该收入用于城市公共交通建设中。

对拥堵税的征收，其理论基础有：（1）资源稀缺性原理。在市场经济条件下，价格机制将发挥对稀缺物品供求的调节作用以达到均衡，由于缺乏道路拥堵定价，导致在道路供给有限的情况下，交通需求膨胀式增长，交通的供需均衡状态被打破。（2）外部性效应原理。公共物品具有非竞争性和非排他性的特点，当需求过度时，公共物品的使用效率会降低，负外部性将产生。当发生交通拥堵时，会造成时间损失、燃料浪费和污染增加，极大提升了出行边际成本。由于私人只是从自身支出的成本和获得的收益出发，在决策中不会考虑对其他人造成的损失，因而需要政府采取管理措施，对私人的经济活动加以矫正，即通过税收使其外在影响内在化，以达到资源的有效利用。（3）公共收费理论。公共服务的总成本通常包括三大类：资本成本、营运成本和拥挤成本。其中，拥挤成本是由于新使用者的加入，给其他使用者或社会造成的成本，是由他人负担的外部成本。公共服务成本的补偿可以采用一般性税收方式，也可以采用公共收费方式进行分摊。根据"谁受益谁负担"的原则，资本成本应由一般社会成员或特定范围内的社会成员负担，营运成本和拥挤成本应由使用者负担。[1]

5.3.2　加入凡勃伦效应的私人最优选择分析[2]

假设社会效用由时间与空间维度组成，私人效用还有一种心理上的满足程度，即当私家车总量在一定范围内时，消费者会从中获得一定炫耀性的满足，该满足程度受其他消费者拥有的私家车数量的影响。设消费者消费两种商品，x_1 代表小汽车，x_2 表示其他商品组成的复合商品[3]，价格为 1，消费者的预算方程为 $p_1 x_1 + p_2 x_2 = M$。考虑到凡勃伦效应的根源在于价格，为简化分析，我们只考虑价格因素对小汽车的影响，即撇除收入对其的影响，那么就假设收入的增加

---

① 姜维壮，等. 现代财政学 [M]. 北京：中国财政经济出版社，2001.

② 1899 年，制度经济学创始人凡勃伦在《有闲阶级论》一书中写道："在任何高度组织起来的工业社会，荣誉最后依据的基础总是工业力量；而表现金钱力量，从而获得或保持荣誉的手段是有闲和对财物的明显浪费。"换言之，实际上凡勃伦将这种效应产生的原因，归于人的一种心理因素，即人的虚荣心。

③ 微观经济学中提出的"复合商品假说"旨在使消费者行为分析的框架更为简洁，将所分析的商品只分为两种，即要分析的商品 1 和复合商品 2，一个最经常的假设就是把商品 2 看作是消费者可以用来购买的其他商品的货币，货币的价格为 1，所以也表示商品 2 的价格为 1。

不改变单个消费者对汽车的需求量。构造一个拟线性偏好的效用函数，并设该拟线性偏好为良性偏好：

$$U_s = U_0(x_1) + x_2 \quad U_p = U_0(x_1) + U_1(D(X)) + x_2$$

其中，U_s 为社会效用，U_p 为私人效用，X 为消费者们对私家车的总拥有量，$D(X)$ 表示受私家车总量影响的凡勃伦效应的程度，$U_1(D(X))$ 表示消费者从拥有私家车中获得的凡勃伦效应。

现在证明，在存在凡勃伦效应的情况下，道路拥堵程度更为严重。剔除凡勃伦效应时，$U_s = U_p$。

$$\max U_p \quad s.t. \ px_1 + x_2 = M$$

构造拉格朗日函数，在满足一阶条件下，

$$L = U_p + \lambda(pX_1 + X_2 - M) \quad \frac{\partial L}{\partial X_1} = \frac{dU_0}{dX_1} + \lambda p = 0 \quad \frac{\partial L}{\partial X_2} = 1 + \lambda = 0，则$$

$$\frac{dU_0}{dx_1} = p \tag{1}$$

记最优解为 x_1^*。

加入凡勃伦效应时，$U_s \neq U_p$。

同理，根据上述证明可得，在满足一阶为零的条件下，

$$\frac{dU_0}{dx_1} + U_1'(D(X))\frac{dD(X)}{dx_1} = p \tag{2}$$

记此时最优解为 x_1^{**}，联立式（1）和式（2）得到

$$\frac{dU_0}{dx_1^*} = \frac{dU_0}{dx_1^{**}} + U_1'(D(X))\frac{dD(X)}{dx_1^{**}} \tag{3}$$

由于凡勃伦效应的作用，即使小汽车价格不变，消费者也存在购买冲动，即会购买更多的小汽车，$x_1^{**} > x_1^*$，根据边际效用递减规律，在固有价值带来的效用方面：

$$\frac{dU_0}{dx_1^*} > \frac{dU_0}{dx_1^{**}} \quad U_1'(D(X))\frac{dD(X)}{dx_1^{**}} > 0$$

所以，凡勃伦效应使私家车购买者的效用得到提高。再对私人效用和社会效用求导可得到 $U_s' < U_p'$，即得到驾车的边际私人收益要大于边际社会收益。

从成本方面来看，消费者驾驶私人汽车所发生的成本包括购买汽车的费用、车辆折旧费、车船税、停车费、燃油费、汽车保养维护费；对社会来说，在达到一定的交通流量之后，除此以外，还有污染、噪音、交通拥堵等成本。收益和成本两方面的不一致使得消费者的选择与社会的最优选择出现偏差。

设 q 为交通量，社会成本为 $C(q)$，私人成本为 $c(q)$，边际外部成本为 $\tau(q)$，且 $MPB > MSB, MPC = c'(q), MSC = c'(q) + \tau(q)$，则如图 5 - 1 所示。

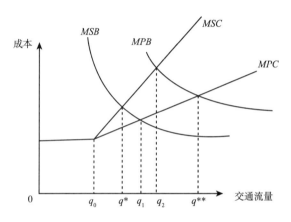

图 5 - 1 　存在凡勃伦效应时拥堵加剧

在流量 q_0 之前，边际社会成本与边际私人成本相同，q_0 即为临界点。从社会来看，最佳流量为 q^*，但对私人来说最优均衡解为 q^{**}，图中的 q_1 对应的交通流量则是不包括凡勃伦效应所得到的私人均衡解。

5.3.3　拥堵税的定价分析

如果政府从 q_0 以后开始征收拥堵税，则处于 q^{**} 处的私家车主征收税最高，依次递减，其目的就是要使社会边际成本与私人边际成本在任何交通流量下都保持相同。私人的最优选择便会如图 5 - 2 所示。

私人的最优选择在 $\hat{q}^{**}$ 处，与社会的最优选择 $\hat{q}^*$ 依然存在差距，即只征收拥堵税并不能使交通流量控制在最优处。而从理论上说，只有使 MSB 与 MPB 一致，负的外部性才能消除，私人的最优选择与社会的最优选择也才不会出现偏差。既然凡勃伦效应的本质源于炫耀性商品，汽车对消费者来说就具有炫耀性商品的特征，他们从炫耀中可以获得更多的效用。而要降低私人边际效用，一方面可以降低汽车本身的价格，使汽车不再成为一种奢侈品，从而降低凡勃伦效应，另一方面可以增加车船税、停车费，加速汽车折旧，或是建立机动车限

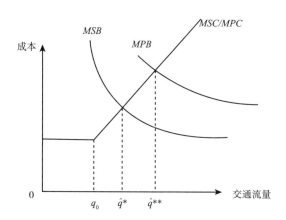

图 5-2 征收拥堵税对交通流量的修正

额管理制度、车牌限制通行等措施，来增加人们拥有汽车后的成本，降低消费者对私家车的心理预期，以此降低他们从汽车的购买中获得的效用。总之，需从成本与效用两个方面入手，才能真正缓解交通拥堵问题。

5.3.4 征收拥堵税对个人福利水平的影响

由于拥堵税的征收主要针对的是汽车拥有者，因此，应基于汽车拥有者即拥堵税承付者的不同情况，讨论其各自的福利变化。拥堵费承付者大致可分为三种，一是高收入的小汽车拥有者，二是收入偏低却拥有小汽车的人，三是退出者。[①]

（1）高收入的小汽车拥有者

高收入群体的单位时间价值以货币计量较高，有研究人员发现这部分群体的出行时间成本较大，出行时间价值一般来说是其收入的 20% 至 50%。[②] 当征收拥堵税的费用低于时间损失的货币价值及因拥挤造成糟糕心情的粗略货币估计时，这类小汽车拥有者就会偏好支付拥堵税，把这笔支出视为节省时间和获得愉快心情的货币代价，此时，他们的福利会增加。

（2）偏低收入的小汽车拥有者

前文已描述凡勃伦效应是导致小汽车数量增加的一个原因，除此以外，代步需求的增加也是购买汽车的一大主要因素。许多车主认为，由于公共交通运输设施的不完善，买车甚至可以说是无奈之举。随着油价及养车成本的上涨，

---

① 朱中彬. 外部性理论及其在运输经济中的应用分析 [M]. 北京：中国铁道出版社，2003.
② 王健. 道路拥挤定价下的公共交通收费问题研究 [D]. 哈尔滨：哈尔滨工业大学，2005.

汽车的使用成本不断增加，开征拥堵税会进一步加重他们的负担。当收入偏低的小汽车拥有者的时间价值没有到达一定程度时，即时间价值损失低于税收支出成本，其从拥堵税征收中会产生福利损失。但若这部分群体的环保意识有所提高，将环境质量好坏作为衡量福利大小的一个指标时，那么征税后的福利损失将会减小。此外，受限于收入水平，随着公共交通设施的不断完善，这一部分人很有可能选择公共交通出行，因而，他们是潜在的退出者，此时的福利分析与退出者相似。

（3）退出者

作为退出者，其时间价值相对较低，拥堵税的征收会迫使其放弃汽车出行权。虽然从表象看，减少了其出行选择，但由此所节省的货币价值能增加其福利。另外，随着公共交通出行人群的奖励增加（如公交补贴）、公共交通基础设施的完善、公共交通网络的优化等，退出者改变了出行选择的同时，其福利的增加有了进一步保障。

5.3.5　征收拥堵税对社会总体福利水平的变化影响

征收交通拥堵税目的是让更多的出行者减少私家车的使用，选择其他交通方式，如选择公交出行，但此政策可能会改变消费者的预算约束，改变消费者的最优选择。而从福利经济学的角度考量，社会总福利的变化取决于社会中所有"经济人"状况的改变。因此，拥堵税的实施要考虑社会总福利的变化。

假设拥堵税根据私家车的行驶里程来征收，且行驶里程与汽油的消费量成正比，将拥堵税转换为对汽油消费的从量税，并对选择公交出行的消费者，按税前的消费量进行补贴，补贴的价格为从量税率。另假设在对社会通行量优化之后，被征税的驾车出行者全部愿意选择公车出行，记这部分群体为 S_1，在对 q_0 到社会最优通行量之间的驾车者征税后，他们不改变出行方式，记这部分群体为 S_0，S_0 缴税所失去的消费者剩余与获得道路通畅带来的效用相抵，即效用水平不改变。则考察群体 S_1 与政府的状况变化。

设 S_1 的效用函数为 $u = (X_1, X_2)$，X_1 表示汽油消费量，X_2 表示复合商品，价格为 $p_2 = 1$，消费者的最初收入为 m，预算方程为

$$p_1 x_1 + x_2 = m$$

对应的最初选择 (X_1^*, X_2^*)。

如果征收 t 元的从量税，并按照税前消费量进行补贴，则新的预算方程为

$$(p_1 + t)x_1 + x_2 = m + tx_1^*$$

对应的最优选择为 (X_1', X_2')，如图 5-3 所示，预算线经过原来的最优选择点，由显示偏好原理，(X_1', X_2') 位于 (X_1^*, X_2^*) 左上方，汽油的消费量减少，消费者的状况得到改善，从 u^* 上升到 u'。

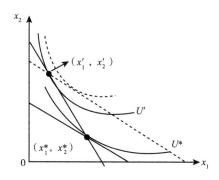

图 5-3 消费者效用水平的改变

该政策引起群体 S_1 和政府的状况变化，社会总福利的变化取决于

$$\Delta W = \Delta T + \Delta U$$

在此项政策下，政府的税收为负，

$$\Delta T = tx_1' - tx_1^* < 0$$

而群体 S_1 的状况是得到改善的：

$$\Delta U = u' - u^* > 0$$

税收以货币为度量，是客观值，而效用的变动量为主观值，通过等价变化对二者进行比较。如果政府直接对群体 S_1 进行 $|\Delta T|$ 的货币补贴，则他们的预算方程为：

$$p_1x_1 + x_2 = m + (tx_1^* - tx_1')$$

此预算方程对应的预算约束线经过 (x_1', x_2')，再次根据显示偏好原理，直接进行 $|\Delta T|$ 的货币补贴，属于群体 S_1 的消费者的效用水平将高于 u'。这说明，从 u^* 到 u' 的效用变动所对应的等价变化量小于 $|\Delta T|$，群体 S_1 的效用改善水平低于政府税收的减少量，即在征收拥堵税的情况下，社会总体福利是下降的，所以，政府不如对自觉选择公车出行的人给予相当于 $|\Delta T|$ 数量的补贴。

5.3.6　交通拥堵税在推行中可能存在的问题

（1）税基税率难以确定

征收交通拥堵税无法准确地划分被征税的对象。首先，无法核定哪些车辆的行驶是在交通拥堵形成之前对公路的使用。其次，对造成拥堵成本的汽车征税，又无法确定哪些车辆是处于社会最优流量之后的。同时，对不同车辆征收的税率也难以界定。并且，税率的高低也会影响着交通运输业的发展，税率过高，相关产业的消费会受到抑制，阻碍经济发展，而过低，也会使消费者产生"税收幻觉"①，并不能真正减轻拥堵。

（2）征税的前提以及征收的具体办法有待进一步确定

交通拥堵税的征收可能存在这样一个前提，即公用车比例不能过高。很多大城市在非高峰期也呈现拥堵现象，这并非全是朝九晚五的上班族造成的，还包括财政开支用车、军车、国企车辆、央企车辆、民企所属车辆。而对于公车征收交通拥堵税，或是免征，或是由财政买单，企业车辆的交通拥堵费用摊算在企业成本里，可以忽略不计，那么，最终交通拥堵税会转嫁给普通民众。税负的转嫁实质上限制的是普通群众的出行权。此外，拥堵税的征收还需要确定车辆在何时进入何片拥挤区域，对时段的划分、区域的划分以及缴费后能否重复进入收费领域等问题都需要进行更为细致的考虑。此外，还要考虑到一些随机性的拥堵事件、天气、路况等诸多因素，从而合理地制订拥堵定价方案。

（3）会造成效率的损失，产生寻租行为

一方面，交通拥堵税的征收上会存在一定的主观性，部分行为主体会对征管者行贿，造成寻租。另一方面，交通拥堵税的实施可能会造成纳税人除了纳税外，试图采取一些措施改变自身行为，以减少纳税，由此就会产生额外的成本，造成无谓的损失。

5.3.7　拥挤收费的国际实践经验

目前，世界上有一些国家和地区实行拥堵收费，如新加坡、英国的伦敦、挪威的奥斯陆、卑尔根、特斯赫姆及瑞典的斯德哥尔摩等。总体来看，拥堵收费的政策取得了一定的成效，使当地的交通状况得到很大改观，具有借鉴意义。

---

① 吴瀚. 交通拥堵税在中国实践中的问题研究 [J]. 经济视野，2014（12）：46 - 47. "税收幻觉"是指经济行为人的一种倾向，即根据税前考虑因素来判断价值或作出决策；在形成决策的过程中未能完全考虑税收所带来的效应。

从拥堵收费在国际实践中取得的成果看，随着我国大中城市交通压力的日益增加、公共财政体制的不断健全、财政透明度的不断提高以及相关技术支持的日益成熟，我国适时适地地开征拥堵税有了一定的基础与前提。国外的经验与教训值得我们学习，价格机制作为市场经济下的一种有效的调控工具，在解决交通拥挤的国际实践中得到了很好的印证。虽然存在市场失灵的可能性，拥挤收费不是万能的，但它的确提供了一个可行的方法，是交通需求管理的一个重要手段。但任何一种现象的发生都不是一种原因导致的，我们也不能仅仅通过对交通拥堵税的征收就解决大中城市的交通拥挤问题，还需要其他的配套措施，如大力发展公共交通、加强公共交通网络的建设和管理，优化公共交通路线；深入推进公务用车制度改革；从自身情况出发，设计拥挤征税的区域、价格、制度等，合理分配拥堵税收入，明确资金使用的方向和用途，增强资金使用的透明度。此外，还应建立拥挤税收的监督和审核机制，确保收入使用的合理化和合法化。

5.4 公交补贴政策实施的影响分析

5.4.1 公交补贴政策实施的可行性分析

根据前文的分析，图 5 - 2 中的 q_0 是交通流量的零界点（边际私人成本等于边际社会成本），如果我们将驾车出行群体分为两类，一类是 q_0 到社会最优通行量之间的驾车者，另一类是最优通行量之后的驾车出行者，记这部分群体为 S_1。政府除了征收拥堵税缓解拥堵问题外，还可以采取对自觉选择公交出行的人以财政补贴，从而鼓励民众选择公共交通出行。本节通过构建模型，分析补贴政策对缓解交通拥堵的作用。

（1）构建出行者之间的合作博弈模型

如果群体 S_0 继续选择驾车，群体 S_1 可以选择公交出行，并得到补贴，那么交通流量就会达到社会最优。然而，两个群体中各自的成员其目的就是使自身的利益最大化，互相之间存在博弈，则须证明彼此合作策略是一个纳什均衡。

构建一个合作博弈模型：

$$CG(N,V) = \{m_1,\cdots m_n;b_1,\cdots b_m;V_1,\cdots V_n\}$$

其中，$CG(N, V)$ 表示合作博弈模型，N 表示所有局中人的集合，m_i 为第 i 个局中人的策略空间，$b_1 \cdots b_m$ 是联盟所达成的协议，V_i 表示第 i 个局中人的特征函数。

令 $V(S)(S \in N)$ 表示联盟上的特征函数，当 S 中的局中人形成一个联盟时，无论局外人采取何种策略，联盟 S 相应进行策略调整，保证效用最大化。合作博弈的特征函数如下：

$$V(S) = \sum_{i \in S} \left[\sum_{j \in s} \beta_j^i + \sum_{j \in N} K_j^i - \left(\sum_{j \notin s} \delta_j^i - \sum_{j \notin s} \pi_j^i \right) \right]^①$$

$$\sum_{i \in S} \sum_{j \in s} \beta_j^i \quad \sum_{i \in S} \sum_{j \in N} K_j^i \quad - \sum_{i \in S} \sum_{j \notin s} \delta_j^i \quad \sum_{i \in S} \sum_{j \notin s} \pi_j^i$$

分别代表未结成联盟 N 之前，联盟 S 的保留效用之和，代表联盟 S 中的成员能够从形成联盟 N 时中获利总和，代表在联盟 N 内而在联盟 S 外的成员，对联盟 S 造成的损失，代表联盟 S 中的成员若与联盟 S 外，N 内的成员合作时给联盟 S 带来的收益。

另外，在合作博弈中，一个成员考虑加入一个联盟，既要注重集体理性，又要注重个体理性，只有当加入联盟后由集体理性带来的效用加上个体理性带来的效用大于不参加联盟时自己单独行动的效用，该合作才有可能建立。上式 $\sum_{j \in s} \beta_j^i + \sum_{j \in N} K_j^i - \left(\sum_{j \notin s} \delta_j^i - \sum_{j \notin s} \pi_j^i \right)$ 反应了个体加入联盟时获得的集体理性效用，接下来考虑个体理性：设某成员 i 初始的保留效用为 R_0^i，在加入联盟 S，以至于再加入更大的联盟 N 后，依据目标最大化的利益指导，如果 i 与 j 合作时，收益提高 π_j^i，但 j 却在合作中损失了收益 δ_i^j。同理，成员 j 与 i 合作时收益提高 π_i^j，但 i 却在合作中损失了收益 δ_i^j，那么 i 与 j 合作带来的收益净增量为，$[(\pi_j^i - \delta_j^i) + (\pi_i^j - \delta_i^j)]$ 当且仅当各自大于等于零同时成立时，成员 i 与 j 才会选择合作。

依据前面所述，在临界点以后且到社会最优交通量之前的这部分群体，组成联盟 S_0，他们不用缴税可继续驾车行驶，社会最优量与私人最优量这部分之间的群体组成联盟 S_1，他们改乘公交，并得到一定补贴。S_0 和 S_1 共同合作组成联盟 N。

---

① 本书构造合作博弈的特征函数的思想参考了许正中，赵新国. 财政工程理论与绩效预算创新[M]. 北京：中国财政经济出版社,2014:280 - 282 中分析如何促进税收结构优化时所构造的模型,并以此做了一定的改变。

则当 $i \in S_1$ 时，参与合作得到的收益为，

$$\Phi i(N,V) = R_0^i + \sum_{j \in s} \beta_j^i + \sum_{j \in N} K_j^i - (\sum_{j \notin S} \delta_j^i - \sum_{j \notin S} \pi_j^i) + \frac{1}{2} \sum_{j \neq i} [(\pi_j^i - \delta_j^i) + (\pi_i^j - \delta_i^j)]$$

$$\Phi i(N,V) = R_0^i + \sum_{j=1}^{n} \beta_j^i + \sum_{j=1}^{n} K_j^i + \frac{3}{2} \sum_{j=1}^{n} [(\pi_j^i - \delta_j^i)] + \frac{1}{2} [(\pi_i^j - \delta_i^j)] > R_0^i$$

不等式左边为属于 S_1 群体中的每个成员参与总合作的收益，右边为不参与合作时的收益，所以，各成员加入联盟组成合作关系比单独行动获得的收益要大。同理，可以证明当 $i \in S_0$ 时，依然是参与合作收益更多。根据纳什均衡的存在性定理，可说明在此博弈中，存在一个均衡，只要一个群体里的成员不改变策略，另一个群体里的成员是不会改变策略的。

（2）政府和出行者的博弈选择

以群体 S_1 为分析对象，并引入政府，政府与 S_1 中的消费者也存在着一种博弈，即二者的支付如何时，政府才会选择补贴策略，且群体 S_1 中的成员选择接受补贴，放弃驾车。考虑到是政府先进行政策制定，消费者后对其作出反应，政府为先行动者，消费者为后行动者，二者之间是序贯博弈。设消费者在不拥堵的情况下驾车出行效用为 a，在拥堵情况下，驾车出行效用为 $a*$（$a* < a$），乘公交出行的效用为 b，政府征收拥堵税为 T，征税过程发生的成本为 c，政府给自觉选择公交出行者的补贴为 e，选择公交出行给政府带来的收益为 r，驾驶私家车出行给政府带来损失为 g。总共存在四种情况：第一，政府征税，消费者公车出行（此时，实际上消费者不需要支付税收），政府得到支付 r，消费者得到支付 b。第二，政府征税，消费者驾车出行（此时，消费者认为道路拥挤状况能得到改善），政府得到支付 $T - c - g$，消费者得到 $a - T$。第三，政府不征税，消费者乘公交出行（此时，消费者得到一定补贴），政府收益为 $r - e$，消费者得到 $b + e$。第四，政府不征税，消费者驾车出行（此时，消费者认为道路是拥堵的），政府收益为 $-g$，消费者收益为 $a*$，决策树如图 5 - 4 所示。

若使政府不征税，消费者选择公交出行，并得到一定补贴，为最优策略，首先支付需满足的条件有①$b + e > a*$，②当 $b > a - T$ 时，则政府征税下，消费者会选择公车出行，对比政府两种情况下的支付，$r < r - e$，所以，最后策略会变为征税、公车出行，而这种情况已在前文分析过，整体福利是下降的，所以舍去；③当 $b < a - T$ 时，有且仅有满足 $T - c - g < r - e$ 的情况下，最优策略为

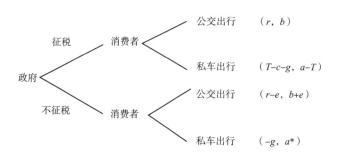

图 5 – 4 政府与出行者的博弈

不征税、公车出行。

令 $g = r$，即驾驶私家车出行给政府带来的损失与乘公交出行给政府带来的收益相等，$T - c - g < r - e \Rightarrow T - c < 2r - e$，根据前文分析可知，政府给予自觉选择公交出行者的补贴仅为 $|\Delta T|$ 即可，是小于政府征收的税的，所以，$e < T \Rightarrow 2r - e > 2r - T$，只要满足 $2r - T > T - c \Rightarrow 2r > 2T - c$ 即可，换言之，由于交通拥堵税不可能过大，否则会给消费者带来过多的负担，而目前，征收成本可能又过高，所以，该条件是可以成立的。在此情况下，所有群体 S_1 中的成员都会自觉选择公交出行，不改变策略，那么 S_0 中的成员也不会改变，交通流量可以控制到最优。

5.4.2 补贴模式案例分析：以公交票价改革为例

（1）公交票价改革的效果及影响

推行公交票价改革或是对办理公交卡乘坐公共汽车的乘客给予一定比例的现金返还，都是公交补贴政策的一种手段。以北京为例，其在 2007 年 1 月实行了公交改革，即实行低票价政策。改革调价政策的初衷是缓解北京地区交通的拥堵状况，并且，此政策一出台就受到广大居民的青睐。虽然补贴政策有了立竿见影的效果，但很快就出现了不良反应：市民饱尝乘车拥挤、道路堵塞之苦。究其原因，发现低票价的背后缺乏相应的配套措施。根据北京市公共交通控股（集团）有限公司的相关数据显示：低票价政策使每天乘坐公交出行的人数增加 8% 左右，但公交车的数量却没有同比例增加；并且，此政策并未吸引原本就选择驾车出行的人群，反而使原先可以享受空调车的人群因过度拥挤带来效用骤减，增加了购买私家车的需求。与此同时，若是道路缺乏公交专用车道，公交线路规划不合理等自然使得交票价改革政策在缓解交通压力方面效果是适得其反。这一案例显示，补贴政策并没有按照理论模型所分析的结果一样，让各群体消费者达成合作博弈。

（2）公交票价改革失败的原因分析

廉价公交票制改革之所以失败，原因就在于该方案并没有真正迎合驾车出行者的需求，私家车出行群体对于公交车的需求，不是简单的金钱支出，他们的需求里包含了舒适、便捷、省时、彰显身份等。而对于原本就选择公交出行的群体来说，公交就是一种生活必需品，其价格的变化并不会对需求量造成过多的影响。当公共交通补贴真正满足了驾车出行者的需求，即多样化的轨道交通补贴给予了驾车出行者多种替代选择方式时，分流的效果才能显现。

很显然，这种补贴模式是不可持续的，随着路网规模的扩大，单一低票价也逐渐暴露出很多问题。首要问题就是公交公司收入下降，以票价改革后的2007 年一季度为例，北京公共交通控股（集团）有限公司向地税局上缴税款1096 万元，比 2006 年四季度下降了 52%。同时，政府为这项公共福利所承受的财政补贴负担也日益加重，据统计，2007—2013 年政府累计补贴 958.6 亿元，年均增长 19%，北京市对公共交通的补贴甚至超过了医疗补贴，超过了财政收入的平均涨幅。[①] 在公交补贴的巨大压力下，财政对其他基础设施和行业的扶持力度被潜在地削弱。再从公交公司的角度看，虽然其具有公益性质，应由政府进行宏观引导，但作为公司，应该按照市场经济的规律对价格作出合理的制定，实现供给与需求的平衡。而公交公司如果在亏损的情况下依靠政府大量的财政补贴来维持运营，不仅违背了市场规律，还会使公交企业丧失发展与竞争的活力。在有限的财政收入条件下，过度地实行公共交通的高福利，必然导致在不能有效控制客运量的情况下，财政入不敷出的尴尬局面。

针对老年人的乘车优惠中也存在一定问题，根据诸多地区或国家的实际情况来看（如中国香港、日本），它们都对老年乘客实行优惠票价，虽然在早晚高峰期间，也有老年人乘地铁、巴士出行，但人数比例并不高，加上地铁巴士的班次较为密集、交通工具上设有关爱座位，老年人的出行并不会对"上班族"造成困扰。当对所有满足一定年龄条件的老年人给予免费乘公交的福利时，反而会因出行状况不同产生不均衡问题。

（3）补贴政策的调整

过去同样是对老年人实行免费乘车政策的法国，目前在逐步取消这一优惠。

---

① 资料来源：前瞻产业研究院发布的《2015—2020 年中国城市公共汽车客运行业管理模式与发展战略规划分析报告》。

主要原因就在于成本过高,给政府财政带来很大压力。根据巴黎政府的数据,老年人公交免费政策惠及 13 万多人,而政府每个月要为此花费 550 多万欧元印刷月票,造成财政资源的无端浪费。在取消免费政策之后,政府改用充值 IC 卡代替原先的月票,在方便管理的同时,政府可将每月节省的 450 多万欧元投入老年人廉租房工程。上海市政府 2016 年 4 月发布《上海市关于建立老年综合津贴制度的通知》,说明上海市将不再对 70 周岁以上户籍老年人实行公共交通免费政策,取而代之的是对拥有上海市户籍且年满 65 周岁的老年人,按照年龄段分为五档,执行老年综合津贴,依据档位每人每月可享受 75—600 元不等的补贴。① 这种改革措施既给了老年人更多的福利自主支配权,体现了对老年人权益的最大尊重,实现福利均等化,同时,也有利于完善老年人公交优惠的实现方式,在保障老年人权益的同时,也实现了公交资源的合理分配。这一理念在全国都具有很好的推广价值。北京市则是在 2014 年年底重新推出公共交通票制改革,全面实行计程票制,多乘坐多付费,使票制更公平、更合理。新方案规定:地铁起步 3 元乘坐 6 公里,不含机场线;公交起步 2 元坐 10 公里。每个自然月内,乘客乘车使用市政交通一卡通支出累计超过 100 元的,超出部分给予 8 折优惠;累计超过 150 元的,超出部分给予 5 折优惠。以上举措可以调节客流,避免了地铁和地面公交的不良竞争。

5.4.3 征税模式与补贴模式对比

对比征税模式和补贴模式来缓解交通拥堵问题,我们发现拥堵税的开征有一定的可行性与必要性,也有值得借鉴的案例经验。从不同的群体看,其福利水平的变化会在拥堵税征收后,发生不同程度的变化。由于这项政策会改变出行者的预算约束,使消费者的最优选择行为发生变化,将以客观值表示的税收和以主观值表示的效用进行等价变化比较后,发现从社会所有"经济人"的角度来看,该项税收实质是降低了社会整体福利水平。而根据党的十八届四中全会确立的"依法治国"方略,税收法定主义原则势必要求"交通拥堵税"立法,只有排除拥堵税的征收范围、税源、税基确定中的争议,明确核定方法,才能按照立法程序确定并加以实施。

再通过对补贴方案的分析得出,从理论上看,在利益最大化的目标下,存

① 上海 70 岁以上老人不再享免费乘车,改为综合津贴形式发放 [EB/OL]. (2016-06-21). http://www.cnr.cn/.

在合作博弈，使各消费者之间没有违背合作的动机，一部分群体自觉选择接受补贴，放弃驾车出行，而且只要公交出行给政府带来的效用足够大于政府实施税收政策的净收益时，这种选择必将是最优的。但由于在实践中，每个人的出行需求及选择都是多样化的，不能单一地作绝对划分，因此，就存在补贴政策适得其反的情况。因此，我们认为，政府可改变对原先所有驾车出行者统一征税这种一刀切的做法，先对自觉选择公交出行的消费者以补贴政策，然后，对继续驾车出行者征税时，一方面避免了对原先所有驾车出行者都征税造成的社会福利下降，另一方面又降低了政府的支出压力，使增加的财政资金支出来源得以解决。

此外，鉴于短期内完成拥堵税立法审批的难度较大，而直接给予乘坐公共交通出行者以现金补贴又不切合实际，因此，可考虑一方面提高燃油附加税，提高市区内停车场的费用，使得开车的成本要大幅增加，另一方面推行数字公交卡，将公交卡实行实名制，涵盖办理人的相关信息。其中，对于已购买过汽车，但在每个自然月内，选择乘坐公交出行的次数以及所花费的费用超过一定范围的，可以对其购买的汽车时所缴纳的车船税、车辆购置费进行一定比例的返还，并给予车主一部分汽车折旧补偿，以此来弥补拥有汽车者乘坐公交所带来的损失。并且，在补贴措施中，也可按不同人群设置差别补贴方式，如对于上班族而言，可以设计固定线路的优惠卡，包括周卡、月卡、季卡等，降低通勤人员的负担水平。对于学生而言，可与其校园卡绑定，给予学生特有的优惠力度；对于老人的优惠，需要考虑高峰时段和平峰时段，应给这部分群体办理相应的老年卡，在高峰点出行须收取适当的费用，而其余时间出行可实行免费政策，引导在时间上弹性最大的这部分老年群体合理安排出行时间，减轻客流量的压力。

5.5 缓解交通拥堵的其他措施

5.5.1 鼓励自行车、电动汽车等代步工具的使用

一方面，自行车、电动汽车的使用可以提高出行效率，另一方面，有利于大气环境的保护；在兼顾满足消费者对于快捷、舒适的目标追求的同时，也能极大程度地实现环保效益。从这个角度来看，自行车、电动车无疑是很好的出

行工具选择。在自行车方面，近两年，共享单车的普及，不仅成功解决了"最后一公里"出行问题，还以智能化、科技化的方式引领着绿色出行潮流，价优、方便与快捷的特点使得共享单车成为一种新的主要出行工具。此外，网约车市场的快速发展延伸着共享经济的理念，满足人们多样化需求的同时，也起到了减轻环境压力的作用。当然，它们也存在自身问题，如共享单车的随意扔放、网约车的安全与司乘之间的信任问题，这需要政府在参与市场经济平台时发挥监管与调控力度，满足公共价值利益的最大化。在电动汽车、新能源汽车方面，我国也是出台了有关优惠政策措施给予补贴，提高消费需求。事实上，德国在制订电动汽车补贴计划的同时，更是做好了配套的服务设施，在主干道沿线的加油站和停车场以及购物中心、体育场等地建造多个充电站，方便出行所需。由此，我国可借鉴其中经验，除了补贴、税收减免外，从实际使用场景入手，多考虑消费者的使用需求。

5.5.2 大力发展公共交通事业

如果是为了鼓励更多驾车出行的人改乘公共交通，除了进行票价改革之外，还要适度分流高峰客流，平衡路网的功能和作用，设计种类丰富的票种，加强站台、站内的服务设施，引导乘客有序购票乘车，避免高峰时段的拥挤造成的时间延误、人员伤亡等不良后果。真正体现公共交通的安全性、便捷性、可承受性、可持续性，这样也能逐步满足驾车出行者选择改乘公交后对舒适度与快捷性方面的要求。政府应该把对公共交通的财政补贴，投入北京的路网建设，不能仅单纯地增加和修建道路，可以加大不同交通方式综合性换乘性枢纽的建设，以及地铁、轻轨、快速公交系统（Bus Rapid Transit，BRT）等的规划设计。并且，增加公交车、地铁的班次，提高公共交通的硬件质量，提高公交车的准点率，科学设置公交车的站点、地铁的站台，延长其运营时间，提高公交运行系统的电子智能服务功能等，加强公共交通网络的建设和管理，优化公共交通路线，全面发展公交事业。政府在宏观引导与调控方面，应以公共交通服务质量、乘客满意程度来作为对公交公司的考核指标，据此进行财政补贴；票价也应根据不同的线路、不同的客源进行区别定价，真正提高道路时空的资源利用效率。

5.5.3 发展区域交通一体化

随着区域经济发展的联系加强，各地政府间政策的联动性与外溢性也在逐步凸显。以北京为例，其在"限行""限购"政策下，"财力外溢"效应明显，大量北京居民购车后在周边省份特别是河北省上牌照，直接导致原本归属北京市政府的车船税费收入外流；这种财政地区外溢效应会带来北京市与其周边地区的税收竞争。为避免"以邻为壑"现象的发生，有必要加强区域一体化的财税政策协调，突破公共财政体制与机制上的分割状态及多头治理、资源错配的弊端，合理划分政府治理相关问题的事权与财权。就治理交通拥堵与环境污染问题而言，若要降低有车族的效用损失程度，以及确保整个城市通勤的便利与效率，则需要完善交通换乘体系，构建公交快速通勤网络。

第6章

我国雾霾成因的能源革命问题研究

在 2014 年 6 月 13 日召开的中央财经领导小组第六次会议上，习近平主席指出，要实现中国能源安全战略，必须推动能源消费、能源供给、能源技术和能源体制四方面的革命，确立我国能源安全的行动纲领，这标志着我国进入了能源生产和消费革命的新时代。李克强总理在国家能源委员会会议上明确提出"节约、清洁、安全"的能源战略方针和"节约优先、绿色低碳、立足国内、创新驱动"的能源发展战略。

2014 年 11 月 19 日，国务院发布《能源发展战略行动计划（2014—2020年）》，再次提出"减煤、稳油、增气"的能源结构调整思路，将此前勾勒的"能源革命"路线图具体化、明晰化。2014 年 11 月 25 日，国家发展改革委发布了《中国应对气候变化的政策与行动 2014 年度报告》，报告表明，自 2013 年以来，我国通过加快推进产业结构调整等措施取得了应对环境污染的显著成效。

《大气污染防治行动计划》《煤电节能减排升级改造行动计划（2014—2020年）》的相继发布，表明中国能源领域大气污染治理力度不断加大，出台了一系列大气污染防治配套政策措施，尤其是在煤炭领域，在降低煤炭消费比重的同时，推动煤炭清洁高效利用。

中国工程院院士杜祥琬指出，中国发展高碳特征明显，必须尽快向低碳发展，"中国现在人均二氧化碳排放已经超过了 6 吨，逼近了欧、日的水平，并且还在增长；而东部一些发达地区，已经达到了人均每年排放 10 吨的水平，超过了欧、日发展史上的峰值水平。"

目前，我国的能源结构仍然以煤炭为主。世界能源结构的发展经历了从固体到液体到气体的演变。煤炭和石油在一次能源结构中的占比将会逐步下降，但这是一个渐进的替代过程。在当前，化石能源的高效、洁净化利用仍然具有重要的现实意义。2014 年以来，国际油价的深度调整，使我们更加深刻地认识到了国际能源问题的复杂性、严重性。中国雾霾问题的根本解决，难以绕开能源供应和能源消费的革命问题。我们要改变"以粗放的供给满足增长过快的需求"，转变为"以科学的供给满足合理的需求"的供需模式，占据未来能源科技战略制高点。

6.1　基于"弃风弃光"问题治理的分析

6.1.1　背景简析

中国高污染、高能耗、粗放式的经济增长模式带来了经济的快速发展，但也带来了难以估量的环境成本。碳排放、雾霾问题已经成为影响国民经济福利的一大因素。就国内情况而言，根据中华人民共和国环境保护部发布的《2015 中国环境状况公报》显示，2015 年，全国 338 个地级以上城市中，有 73 个城市环境空气质量达标①，占 21.6%；265 个城市环境空气质量超标，占到 78.4%。338 个城市中达标天数比例平均为 76.7%，超标天数中以细颗粒物（PM2.5）为首要污染物的居多。就国际情况而言，世卫组织 2016 年的城市空气质量监测数据显示，在中低收入国家中，98% 的人口超过 10 万人的城市不符合世卫组织空气质量标准。在高收入国家中，这一比例为 56%。就碳排放而言，根据经济合作与发展组织（OECD）数据显示，2014 年，全球碳排放量为 324 亿吨，美国碳排放量在全球碳排放份额中的比例为 24%，欧盟 28 个国家占比 9.78%，中国占比高达 28%。2000—2014 年，中国碳排放总量由 30.9 亿吨跃升到 90.9 亿吨，成为世界第一大碳排放量国家。而 2014 年美国作为世界第一大经济体（GDP 达到了 17 万亿美元），其碳排放量为 52 亿吨，创造一万美元经济的碳排放量为 3.06 亿吨，而 2014 年中国该数值为 9.09 亿吨。中国的高经济增长率是伴随着高能耗、高污染的。就 PM2.5 而言，根据 OECD 数据显示，1998 年到 2015 年，中国单位空气 PM2.5 含量居高不下，略有上升趋势，远高于世界其他主要经济体。

综合以上我国空气质量监测以及国际经济体污染物数据比较，我们发现，

---

① 空气质量达标：参与评价的污染物浓度均达标，即为空气质量达标。

当前我国的环境质量状况不容乐观。毋庸置疑的是，燃煤排放是造成目前超高碳排放、雾霾污染的一大元凶，尤以发电行业为主。国家统计局数据显示，2015 年，发电中间消费煤 179318 万吨，占到全年煤消费总量（397041 万吨）的 45.16%。根据测算，2014 年，中国燃煤发电的碳排放量达到了 35 亿吨，占到全国碳排放量的比值超过 1/3。[1] 目前我国在处在"中等收入陷阱"的关键阶段[2]，要从中等收入国家真正迈入高等收入国家的行列，生态文明建设是不能忽视的一个问题。国家"十三五"规划倡导"创新、协调、绿色、开放、共享"的发展理念，明确指出必须坚持绿色可持续发展，构建美丽中国。党的十九大报告指出，绿水青山就是金山银山。我国未来的经济发展再不能以破坏环境为代价。为此，党的十九大报告强调，我国中国特色社会主义建设进入了新时代，要从"高速增长"转向"高质量发展"。这就为我国"弃风弃光"等新能源利用问题的根本解决奠定了良好的政策框架。

本章从"弃风弃光"问题出发，从财政补贴和供需角度分析其产生的原因。从财政补贴角度来看，一是我国一系列财政补贴政策的支持推动了可再生能源产业的快速发展，二是对传统煤电的环保补贴增强了其成本优势，削弱了可再生能源电力的竞争力。从供需角度来看，供给侧在世界能源转型的大环境下，推广使用可再生能源已成为各国共识，其具有长久的社会效益；从需求侧的角度来看，一是"三北"地区电力消纳能力弱，二是东部地区对可再生能源的需求不足，这在于输配电网建设滞后以及东部偏好煤电等因素。进而本章就"弃风弃光"问题的解决提出相关建议。

6.1.2 "弃风弃光"研究目的及意义

（1）优化能源消费方面

"弃风弃光"造成了风电、光伏发电等可再生能源的极大浪费，这与我国促进能源供给侧结构性改革的目标也是相悖的。现阶段，需要切实解决"弃风弃光"问题，优化能源生产消费结构。2012 年 7 月 20 日，国务院印发的《"十二

---

① CO_2 排放量 = 发电燃煤量×折标准煤系数×燃煤系数。其中，发电燃煤量根据国家统计局数据可得；煤炭的折标准煤系数根据《综合能耗计算通则》（GB/T2589—2008）可得为 0.7143kg ce/kg；煤炭排放系数根据国家发展改革委网站《节能低碳技术推广管理暂行办法》（发改环资〔2014〕19 号）文件可得：2.64tCO$_2$/tce。

② 2016 年，我国人均 GDP8866 美元；2020 年有望达到 1.2 万美元。如果超过 1.5 万美元，我国有望进入发达国家行列，避免中等收入陷阱。

五"国家战略性新兴产业发展规划》（国发〔2012〕28 号）指出，要加快发展技术成熟、市场竞争力强的核电、风电、太阳能光伏和热利用、页岩气、生物质发电、地热和地温能、沼气等可再生能源。[①] 2014 年 11 月 19 日，国务院发布的《能源发展战略行动计划（2014—2020 年)》（国办发〔2014〕31 号）明确到 2020 年，非化石能源占一次能源消费比重达到 15%，其中，风电装机达到 2 亿千瓦，风电与煤电上网电价相当，光伏装机达到 1 亿千瓦，提高可再生能源利用水平，切实解决弃风、弃光问题。[②] 2017 年 3 月 28 日，国务院发布的《政府工作报告》（国发〔2017〕22 号）强调扎实有效去产能，淘汰、停建、缓建煤电产能，优化能源结构，为清洁能源发展腾空间。[③]

（2）生态环境保护方面

我国环境问题日益突出，尤其是近年来多地都爆发了 PM2.5 问题，这与我国以燃煤为主的能源消费结构密切相关。生态环境保护问题刻不容缓，以生态环境为代价发展工业经济无异于饮鸩止渴，优化能源生产结构、促进电力体制改革才是解决环境污染问题、保障国家可持续发展的正确道路。2016 年 11 月 4 日生效的《巴黎协定》提出了"把全球平均气温控制在工业化前水平以上的 2℃之内，并努力将气温升幅限制在工业化水平以上 1.5℃之内"的目标。

（3）财政补贴政策方面

国家通过可再生能源电价附加费的方式给予风能、光伏发电企业补贴，造成了国家沉重的财政负担，单纯以财政补贴的方式支持可再生能源的发展是不可持续的。德国作为世界上通过补贴手段发展可再生能源最为成功的几个国家之一，也承担着较沉重的财政压力。根据德国联邦能源和水资源协会（BDEW）电力数据显示，2016 年德国居民消费者平均承担 15.52 欧分/千瓦时的转型成本，而企业消费者承担 8.55 欧分/千瓦时的转型成本。为有效应对这一状况，在 2017 年的《可再生能源法案》EEG2017 修改案中，也明确将来要逐步通过公开招标等市场化手段取代财政补贴电价，以实现可再生能源电

---

① 中华人民共和国中央人民政府. 国务院关于印发"十二五"国家战略性新兴产业发展规划的通知［N］. http：//www.gov.cn/zhengce/content/2012 - 07/20/content_3623. htm.

② 中华人民共和国中央人民政府. 国务院办公厅关于印发能源发展战略行动计划（2014—2020 年）的通知［N］. http：//www.gov.cn/zhengce/content/2014 - 11/19/content_9222. htm.

③ 中华人民共和国中央人民政府. 国务院关于落实《政府工作报告》重点工作部门分工的意见［N］. http：//www.gov.cn/zhengce/content/2017 - 03/28/content_5181530. htm.

力的长久友好发展。综合我国国情和德国转型经验，我们发现市场化运作才是可再生能源电力未来的发展方向，而绿色交易证书制度、碳税等绿色财税政策便是可行之路。

6.1.3 "弃风弃光"现状分析

风电、光伏发电有助于改善我国能源结构和大气质量，但可再生能源发展过程中也出现了产能过剩的问题，尤其是在可再生能源丰富的"三北"地区，部分发电机组停止运行，并网发电严重滞后于发电装机增长，发电设备利用效率低下，"弃风弃光"问题比较突出。[①] "弃风弃光"问题是我国风电、光伏发电等可再生能源发展过程中不可忽视的问题。目前，我国"弃风弃光"问题严峻，大面积风电、光伏发电设备被闲置，可再生能源电力被浪费的"弃风弃光"现象无疑是国家环保事业成绩单上的减分项。风能、太阳能的使用提供了清洁空气等公共产品，但是，弃风弃光问题的存在污染了空气，导致公共资源被浪费，形成了"公地悲剧"。清洁空气等公共资源是人们赖以生存的基本物质，但也由于其非排他性，导致了市场个体对清洁空气资源的过度消耗，出现了各种空气污染问题，最终损害了全体公民的福利。

就具体"弃风弃光"问题而言，2010 年到 2016 年，全国弃风率呈现先下降后上升的趋势。2016 年全年弃风电量更是高达 497 亿千瓦时，全国平均弃风率达到 17%，超过三峡全年发电量的一半[②]，其中，"三北"地区弃风现象尤其严峻，吉林、新疆、甘肃等地弃风率分别高达 30%、38%、43%。2016 年"三北"地区弃光电量 71 亿千瓦时，平均弃光率为 22%，新疆、甘肃弃光率更是高达 31%、32%。《2017 年风电并网运行情况》显示，2017 年 1—3 月，全国风电上网电量 687 亿千瓦时，同比增长 26%；风电弃风限电情况明显好转，风电弃风电量 135 亿千瓦时，比 2016 年同期减少 57 亿千瓦时。2017 年第一季度光伏发电建设运行信息显示，一季度光伏发电量 214 亿千瓦时，同比增加 80%。全国弃光限电约 23 亿千瓦时，其中，宁夏、甘肃弃光率下降，分别为 10%、19%，比 2016 年同期分别下降约 10 个和 20 个百分点；青海、陕西、内蒙古三省（区）的弃光率有所增加，分别为 9%、11%、8%；新疆（含兵团）弃光率

---

① 国家能源局. 可再生能源富集地区弃风弃光限电问题日益突出——我国能源消费转型迫在眉睫 [N]. http://www.nea.gov.cn/2015-09/07/c_134596543.htm.

② 国家能源局. 2016 年风电并网运行情况 [N]. http://www.nea.gov.cn/2017-01/26/c_136014615.htm.

仍高达 39%（详见表 6 - 1、图 6 - 1）。

表 6 - 1　　　　　　　　2016 年主要省（区）"弃风弃光"情况　　　　　电量单位：亿千瓦时

	风电			光伏发电		
	发电量	弃风电量	弃风率（%）	发电量	弃光电量	弃光率（%）
甘肃	136	104	43	59	26	31
新疆	220	137	38	66	31	32
吉林	67	29	30	—	—	—
内蒙古	464	124	21	—	—	—
黑龙江	88	20	19	—	—	—
宁夏	129	19	13	52	4	7
陕西	28	2	7	20	2	9
青海	10	—	—	59	8	12
合计	1104	433	28	256	71	22

资料来源：国家能源局。

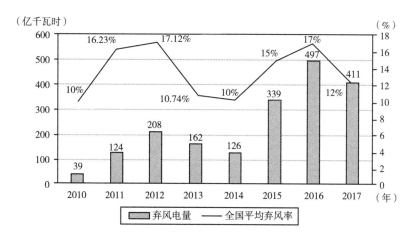

图 6 - 1　我国弃风情况（2010—2017 年）

资料来源：国家能源局。

　　环境污染问题具有较强的外部性，严重损害了社会公众利益，侵犯了普通公民的合法权益。对此，2015 年 12 月 16 日最高人民检察院第十二届检察委员会第四十五次会议通过了《全国人民代表大会常务委员会关于授权最高人民检察院在部分地区开展公益诉讼试点工作的决定》和《检察机关提起公益诉讼试点方案》，北京、江苏、山东等地率先展开试点工作，以环境公益诉讼①保护碧水蓝天，取得了显著成效，多家污染企业被关停。② 而依据全国人大常委会作出的修改民事诉讼法、行政诉讼法的决定，从 2017 年 7 月 1 日起，我国全面实施检察机关提起公益诉讼制度，以整治污染环境的行为。③ 检察院提起法律公益诉讼是一种有效解决污染负外部性的手段，同时，也是全面依法治国方略的重要体现。

可再生能源的发展与我国绿色生产方式和生活方式的形成密切相关，得到了中央及民间组织等从上到下的一致关注。2017 年 1 月 19 日，国家电网召开发布会，再次明确通过多种措施解决"弃风弃光"问题，并首次确定 2020 年将"弃风弃光率"控制在 5% 以内。推动形成绿色发展方式和生活方式是贯彻新发展理念的必然要求，这与目前我国推进能源革命的政策目标也是相一致的。2016 年 8 月 15 日，中国生物多样性保护与绿色发展基金会（下称"绿发会"）就国网电力公司严重的"弃风弃光"行为致函国家电网。绿发会根据多家机构反映，认为部分地方电网公司未真正落实"可再生能源发电全额保障性收购制度"④，加剧了"弃风弃光"问题，从而制约了当地风电、光伏发电产业的发展，增加了燃煤发电排放量，加剧了环境污染问题。如表 6 - 2 所示，2016 年，风电重点地区（"三北"地区⑤）全年保障性收购时长总计 26150 小时，实际收购 22405 小时，实际与规定偏差 3715 小时，偏差率达到了 14.31%；光伏发电重点地区全年保障性收购时长总计 21100 小时，实际收购 18759 小时，实际与规定偏差 2341 小时，偏差率达到了 11.09%。尤其以甘肃、新疆地区保障性收购落实情况最差：甘肃风电收购偏差 1376 小时，偏差率高达 38.22%，光伏发电收购偏差 864 小时，偏差率高达 29.79%；新疆风电收购偏差 768 小时，偏差率

---

① 公益诉讼保护社会公共利益［N/OL］. http：//news. hexun. com/2015 - 06 - 11/176652084. html。公益诉讼是指公民、社会组织和国家机关为维护国家利益和社会公共利益而提起的诉讼。而检察院提起公益诉讼的特殊性在于检察院既是原告，又是国家的检查机关。

② 人民网. 北京检察机关试点公益诉讼保护蓝天碧水 66 家污染企业被关停［N/OL］. http：//bj. people. com. cn/n2/2017/0919/c82840 - 30749251. html.

③ 中华人民共和国最高人民检察院. 人民检察院提起公益诉讼试点工作实施办法（全文）［N/OL］. http：//www. spp. gov. cn/zdgz/201601/t20160107_110537. shtml.

④ 根据《可再生能源发电全额保障性收购管理办法》（发改能源〔2016〕625 号）第三条规定：可再生能源并网发电项目年发电量分为保障性收购电量部分和市场交易电量部分。其中，保障性收购电量部分通过优先安排年度发电计划、与电网公司签定优先发电合同保障全额按标杆上网电价收购。

⑤ "三北"地区指的是我国的东北、华北和西北地区，具体包括：东北地区的黑龙江、吉林、辽宁；华北地区的北京、天津、河北、山西、内蒙古；西北地区的陕西、甘肃、青海、宁夏回族自治区、新疆维吾尔族自治区。

高达 20.76%，光伏发电收购偏差 1041 小时，偏差率高达 36.53%。因此，以环保公益组织的身份致函国家电网，希望得到其重视并解决该问题，否则将借助环境公益诉讼这种法律途径解决"弃风弃光"问题，这一举措可以实现生态文明建设的发展目标以及能源生产、输送和消费的供给侧结构性改革。

表 6-2　　2016 年风电、光伏发电重点地区最低保障收购年利用小时数落实情况

单位：小时

省份	风电				光伏发电			
	保障性收购时长	实际收购时长	偏差情况		保障性收购	实际	偏差情况	
			小时数	百分比			小时数	百分比
内蒙古	3900	3662	-238	-6.10%	2900	2981	81	2.79%
新疆	3700	2932	-768	-20.76%	2850	1809	-1041	-36.53%
甘肃	3600	2224	-1376	-38.22%	2900	2036	-864	-29.79%
青海	—	—	—	—	2950	2856	-94	-3.19%
宁夏	1850	1553	-297	-16.10%	1500	1269	-231	-15.40%
陕西	—	—	—	—	1300	1246	-54	-4.20%
黑龙江	3750	3355	-395	-10.53%	1300	1334	34	—
吉林	3600	2771	-829	-23.03%	1300	1146	-154	-11.80%
辽宁	1850	1928	78	—	1300	1140	-160	-12.30%
河北	2000	2054	54	—	1400	1382	-18	-1.30%
山西	1900	1926	26	—	1400	1560	160	—
合计	26150	22405	-3745	-14.32%	21100	18759	-2341	-11.09%

资料来源：《2016 年度全国可再生能源电力发展监测评价报告》。

6.1.4　"弃风弃光"成因分析

"弃风弃光"的成因，除了绿发会致函中提到的国家电网未真正落实"可再生能源发电全额保障性收购制度"，还包括其他多方面的原因。在供给侧结构性改革的大背景下，促进能源行业生产、消费的平衡，消除能源"供需错配"的现象，需要从整个能源行业的供给链入手分析。财政补贴作为国家引导可再生能源发展的重要举措，在行业发展中发挥着举足轻重的作用。本节基于财政补贴以及供需的角度分析具体如下。

（1）供给侧——可再生能源电力补贴方面

中国过去依赖化石能源的粗放型经济增长模式带来了资本的快速积累，但也

带来了难以估量的环境成本。电力作为经济发展的引擎，对保证电力可持续发展的重要性不言而喻。但以燃煤为主的发电结构因其不可再生性与环境破坏性势必不可持续，20世纪末以来，以光伏、风电等为主的清洁能源得到了全世界越来越多的重视，发达国家纷纷展开能源革命，开发推广光伏、风电，其中一项重要的激励措施便是提供大量的财政支持。美国自1992年的《能源政策法案》开始，不断完善对可再生能源发电的财政支持政策，目前已形成较为完善的财政支持体系。不仅有面向企业的新能源建设投资补贴，也有面向家庭的补贴项目，在对企业的财政补贴方面，补贴方式灵活多样，包括公私合营、生产激励费以及直接投资补贴。德国的《可再生能源法》以及《上网电价法》明确了对可再生能源发电的财政补贴标准，风电、光伏等可再生能源发展取得了令人瞩目的成绩。目前，包括风电、光伏、生物质能等在内的可再生能源电力（绿色电力）满足了德国30%的电力需求，而这一比例在2000年时仅为6.3%。[①] 而2016年，中国燃煤发电量占总发电量的比重依然高达65.21%，水电光伏发电比重仅是5.13%。

在世界能源革命的浪潮下，我国也出台众多可再生能源利好政策，促进风电、光伏等可再生能源的发展，尤其以财政补贴的政策方式为主。我国对可再生能源发电的财政补贴始于20世纪90年代，1998年国务院批准的《当前国家重点鼓励发展的产业、产品和技术目录》中，把可再生能源的太阳能发电和大型风力机列入鼓励发展的产业和产品，进行项目补贴。2006年1月1日，我国《中华人民共和国可再生能源法》实施，确定了风电、光伏等可再生能源的战略发展地位，消除了人们对风电、光伏等可再生能源投资的顾虑。此后，《可再生能源发电价格和费用分摊管理试行办法》（发改价格〔2006〕7号）、《电网企业全额收购可再生能源电量监管办法》（电监会令第25号）、《关于实施金太阳示范工程的通知》、光伏领跑者计划、《可再生能源发电全额保障性收购管理办法》（发改能源〔2016〕625号）等政策的相继推出更是刺激了可再生能源领域的投资，风电、光伏发展一时"风光无限"（见表6-3）。

我国为促进风电、光伏发展，主要采取财政补贴的方式，一是电价补贴，二是投资补贴。其中，财政补贴主要表现为可再生能源电价附加。根据《中华人民共和国可再生能源法》第二十条，电网企业收购可再生能源电量所发生的费用，高于按照常规能源发电平均上网电价计算所发生的费用之间的差额，由

---

① 浅谈德国能源转型得与失 [EB/OL]. (2016-09-22) http://guangfu.bjx.com.cn/news/20160922/774870.shtml.

在全国范围对销售电量征收可再生能源电价附加补偿。投资补贴主要表现为对风电、光伏发电相关基础设施投资的补贴。

表 6 – 3　　　我国可再生能源政策的发展历程（2006 年 1—3 月）

时间	文件	主要内容
2006.01	《可再生能源发电价格和费用分摊管理试行办法》（发改价格〔2006〕7 号）	确定了风电、太阳能发电的上网电价、电价附加费及补贴标准。明确规定对于可再生能源发电价格高于当地脱硫燃煤机组标杆上网电价的差额部分，给予补贴，补贴电价标准为每千瓦时 0.25 元。发电项目自投产之日起，15 年内享受补贴电价；运行满 15 年后，取消补贴电价
2007.07	《电网企业全额收购可再生能源电量监管办法》（电监会令第 25 号）	电网企业应当全额收购其电网覆盖范围内可再生能源并网发电项目的上网电量
2007.08	《可再生能源中长期发展规划》（发改能源〔2007〕2174 号）	到 2010 年，可再生能源消费量达到能源消费总量的 10%，到 2020 年达到 15%
2009.07	《关于实施金太阳示范工程的通知》	通过财政补贴支持不低于 500 兆瓦的光伏发电示范项目
2011.12	《关于组织实施 2012 年度太阳能光电建筑应用示范的通知》	规定对建材型等与建筑物高度紧密结合的光电一体化项目，补助标准暂定为 9 元/瓦，对与建筑一般结合的利用形式，补助标准暂定为 7.5 元/瓦
2012.03	《可再生能源电价附加补助资金管理暂行办法》	明确专为可再生能源发电项目接入电网系统而发生的工程投资和运行维护费用，按上网电量给予适当补助，补助标准为：50 公里以内每千瓦时 1 分钱，50—100 公里每千瓦时 2 分钱，100 公里及以上每千瓦时 3 分钱
2015.06	光伏领跑者计划	制定激励政策，鼓励能效"领跑者"产品的技术研发、宣传推广
2016.03	《可再生能源发电全额保障性收购管理办法》（发改能源〔2016〕625 号）	可再生能源并网发电项目年发电量分为保障性收购电量部分和市场交易电量部分。其中，电网公司应对保障性收购电量部分全额按标杆上网电价收购

资料来源：国家能源局。

在一系列财政补贴政策的支持下，中国的风电、光伏产业在 2006 年以来得到了突飞猛进的发展，如表 6 – 4、图 6 – 2、图 6 – 3 所示。2017 年，我国风电光伏累计装机容量 2.94 亿千瓦，占到发电装机总量的 16.54%，其中，风电装机容量 1.64 亿千瓦，占比 9.21%，光伏装机容量 1.30 亿千瓦，占比 7.33%，而 2008 年，风电光伏累计装机占比仅为 1.07%，可见，近 10 年来风电、光伏发电发展迅速。就风电发电而言，2009 年风电装机增速高达 100%，白 2009 年以来，其增速呈现下降趋势，但是在 2015 年，风电装机容量出现了突增，新增装机容量 3438 万千瓦。其原因可能是在 2015 年年初，国家发展改革委发布了《关于适当调整陆上风电标杆上网电价的通知》（发改价格〔2014〕3008 号），调低风电上网电价。该政策适用于 2015 年 1 月 1 日以后核准的陆上风电项目，以及 2015 年 1 月 1 日前核准但于 2016 年 1 月 1 日以后投运的陆上风电项目。该降价导致了一些风电项目抢在 2015 年底前完成装机建设。这也成为国家电网回击绿发会的一个有力证据，国家电网认为，本就消纳能力不足的地区仍然抢装风电，才是"弃风弃电"的症结所在。就光伏发电而言，其最高装机增速曾高达 250% 以上，最低增速也稳定在 50% 左右。可以说，光伏、风电的发展都得益于能源革命改革的春风，当前，世界范围内能源转型的大经济环境与国内出台的众多利好政策催生了一批批的光伏、风电项目。

表 6 - 4　　　　　我国电源装机量与发电结构（2008—2017 年）　　　容量单位：万千瓦

	火电	占比	水电	占比	核电	占比	风电	占比	光电	占比
2008 年	60286	76.03%	17260	21.77%	908	1.14%	839	1.06%	0	0.00%
2009 年	65108	74.49%	19629	22.46%	908	1.04%	1760	2.01%	3	0.00%
2010 年	70967	73.39%	21606	22.34%	1082	1.12%	2958	3.06%	86	0.09%
2011 年	76834	72.28%	23298	21.92%	1257	1.18%	4623	4.35%	293	0.28%
2012 年	81968	71.30%	24947	21.70%	1257	1.09%	6142	5.34%	650	0.57%
2013 年	87009	69.10%	28044	22.27%	1466	1.16%	7656	6.08%	1745	1.39%
2014 年	93232	67.48%	30486	22.06%	2008	1.45%	9637	6.97%	2805	2.03%
2015 年	100554	65.93%	31954	20.95%	2717	1.78%	13075	8.57%	4218	2.77%
2016 年	105388	64.04%	33211	20.18%	3364	2.04%	14864	9.03%	7742	4.70%
2017 年	110604	62.24%	34119	19.2%	3582	2.02%	16367	9.21%	13025	7.33%

资料来源：中国电力企业联合会。

理论假设：风能、光伏等可再生能源发电企业获得财政补贴支持越多，公司业绩越好。

财政补贴政策推动了光伏、风能等可再生能源发电的投资建设，财政补贴资金可以从以下几个方面对企业产生正效应。一是可以有效缓解初创期可再生能源企业的融资困境，可再生能源企业往往具有建设周期长、固定成本高、回收期长的特征，在当前"融资难、融资贵"的经济环境下，政府补贴能够给予企业强有力的资金支持。二是政府补贴能够起到引导社会资本流入可再生能源企业的作用，在一定程度上为企业信用背书，提高社会资本对可再生能源企业

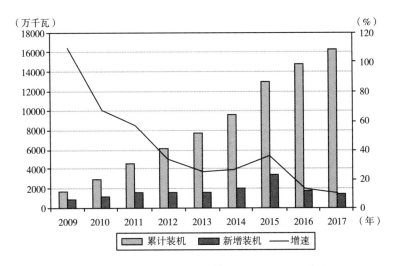

图 6 - 2　我国风电发电装机情况（2009—2017 年）

资料来源：中国电力企业联合会。

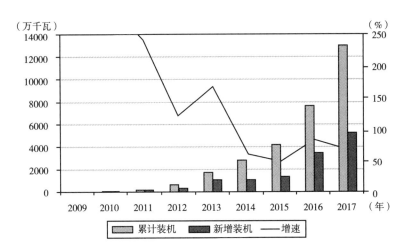

图 6 - 3　我国光伏发电装机情况（2009—2017 年）

资料来源：中国电力企业联合会。

的认可，提升企业在市场中的竞争力。三是政府补贴能够有效促进企业的科研投入，可再生能源企业属于新兴企业，对社会具有明显的正效应且科研融资需求较高。企业对可再生能源企业的科研投入可以促进企业长期发展。

政府补贴在风能、光伏等可再生能源发电企业发展中的作用毋庸置疑，但其效率问题也引起了公众的关注，即政府补贴是否有效提高了企业经营业绩是一个值得思考的问题。

本节借鉴魏志华，吴育辉[1]的实证方法，构建了如下的混合面板数据模型：

$$OPERT = \beta_0 + \beta_1 Subsidy + \sum \beta_i X + \varepsilon$$

其中，$OPERT$ 代表了企业经营业绩，本节采用资产收益率 ROA 指标来表示。$Subsidy$ 代表了企业接受的政府补贴水平，用政府补贴金额与企业营业收入的比值来表示。X 代表相关控制变量，主要包括偿债能力（资产负债率）、发展能力（营业利润增长率）、营运能力（资产周转率）。

根据同花顺对太阳能、光电板块企业的分类，基于数据可得性，本节以2007－2014 年我国55 家上市企业为对象进行实证分析，其中，所有数据均来源于国泰安数据中心。表6－5 显示了变量数据的描述性统计结果，55 家上市企业的平均补贴水平为 1.9051%，平均 ROA 值为 3.67%，其市场业绩表现并不突出。

表 6 – 5　　　　　　　　　　　变量描述性统计

	样本数	最大值	最小值	平均值	标准差
ROA	440	0.3795	− 0.7389	0.0367	0.2637
补贴水平%	440	24.4789	0.0000	1.9051	0.0674
资产负债率	440	1.5559	0.0006	0.5546	0.2244
营业利润增长率	440	16.3652	− 15.9628	0.1699	59.2312
资产周转率	440	1.8925	0.0000	0.2360	0.2022

基于混合面板数据模型，我们得到如下的回归结果（见表6－6）：

从回归结果来看，上市公司经营业绩 OPERT（ROA）与财政补贴水平在1% 水平下显著负相关。这说明，国家财政补贴并没有切实提升企业业绩，这一结果也与魏志华、唐清泉实证分析相一致。尽管上市公司得到了相当于其营业收入 1.9051% 的补贴资金，但这些补贴资金并没有发挥实际的效用。

导致风能、光伏发电企业领域财政补贴资金效率低下的原因是多方面的。一是企业并没有将财政补贴资金用于科研投入上，孙瑛[2]通过博弈论分析认为，

---

① 魏志华，吴育辉，李常青，等. 财政补贴，谁是"赢家"——基于新能源概念类上市公司的实证研究［J］. 财贸经济，2015（10）：73 – 86.

② 孙瑛，殷克东，高祥辉. 能源循环利用的制度安排与经济的和谐增长——基于政府的机制设计［J］. 生态经济（学术版），2008（2）：101 – 105.

表 6 – 6　　　　　　　　　　　模型回归结果

常数项	β_0	0. 0101 *** (7. 5102)
主要解释变量	补贴水平 subsidy	– 0. 0068 *** (– 3. 9846)
控制变量	资产负债率	– 1. 27E – 05 ** (1. 4090)
	营业利润增长率	0. 0163 *** (7. 2986)
	资产周转率	0. 0242 *** (4. 5301)

注：括号内为 t 值，*** 、** 、* 分别代表在 1%、5%、10% 的水平下显著。

企业缺乏激励机制进行科研发展，这种短视行为导致了上市企业业绩不佳。二是政府在发放财政补贴时配置效率低下，在 GDP 锦标赛制下的地方政府竞争模式下，地方政府往往会通过财政补贴等优惠政策吸引企业投资，促进本地经济的发展。这种盲目竞争在一定程度上造成了资金的错配。《国务院关于 2016 年度中央预算执行和其他财政收支的审计工作报告》显示，部分政府存在追求短期效应倾向，有 53 个县的 189 个政府支持项目因前期规划、后期监管不到位等问题，建成后被废弃，造成了国家财政资金的浪费。[①] 三是在财政刺激作用下，可再生能源发电企业蓬勃发展。然而，目前并没有足够的市场份额消化清洁电力，导致了可再生能源企业不能及时出售电力赚取利润，只能依赖财政补贴资金维持经营，缺乏市场竞争力。

（2）供给侧——传统煤电补贴方面

A. 煤电补贴政策。煤电作为传统电力，也是可再生能源电力强有力的竞争者，国家针对煤电企业的政策制定同样也与风电、光伏企业的发展息息相关。在新时期节能环保的号召下，我国于"十一五"期间在全国范围实施脱硫电价补贴政策。由表 6 – 7 可知，从 2011—2016 年的补贴对比来看，尽管对传统煤电企业的补贴有所下降，对可再生能源的补贴力度有所增加，但整体来看，国家仍对传统煤电企业给予了大量的财政支持。2016 年，对煤电企业的脱硫脱硝补

---

① 国务院关于 2016 年度中央预算执行和其他财政收支的审计工作报告 [N]. http://www. gov. cn/xinwen/2017 – 06/23/content_5204961. htm.

贴高达 1055 亿元，而同期可再生能源补贴为 647 亿元。加快社会主义生态文明建设、实现节能减排的目标是每一个社会成员都必须承担的义务，对于燃煤电力企业来说，不应该从该项义务中赚取额外的收益。

表 6 − 7 　　　　火电及可再生能源补贴估算① （2011—2016 年）

	年份	2011	2012	2013	2014	2015	2016
火电	发电量（亿千瓦）	39003	39255	42216	41731	38977	39058
	脱硫脱硝补贴（亿元）	1053	1060	1140	1127	1052	1055
可再生能源	补贴（亿元）	—	159	298	491	514	647

资料来源：根据财政部、中电联等网站相关资料数据整理而得。

风电、太阳能发电替代传统煤电减排效果明显，在目前我国的能源成本价格构成中，能源价格未完全反映环境成本，煤电企业成本优势明显。尤其是国家对安装脱硫、脱硝、除尘装置的企业进行补贴，一方面造成了沉重的财政压力，另一方面也是变相激励煤电发展的非市场化行为。与风电、光伏等高投资性可再生能源相比，燃煤发电具有压倒性的成本优势。但不可忽视的是，较低的煤电成本也带来了大量难以量化的环境成本，燃煤发电排放了大量的 SO_2、氮化物、CO_2 以及烟尘，是目前雾霾污染的重要元凶。传统燃煤电力的电价计价方法忽略了环境成本，一方面没有体现环境外部性，另一方面也在一定程度上保护了现存煤电企业等既得利益集团，限制了风电、光伏等清洁能源电力的并网发展，导致了对风电、光伏等清洁能源电力的需求不足，在一定程度上加剧了"弃风弃光"问题。

B. 煤电环境成本测算。关于煤电的环境成本测算，国内外都有不同的研究报告。比如，国际环保组织"绿色和平"发布的《中国风电光伏发电的协同效益》报告在考虑了煤炭生产运输环节的外部成本后，认为中国燃煤发电的环境外部成本约为 0.159 元/千瓦时。能源基金会与环境保护部联合发布的《煤炭环境外部成本核算及内部化方案研究》报告选取 2010 年的数据，认为燃煤发电的环境外部成本约为 0.06 元/千瓦时。吕涛等人在《考虑环境成本的燃煤发电与光伏发电成本比较研究》一文中测算出燃煤环境成本（主要是 SO_2、氮化物、CO_2 以及烟尘的环境污染成本）大致是 0.6 元/千瓦时。② 李素

---

① 这里的火电补贴粗估为全部火电的脱硫脱硝补贴。可再生能源补贴为《中央政府性基收入决算表》中的可再生能源附加费。

② 该燃煤环境成本测算值显著高于其他论文报告中的数值，可能是因为作者使用了国际碳交易机制下的碳交易价格，该价格显著高于我国碳交易平台下的碳交易价格。

珍、王运民在《燃煤电厂运行中环境成本分析与计算》中通过定量计算模型，估测出燃煤环境成本为 0.0354 元/千瓦时。[①] 这里我们简化提出，"弃风弃光"成本包括两部分，一部分是燃煤发电替代风电、光伏发电带来的额外环境成本，另一部分是被弃的风电光伏发电损失。

燃煤发电的成本主要包括两部分，一部分是发电企业本着节能减排目的而投入的各种环保设备的运行维护费用，另一部分是燃煤发电排放的各种污染物（SO_2、氮化物、CO_2 以及烟尘）造成的外部环境成本。计量第一部分成本，查阅现有资料数据，根据环保部门发布的《环境统计年报》，我们认为该成本主要是工业废气治理设施运行费用和老工业源污染治理投资。

计量第二部分成本，首先需要确定 SO_2、氮化物、烟尘以及 CO_2 的排放量。对于 SO_2、氮化物以及烟尘的环境污染成本，根据《排污费征收标准管理办法》相关规定，废气排污费按照污染物的种类、数量以污染当量（某污染物的污染当量数 = 该污染物的排放量（千克）/该污染物的污染当量值（千克））计算征收，每一污染当量征收标准为 0.6 元，其中，SO_2、氮化物以及烟尘的污染当量值分别为 0.95 千克，0.95 千克，2.18 千克。《环境统计年报》只有电力、热力生产和供应业三部门的合计废气排放量，我们根据国家统计局发布的分行业煤炭消费数据，估算电力燃煤消耗大概占三部门的 90%，据此比例计算燃煤电力废气排放量。

对于燃煤企业 CO_2 排放量，其计算公式为：CO_2 排放量 = 发电燃煤量 × 折标准煤系数 × 燃煤系数。其中，发电燃煤量数据由中电联发布的《全国电力工业统计快报》得到。根据《综合能耗计算通则》（GB/T 2589—2008），煤炭的折标准煤系数为 0.7143kg ce/kg。根据国家发展改革委网站《节能低碳技术推广管理暂行办法》（发改环资〔2014〕19 号）文件的规定，煤炭排放系数是：$2.64tCO_2/tce$。从而测量得到 2011—2015 年的 CO_2 排放量，如表 6-8 所示。

对于 CO_2 的环境成本，我国居民环保支付意愿较低，深圳碳排放交易平台交易信息显示，碳交易价格约为 40 元/吨，而对于碳交易较发达的欧洲地区，2012年，其碳交易价格就已经达到了 70.89 欧元/吨（根据欧洲碳排放交易体系 EU-ETS 资料显示：2012 年欧盟有 79 亿吨的配额碳交易，价值 5600 亿欧元，以此计算其碳交易价格大概是 70.89 欧元/吨）。考虑到不同经济发展阶段和居民环

[①]　李素真，王运民. 燃煤电厂运行中环境成本分析与计算 [J]. 环境科学与技术，2009，32（9）：131.

表 6 - 8   我国历年燃煤发电碳排放量（2011—2016 年）

年份	发电燃煤量（万吨）	标准煤（万吨）	CO_2 排放量（万吨）
2011	175579	125416	331098
2012	183531	131096	346094
2013	195177	139415	368056
2014	184525	131806	347969
2015	179318	128087	338149
2016	184336	131671	347612

资料来源：根据相关资料数据整理而得。

保支出承受能力，这里我们采用深圳碳排放交易平台的碳交易价格，从而估算出我国燃煤发电的环境成本，如表 6 - 9 所示。如果按照欧洲碳排放标准，忽略通货膨胀率，2016 年单位燃煤环境成本高达 0. 66 元/千瓦时。可见，当前我国污染收费力度较小，如果按照欧洲标准来进行燃煤排放收费，煤电企业将不堪重负。

表 6 - 9   我国燃煤发电环境成本（2011—2016 年）

年份	I 环境成本（亿元）	排放量（万吨）①				环境成本（亿元）		总环境成本（亿元）	发电量（亿千瓦时）	单位环境成本（元/千瓦时）
		SO_2	NO_X	烟尘	CO_2	SO_2 + NO_X + 烟尘	CO_2			
2011	1791	811	996	194	331098	119	1324	3234	36289	0.0891
2012	1709	717	917	201	346094	109	1384	3202	37131	0.0862
2013	2138	648	807	243	368056	99	1472	3709	39805	0.0932
2014	2520	559	642	245	347969	83	1392	3994	40205	0.0994
2015	2387	455	448	205	338149	63	1353	3802	38977	0.0976
2016	2256	467	480	245	347612	67	1390	3713	39000	0.0952

资料来源：根据相关资料数据整理而得。

———————————

① 《环境统计年报》中只有电力、热力生产和供应业三部门的合计废气排放量，本书根据国家统计局发布的分行业煤炭消费数据，估算电力燃煤消耗大概占三部门的 90%，据此比例计算燃煤电力废气的排放量。

根据测算，我们粗略认为 2017 年燃煤发电的单位环境成本是 0.1 元/千瓦时。考虑到能源发电的环境成本，传统煤电企业 2016 年所带来的环境污染成本高达 3713 亿元。与之相对应的是光伏、风能发电减排效果显著，如表 6 - 10 所示，2016 年，全国碳排放量为 101.51 亿吨，全年合计减排 27340.8 万吨。2016年，光伏发电量 662 亿千瓦时，风能发电量 2410 亿千瓦时，二者合计 3072 亿千瓦时。考虑到发电的外部成本，2016 年，光伏、风能等可再生能源发电相当于为国家创造了 307.2 亿的收益。毋庸置疑的是，随着国民生活水平的提升，人们更加追求高质量的物质文化生活，对环保的支付意愿更强烈，光伏、风能等可再生能源可以带来的环境收益会被加倍量化。按照欧盟 0.66 元/千瓦时的环境成本标准计算，2016 年光伏、风能等可再生能源发电的环境收益高达 2028 亿千瓦时。

表 6 - 10　　　　我国风能、光伏发电减排量（2012—2016 年）

年份	光伏		风电	
	发电量（亿千瓦时）	碳减排量（万吨）	发电量（亿千瓦时）	碳减排量（万吨）
2012	36	320	1008	8971.2
2013	84	747.6	1349	12006.1
2014	235	2091.5	1534	13652.6
2015	395	3515.5	1863	16580.7
2016	662	5891.8	2410	21449

资料来源：国际能源网。

（3）需求侧

A. 本地消纳能力不足。中国风电、光伏分布极大地受到地区资源禀赋差异的影响，适合开展光伏发电、风力发电的地方，一般都是在地广人稀、自然条件恶劣的地方，比如甘肃、新疆地区。根据 2016 年《中国风电太阳能资源年景公报》显示，中国风电、太阳能资源主要集中在"三北"（东北、华北、西北）地区，"三北"地区可再生能源开发投资力度大。根据国家能源局相关资料显示，2016 年，"三北"地区光伏累计装机容量为 4637 万千瓦，占到总装机容量的 59.89%，尤其是西北地区光伏装机容量占比高达 39.41%，风电累计装机量为 10637 万千瓦，占比为 71.56%，其中，内蒙古的装机容量就高达 17.2%。详见表 6 - 11。

表 6 - 11   2016 年"三北"地区可再生能源分布情况

	光伏累计装机量（万千瓦）	占比（%）	风电累计装机量（万千瓦）	占比（%）
东北	125	1.61	1761	11.85
黑龙江	17	0.22	561	3.77
吉林	56	0.72	505	3.40
辽宁	52	0.67	695	4.68
华北	1461	18.87	4564	30.71
北京	24	0.31	19	0.13
天津	60	0.77	29	0.20
河北	443	5.72	1188	7.99
山西	297	3.84	771	5.19
内蒙古	637	8.23	2557	17.20
西北	3051	39.41	4312	29.01
陕西	334	4.31	249	1.68
甘肃	686	8.86	1277	8.59
青海	682	8.81	69	0.46
宁夏	526	6.79	941	6.33
新疆	862	11.13	1776	11.95
三北	4637	59.89	10637	71.56
全国	7742	100.00	14864	100.00

资料来源：国家能源局。

　　但是，"三北"地区因为资源禀赋的原因，工业企业较少，经济相对薄弱，本地完全消纳不了如此多的可再生能源电力。另外，还有其他的问题，比如，自备电厂的建设挤占了一部分公用电厂的电力份额，加剧了本地可再生能源电力消纳不足的问题。《2016 年度全国可再生能源电力发展监测评价报告》显示，2016 年，"三北"地区非水力可再生能源消耗 1736 亿千瓦时，占到当年全部非水力可再生能源的 46.7%。根据国家统计局数据，我们用各省发电量减去各省耗电量得到"三北"地区电力供应情况，如图 6 - 4 所示。正值表示该省份电力供大于求，依靠自身难以消耗本省发电量，负值表示该省份电力供不应求，这样的省份往往工业、经济比较发达。可以看出，2015 年，仅河北、北京、天津、辽宁、青海电力供不应求，其中，青海电力供不应求主要是因为其地理资源禀赋较差，火力发电贡献度较小。内蒙古电力供求偏差率最高，为 1386 亿千瓦

时，其次是山西 712 亿千瓦时，"三北"地区八省份自身消纳不了的电力合计达
到 3322 亿千瓦时。

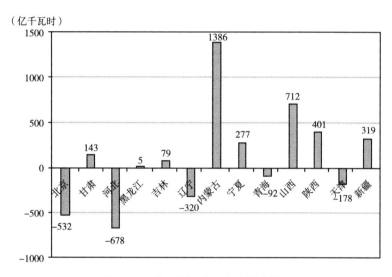

图 6 - 4　"三北"地区电力供求情况

资料来源：根据国家统计局数据整理。

　　B. 外输消纳能力差。"三北"地区就地电力消纳能力较差，而将电力外送
到华东、华中等电力消耗较大的地区，又面临着诸多的困难。

　　一是电力中游输送面临着两方面的难题，一方面，大规模、长距离的电力
输送会带来较高的输送成本及电能损耗，另一方面，外送电网建设滞后于发电
装机容量的发展。[①] 比如，甘肃是风电、光伏大省，但其受限于线路外输能力，
其电力主要通过两条 750 千伏特高压交流线路外送，并且与新疆和青海共用，
输电能力仅为 330 万—430 万千瓦，而青海的风电、光伏累计装机容量已经接近
800 万千瓦。[②] 配套电网设施建设滞后于可再生能源装机投资建设，其甘肃第一
条可再生能源外送输电通道——酒泉—湖南 ±800 千伏特高压直流输电线路工程
也是在 2017 年 1 月才竣工完成。

　　二是对于电力消纳能力较强的东部沿海地区，当地一般都有煤电企业，在
GDP 锦标赛制下，地方政府肯定是鼓励多用当地煤电，从而拉动就业和 GDP。

---

　　① 韩秀云. 对我国可再生能源产能过剩问题的分析及政策建议——以风能和太阳能行业为例 [J].
管理世界，2012（8）：171 - 172.
　　② "弃风弃光"形势严峻 政协委员联名献计 [EB/OL]. （2017 - 03 - 11）. http：//money. 163.
com/17/0311/07/CF7TF7VI002580S6. html.

尤其是在目前煤炭产能过剩的情况下，尽管"煤炭去产能"顺应国家政策及改革方向，但一味地弃煤电、选择清洁能源无异会对本地经济造成较大的波动。而且，大部分煤炭企业是资产状况差的"僵尸企业"，其倒闭很可能大幅提高地方银行系统的呆坏账风险。正是基于煤炭企业、银行、地方政府之间的利益博弈，东部发达省份更会选择本地煤电。从地方政府的角度来看：其一，尽管大部分煤炭企业效益低下，亟待转型升级，但却是地方政府财政收入的一大来源。其二，煤炭企业带来了大量的就业机会，尤其对于资源依赖型地区来说，人力资本较为匮乏，煤炭企业的倒闭可能会带来大量的失业人口，这会直接影响地方政绩，也会催生不稳定状态。从银行的角度来看，煤炭企业的破产意味着银行的贷款将会被列为不良贷款，对企业的清算也无法收回全部的放贷资金。因此，为了避免沉没成本，银行往往寄希望于煤炭僵尸企业起死回生，从而继续放贷、维持这些煤炭僵尸企业的生存。且煤炭僵尸企业之间往往存在相互担保的现象，一个企业的破产，会导致整个担保链的破裂，给放贷银行带来不可估计的损失。从煤炭企业的角度来看，对于大规模煤炭企业的破产清算会带来一系列人员安置问题以及债务清偿问题。这就造成企业自身的经营状况本身无关紧要，往往规模越大的企业越不会倒闭，即大而不倒的问题。

6.2 "气荒"与我国天然气交叉补贴问题分析

6.2.1 背景简析

自 2017 年入冬以来，我国不少地方出现了天然气"气荒"。11 月 28 日，河北省首次发布天然气供应橙色预警（Ⅱ级）①，并通过"压非保民"，即压低非民用气、保障民用气的方式，暂时缓解天然气供应不足的局面。继河北之后，山东、河南等地也相继出现用气紧张情况，内蒙古、陕西等气源地的天然气供应更是紧张。② 面对突如其来的"气荒"，国家迅速采取措施。10 月 16 日，国

---

① 预警级别分为Ⅰ级（红色）、Ⅱ级（橙色）、Ⅲ级（黄色）和Ⅳ级（蓝色）预警。其中Ⅰ级为最高级别，即特别严重的紧张状态预警，天然气供需缺口超过20%，并对经济社会正常运行造成严重威胁。橙色预警为严重紧张状态预警，天然气供需缺口达10%—20%，并对经济社会正常运行产生较大影响。

② 晋陕蒙：三大天然气气源地也"气荒"，呼吁全国一盘棋保民生，见 http://news.163.com/17/1223/08/D6B1UUBI000187VE.html。

家发展改革委发布《关于做好 2017 年天然气迎峰度冬工作的通知》（发改运行〔2017〕1813 号）①，就保证天然气供应作了一系列安排，但由于"气荒"来得迅速且猛烈，以往的天然气保供措施已不能满足需求。12 月 25 日，国家发展改革委下发《关于加大清洁煤供应确保群众温暖过冬的通知》（发改办能源〔2017〕2121 号）② 强调要因地制宜地推进清洁供暖，宜电则电、宜气则气、宜煤则煤、宜油则油。另外，中国海洋石油总公司等企业通过"南气北输，气液并举，工业限供"等措施缓解我国北方地区供气压力。

2017 年，国产天然气产量约为 1500 亿立方米，进口量约为 950 亿立方米，消费量约为 2400 亿立方米，从整体上看，我国天然气的供给完全能够满足消费需求。因此，本轮"气荒"原因可以从天然气"硬件系统"和"软件系统"两个维度来分析。从天然气"硬件系统"来看，天然气管道、储气库、LNG 接收站等基础设施建设严重不足，尤其在北方冬季供暖大范围"煤改气"造成天然气需求大涨后，滞后的基础设施不能满足用气高峰的要求，造成天然气供应短缺。从天然气"软件系统"来看，存在天然气价格"两个双轨制"问题，即居民用气和非居民用气价格双轨制、管道气和 LNG 价格双轨制。"两个双轨制"导致的投机套利问题，使得本该保障民生的天然气供给更加紧缺，即一些城市燃气公司以居民用气的名义申请到更多天然气，再高价卖给非居民使用，赚取差价从中牟利。简而言之，本轮天然气"气荒"的原因不是天然气资源不足，而主要是天然气的供给设施滞后以及价格机制的问题。

6.2.2 文献研究分析

2017 年，由于"煤改气""大干快上"等原因，天然气"气荒"再次卷土重来，且"来势汹汹"。为此，不少学者对天然气"气荒"现象进行了分析研究。许沛宇、王勇③认为，我国供暖期天然气供需形势较为严峻，且未来 10 年内天然气消费量会保持较快上升趋势。顾虹④认为我国的"气荒"的原因不在于"荒气"，而是天然气产业链存在调峰储气设施建设不够、调峰能力严重不足的短

---

① 关于做好 2017 年天然气迎峰度冬工作的通知［EB/OL］. http：//www.ndrc.gov.cn/zcfb/zcfbtz/201710/t20171018_863901.html.
② 中华人民共和国国家发展和改革委员会. 关于加大清洁煤供应确保群众温暖过冬的通知［EB/OL］. http：//www.ndrc.gov.cn/gzdt/201712/t20171226_871683.html.
③ 徐沛宇，王勇. 今冬气荒将至？［J］. 能源，2017（11）：63 – 66.
④ 顾虹. 新保供时代："荒气"与"气荒"之辩［N］. 中国石油报，2016 – 11 – 10（001）.

板，使得天然气保供无法实现，从而导致"气荒"的出现。刘满平[①]认为，此次"气荒"的原因有四：一是上游资源供应不足。二是下游终端需求急剧增长。三是中游基础设施建设落后。四是部分政策协调性不够。谢俊和杨万莉[②]认为，要解决"气荒"，应利用价格杠杆加大对市场的引导，促进调峰设施建设，合力推动天然气市场发展。汪天凯等[③]以英、美两国天然气产业的发展为例，提出我国天然气产业发展应注重天然气基础设施建设和天然气价格市场化两方面。潘继平[④]则提出，多气源充分供应是"气荒"的解决之策，即加大天然气勘探开发力度，推进国内天然气基础设施互联互通，提高传输效率，加强管线、储气库及沿海 LNG 接收终端等基础设施建设。

天然气基础设施建设不足是"气荒"的一个成因，而天然气价格的"两个双轨制"导致的"交叉补贴"以及投机套利问题更加剧了"气荒"的产生。王建保[⑤]利用 VAR 模型和价差法测度了我国民用天然气交叉补贴的规模，发现取消价差补贴对资源禀赋丰富的省份和经济欠发达省份的居民的支付能力影响较大。杨俊等[⑥]通过构建市场供给动态博弈模型，研究发现政府补贴政策有利于增加国内天然气供给量，减少进口依存度，其中，政府投入补贴政策比产量补贴政策更能激励企业增加天然气供给。刘思强、叶泽等[⑦]用价差法测算了天津市 2012—2014 年电价交叉补贴情况，结果显示，居民是交叉补贴的主要对象。刘思强、叶泽等[⑧]研究发现普遍服务和电力消费环境成本内部化造成了交叉补贴，而推行阶梯电价政策是减少居民电价交叉补贴的有效途径。谢里、魏大超[⑨]以我国 30 个省 2007—2013 年工商业对居民的电价交叉补贴额为样本，从经济、资源

---

① 刘满平. 导致当前"气荒"的症结与有效应对之策 [N]. 上海证券报，2017 – 12 – 20（009）.

② 谢俊，杨万莉. 2017 年冬季我国天然气供需形势预判及保供建议 [J]. 国际石油经济，2017，25（11）：60 – 65，87.

③ 汪天凯，何文渊，李丰，等. 政府对天然气产业发展的影响及启示——以美国、英国为例 [J/OL]. 石油科技论坛，2017（6）：1 – 6 [2018 – 01 – 12]. http：//kns. cnki. net/kcms/detail/11. 5614. G3. 20171129. 2121. 012. html.

④ 潘继平. 气源多元化乃解决"气荒"根本之策 [N]. 中国国土资源报，2017 – 12 – 12（003）.

⑤ 王建保. 我国民用天然气补贴机制改革研究 [D]. 北京：中央财经大学，2017.

⑥ 杨俊，张倩菲，郝成磊，等. 考虑政府补贴的天然气市场供给博弈模型研究 [J]. 软科学，2016，30（12）：109 – 114.

⑦ 刘思强，叶泽，于从文，等. 我国分压分类电价交叉补贴程度及处理方式研究——基于天津市输配电价水平测算的实证分析 [J]. 价格理论与实践，2016（5）：65 – 68.

⑧ 刘思强，叶泽，吴永飞，等. 减少交叉补贴的阶梯定价方式优化研究——基于天津市输配电价水平的实证分析 [J]. 价格理论与实践，2017（6）：58 – 62.

⑨ 谢里，魏大超. 中国电力价格交叉补贴政策的社会福利效应评估 [J]. 经济地理，2017，37（8）：37 – 45.

和生态三个维度对地区社会总福利水平进行测度。研究发现，从全国层面来看，电价交叉补贴政策能显著改善经济福利和生态福利，但不影响社会总福利及其资源福利。

综上所述，学者们对我国本轮天然气"气荒"以及交叉补贴的情况从不同维度进行了分析研究，并得出了不同的结论。总体来看，造成我国天然气"气荒"的原因主要有以下两点：其一，我国天然气产业基础设施建设严重不足，且上、中、下游之间的联系不够紧密，使得天然气在高峰时期的使用调配过程中存在效率损失。其二，天然气价格存在"两个双轨制"，使得"交叉补贴"以及投机套利行为造成天然气市场供需秩序混乱，导致"气荒"的出现。大多数学者对天然气"气荒"产生的上述两个原因进行了详细分析，鲜少有学者将"气荒"与天然气价格交叉补贴问题结合起来研究。因此，本节从我国天然气"气荒"与天然气价格交叉补贴出发，研究两者的内在机理，旨在为我国天然气产业的健康发展以及"气荒"问题的解决建言献策。

6.2.3　天然气"硬件系统"及"软件系统"现状分析

（1）天然气"硬件系统"现状分析

天然气行业由于其特殊性，其生产、运输、使用各个环节均与天然气基础设施建设密切相关，但我国天然气"硬件系统"目前存在两大问题：一是天然气产业链不完善，二是天然气运输管道、储气库等基础设施建设严重不足。

与煤炭、石油等能源行业相比，天然气行业的勘探开发具有周期长、风险高的特性，因此，天然气产业的上、中、下游企业之间有着更为密切的联系。我国天然气供应主要依赖国内生产和进口。其中，国内天然气生产企业主要集中在西部地区，而用户群则主要分布在东部和中部地区，天然气管道运输距离较长；LNG进口则主要来自于澳大利亚、卡塔尔、印度尼西亚等国家，依赖海上船舶运输，需要LNG接收站。因此，天然气管道、储气库、码头等基础设施对于保障天然气的平稳运输就显得尤为重要。而我国的天然气运输管道分属于不同的运营主体，且区域间管道彼此孤立、分布不合理，导致中游各管网之间缺乏联动性和协调性，调配灵活性差，一旦出现天然气短缺情况，无法立即协调运输管道，应急能力较差。据国家发展改革委数据显示，目前，我国有跨省管道运输企业 13 家，[①] 共拥

[①]　中华人民共和国国家发展和改革委员会. 国家发展改革委有关负责人就核定天然气跨省管道运输价格答记者问［EB/OL］. http://www.ndrc.gov.cn/gzdt/201708/t20170830_859359.html.

有管道里程 6.4 万公里。① 另外，我国的天然气运输网络枢纽站以及地下储气库等调峰设施建设严重滞后，面对季节性的调峰任务，无法发挥其应有的作用。

我国天然气用户主要分为居民用户、商业用户以及工业用户。工、商业用户大多使用天然气进行日常的生产经营活动，用量虽大却较为稳定；而居民用户则在日常生活中使用天然气，由于季节等因素的影响，其使用量存在冬夏峰谷之差，尤其是随着"煤改气"的进行，居民用户的天然气需求猛增，加之天然气基础设施建设的滞后，使得天然气供给无法及时满足用户需求，导致"气荒"。

（2）天然气"软件系统"现状分析

我国天然气的来源主要有 4 种，分别是国产陆上气、国产海上气、进口 LNG 和进口管道气，且分别适用不同的定价模式：国产陆上气采用"市场净回值"法确定门站价。国产海上气和进口 LNG 实行市场化定价，进口价格主要采用长协或与 OPE 油价挂钩方式确定，终端销售价格由供需双方协商确定。进口管道气主要采用双边垄断定价模式，进口后纳入国产陆上气体系，一并定价销售。②

天然气价格则存在"两个双轨制"，即管道气和 LNG 双轨制、居民用气和非居民用气双轨制。首先是管道气和 LNG 价格双轨制问题，2016 年 8 月 16 日，国家发展改革委发布《关于印发〈天然气管道运输价格管理办法（试行）〉和〈天然气管道运输定价成本监审办法（试行）〉的通知》（发改价格规〔2016〕2142 号）③，明确管道运输价格实行政府定价，由国务院价格主管部门制定和调整。同时，放开气源和销售价格由市场形成，政府只对属于网络型自然垄断环节的管网输配价格进行监管，即"管住中间，放开两头"。由于 LNG 实行市场化定价，因此受"气荒"影响，LNG 价格波动剧烈。据公开数据显示，从 2017 年 9 月份开始，国内 LNG 价格开始暴涨，10 月中上旬价格短暂回落后再度上涨，最高价格约 13500 元/吨，相比于 9 月初的 3000—4000 元/吨，涨了 3 倍多。截至 2018 年 1 月 11 日，LNG 价格维持在 5000—6000 元/吨左右。相比之下，管

---

① 中华人民共和国国家发展和改革委员会. 关于印发石油天然气发展"十三五"规划的通知［EB/OL］. http：//www. ndrc. gov. cn/zcfb/zcfbtz/201701/t20170119_835560. html.

② 国家信息中心. 国内外天然气定价机制分析及经验启示［EB/Ol］. http：//www. sic. gov. cn/News/466/7444. htm.

③ 中华人民共和国国家发展和改革委员会. 关于印发天然气管道运输价格管理办法（试行）和天然气管道运输定价成本监审办法（试行）的通知.

道气的价格则一直维持在 5500 元/吨左右。因此，部分企业在 LNG 价格暴涨时，利用管输气和 LNG 的价格双轨制，将低价管输气以高价 LNG 形式卖出，从中赚取差价。其次是居民用气和非居民用气价格双轨制问题。由于居民气价普遍低于非居民气价，二者之间存在着交叉补贴问题，在"气荒"出现时，部分燃气公司将以居民用气名义申请到的低价天然气，以高价卖给非居民使用，从中进行套利。

综上所述，天然气价格的"两个双轨制"导致"气荒"出现时，趋利者利用双轨制之间的价差进行投机套利行为，使得本该保障民生的天然气变得更加供不应求，加剧了供需矛盾。

6.2.4　天然气价格改革现状分析

"气荒"的出现使我们开始审视天然气产业的发展状况，2018 年 3 月 7 日发布的《2018 年能源工作指导意见》明确指出，中国将推动油气基础设施公平开放，实行第三方准入制度，加快推进油气体制改革。[①] 在天然气的"硬件系统"方面，上游勘探开发以及中游管网、储气库等基础设施的建设将吸引更多民间资本的进入，进一步盘活国内油气资源，推动全产业链公平准入原则，保障国内油气的供应安全。在天然气的"软件系统"方面，要建立市场化竞争机制，消除或减少天然气领域的两个价格"双轨制"。

自 2016 年以来，我国政府价格管理部门就已经迈出了天然气产业链的价改步伐。一是天然气价格改革相关条例法规的出台，如 2016 年 10 月印发《天然气管道运输价格管理办法（试行）》和《天然气管道运输定价成本监审办法（试行）》，2017 年 6 月印发《关于加强配气价格监管的指导意见》等。二是石油天然气交易中心的建立，如 2016 年上海石油天然气交易中心正式运营，2017 年重庆石油天然气交易中心、新疆石油天然气交易中心等相继挂牌成立，深圳粤港澳大湾区天然气交易中心也在积极筹划中。石油天然气交易中心不仅可以反映市场价格、供求关系，还能够合理配置资源，为天然气价格市场化改革起到重要的助推作用。2018 年 5 月，国家发展改革委发出通知，自 2018 年 6 月 1 日起，天然气门站价格将不再区分居民用气和非居民用气，二者价格水平相衔接，从而理顺居民用气门站价格，完善价格机制。同时，

---

① 国家能源局关于印发 2018 年能源工作指导意见的通知 ［EB/OL］. http：//www. gov. cn/xinwen/2018 - 03/09/content_5272569. htm.

国家要求各地采取多种措施，降低销售价格调整幅度，减少供气中间环节，降低过高的输配价格，并结合居民阶梯气价制度的完善，降低一档气销售价格调整幅度，更好地保障居民基本生活。[①]

6.2.5　基于价差法的天然气交叉补贴分析

（1）天然气交叉补贴简述

美国学者 Gerald R. Faulhaber 定义的交叉补贴，指的是生产厂商向一部分消费群体出售高价产品或服务，同时，对另外的消费群体实行低价销售，用高价产品的盈利来弥补低价产品的亏损，即承担高价的消费群体补贴低价购买的消费群体。[②] 因此，当某种商品的市场价格明显低于其边际成本或市场同类产品的平均价格时，就认为存在交叉补贴现象。[③] 天然气领域的交叉补贴指的是，对居民用气实行低价策略，对非居民用气实行高价策略，以非居民用气领域的盈利来弥补居民用气的亏损。政府实行天然气交叉补贴的目的，笔者认为原因有二：其一，天然气作为清洁能源，其推广使用有利于减少雾霾等环境问题的发生。其二，天然气是关系国计民生的能源，政府对居民用气实行低价有助于保障我国的民生水平。

（2）价差法测度天然气交叉补贴

A. 价差法简介。价差法因其数据要求较低、测算简单易行、可比性好、应用范围广等优点，逐渐成为近年来测度能源补贴规模常用的方法之一[④]，因此，本节采用价差法测度我国天然气的交叉补贴情况。

价差法的基本原理为：政府对于能源在消费侧进行的补贴，最终会通过价格机制反映到能源的终端消费价格上，而能源补贴的规模可以通过计算无补贴、无扭曲的完全竞争市场状态下能源产品的终端消费价格与包含补贴的终端消费价格之差得到。

价差法的基本公式为：

---

①　天然气价格市场化改革迈出关键一步［EB/OL］．http：//www. sohu. com/a/232949884_259577.

②　GERALD R. Faulhaber, cross - subsidization: pricing in public enterprises［J］．American Economic Review, 1975, 65（5）: 966 -977.

③　盖玉娥. 政府限价、交叉补贴、税收调整对天然气管输商的影响［J］．财会月刊, 2013（10）: 73 -75.

④　王娟. 化石能源补贴规模测算方法比较研究——基于价差法和清单法对比分析［J］．价格理论与实践, 2015（12）: 151 -154.

$$S = (\bar{P} - P) \times Q \tag{1}$$

其中：S 表示天然气补贴规模；$\bar{P}$ 表示天然气市场基准价格；P 表示天然气终端销售价格；$\bar{P} - P$ 则表示补贴价差，即每单位天然气所享受的补贴规模；Q 表示天然气消费量。

由于天然气价格的变化会引起消费规模的变化，依据李虹[①]的分析，设天然气需求函数为：

$$Q = P^{\varepsilon} \tag{2}$$

式中：ε 表示天然气的长期需求价格弹性。

取消天然气补贴后，其消费量的变化为：

$$\Delta Q = Q_0 - Q_1 \tag{3}$$

式中：补贴后天然气的价格为 P_0，消费量为 Q_0；取消价格补贴后天然气的价格为 P_1，消费量为 Q_1。

依据公式（2）（3）可推导出如下公式：

$$\ln Q_1 = \varepsilon \times (\ln P_1 - \ln P_0) + \ln Q_0$$

B. 数据选取。我国天然气的价格包括三个层次：一是反映天然气勘探开采成本的井口价，二是反映天然气管道运输成本的管输价，三是天然气销售给用户的终端销售价。由于我国天然气价格受到政府管制，因此，可以认为我国天然气市场属于不完全竞争市场，天然气的市场基准价格需要我们进行估计。依据林嫘[②]的分析，本节选取德国进口天然气价格作为测算我国天然气补贴规模的市场基准价格 $\bar{P}$；天然气终端销售价格 P 的数据来自我国 36 个大中城市[③]的天然气用户终端平均价格；$\bar{P} - P$ 为补贴价差；$(\bar{P} - P)/\bar{P}$ 示补贴率（具体数据详见表 6 - 12）。

---

① 李虹. 中国化石能源补贴与碳减排——衡量能源补贴规模的理论方法综述与实证分析 [J]. 经济学动态，2011（3）：92 - 96.

② 林嫘. 我国天然气价格改革及其影响的研究 [D]. 厦门：厦门大学，2014.

③ 36 个大中城市分别为：大连、广州、天津、北京、上海、武汉、沈阳、南京、哈尔滨、太原、重庆、青岛、成都、西安、济南、长春、长沙、杭州、深圳、乌鲁木齐、郑州、昆明、兰州、贵阳、合肥、石家庄、福州、南宁、宁波、呼和浩特、厦门、南昌、海口、西宁、银川以及拉萨。

表 6－12　　　　我国天然气分类别补贴情况表（2010—2016 年）　　　单位：元/立方米

	年份	2010	2011	2012	2013	2014	2015	2016
居民用户	P	2.47	2.47	2.43	2.48	2.49	2.51	2.49
	$\overline{P}$	3.46	3.96	4.00	3.91	3.53	2.99	2.19
	$\overline{P}-P$	0.99	1.49	1.57	1.43	1.04	0.48	－0.3
	$(\overline{P}-P)/\overline{P}$	28.61%	37.63%	39.25%	36.57%	29.46%	16.05%	－13.70%
工业用户	P	2.88	3.11	3.19	3.32	3.57	3.72	3.46
	$\overline{P}$	3.48	4.01	4.06	3.98	3.62	3.10	2.27
	$\overline{P}-P$	0.6	0.9	0.87	0.66	0.05	－0.62	－1.19
	$(\overline{P}-P)/\overline{P}$	17.24%	22.44%	21.43%	16.58%	1.38%	－20.00%	－52.42%
商业用户	P	2.68	2.92	2.95	3.10	3.40	3.63	3.68
	$\overline{P}$	3.67	4.20	4.25	4.17	3.82	3.30	2.42
	$\overline{P}-P$	0.99	1.28	1.3	1.07	0.42	－0.33	－1.26
	$(\overline{P}-P)/\overline{P}$	26.98%	30.48%	30.59%	25.66%	10.99%	－10.00%	－52.07%

注：依据《中国统计年鉴》的行业分类，居民用户数据来自生活消费；商业用户数据来自交通运输、仓储和邮政业，批发、零售业和住宿、餐饮业，其他行业；工业用户数据来自工业（采掘业、制造业、电力、煤气及水生产和供应业）。
资料来源：《中国统计年鉴》《BP 世界能源统计年鉴》、中经网统计数据库、国家发展改革委价格监测中心。

同上文分类标准一致，以下将我国天然气消费规模分为居民用气、工业用气以及商业用气三类来进行分析，其中，2016 年天然气分行业消费数据未公布，因此，笔者按照 2015 年居民用气、工业用气以及商业用气三者的消费比例对 2016 年的数据进行估计。

由于我国天然气价格由政府制定，因此，天然气价格的变化无法及时反映真正的市场价格，导致表 6－13 中部分年份的补贴额出现负值，即用户通过使用天然气对政府进行反补贴。

表 6－13　　　　我国天然气分类别消费补贴规模（2010—2016 年）

	年份	2010	2011	2012	2013	2014	2015	2016
居民用气	消费规模（亿立方米）	226.9	264.38	288.27	322.93	342.58	359.81	395.84
	补贴规模（亿元）	224.63	393.93	452.58	461.79	356.28	172.71	－118.75

续表

年份		2010	2011	2012	2013	2014	2015	2016
工业用气	消费规模（亿立方米）	687.25	839.95	946.75	1129.06	1221.33	1234.48	1358.09
	补贴规模（亿元）	412.35	755.96	823.67	745.18	61.07	-765.38	-1616.12
商业用气	消费规模（亿立方米）	159.94	199.13	226.08	250.7	302.36	334.35	367.83
	补贴规模（亿元）	158.34	254.89	293.90	268.25	126.99	-110.34	-463.46
合计	消费规模（亿立方米）	1074.09	1303.46	1461.10	1702.69	1866.27	1928.64	2121.75
	补贴规模（亿元）	795.32	1404.77	1570.16	1475.22	544.34	-703.00	-2198.33

注：依据《中国统计年鉴》的行业分类，居民用户数据来自生活消费；商业用户数据来自交通运输、仓储和邮政业，批发、零售业和住宿、餐饮业，其他行业；工业用户数据来自工业（采掘业，制造业，电力、煤气及水生产和供应业）。

资料来源：消费规模来自《中国统计年鉴（2011—2017）》，补贴规模依据上文公式计算所的。

C. 交叉补贴结果分析。从补贴价差来看，结合表 6-12 分析可知，我国不同类别的用户取得的价差不一，具体来看，居民用户取得的价差水平最高，商业用户其次，工业用户取得的价差水平最低。补贴率的情况与价差情况一致。

从补贴规模来看，结合表 6-13 分析可知，我国工业用户取得的补贴规模最大，主要原因是：我国工业用户是天然气的消费主体，天然气消费量较大；居民用户享受到的补贴数额居中；商业用户补贴规模最小。

由图 6-5 可知，天然气补贴率整体上呈现出先增后减的态势，2015 年和 2016 年补贴率为负值。笔者认为，由于我国天然气价格受到政府管制，其价格往往滞后于真实的市场价格，加之美国页岩气革命的进行，使得国际上天然气供应量增加、价格下跌，导致出现反向补贴。

由图 6-6 可知，2010—2016 年我国天然气补贴规模整体上呈现出先增后减的趋势，甚至 2015 年、2016 年两年间出现了反补贴情况。其中，2012 年补贴规模最大，达到 1570.16 亿元，2016 年反补贴规模最大，达到 -2198.33 亿元。从不同用户类别来看，居民用户的补贴规模逐渐向工业用户补贴规模靠拢，且在 2014 年超过工业用户的补贴规模。笔者认为有两方面的原因：一是随着我国对环保问题重视程度的加大，我国居民部门天然气消费量增长迅速，且国家对于

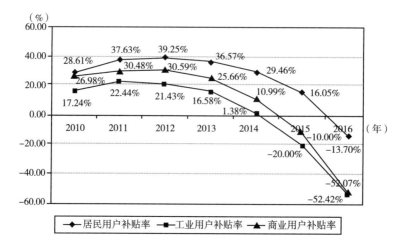

图 6 – 5　我国天然气分类别消费补贴率变化图（2010—2016 年）

资料来源：依据表 6 – 12 绘制所得。

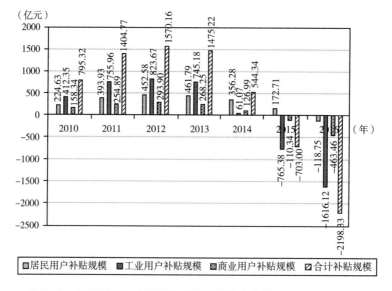

图 6 – 6　我国天然气分类别消费补贴规模变化图（2010—2016 年）

资料来源：依据表 6 – 13 绘制所得。

居民部门用气价格补贴力度较大。二是我国正在进行工业部门天然气价格机制改革，使得工业用气价格向市场真实价格靠拢，补贴价差缩小。

　　总体来看，我国政府对居民用户的补贴力度最大，使得居民用户用气的价差大，享受高补贴率；而工业用户用气支付的价格最高，价差小，享受的补贴率较低；商业用户则居于中间位置。

6.3　结　论

从环保角度来讲，天然气相对于煤炭、石油等能源，具有燃烧效率高，排放二氧化硫、氮氧化物等污染物少的优势，因此，提倡"以气代煤、以气代油"的能源消费方式，为我国近年来雾霾治理进程的加快提供了很好的助力。2017年 12 月 11 日，亚投行首个对华投资项目落户北京，其目的是加速京津冀"煤改气"进程，推动经济绿色转型，助力"北京蓝"。① 但是，在"煤改气"工程"大干快上"的同时，也不能忽视我国天然气管道等基础设施严重滞后的现状，加之天然气作为一次能源，具有不可再生性，因此，消费量迅速增长，调峰供给却跟不上进度，"气荒"问题自然凸显，而天然气价格的"两个双轨制"以及交叉补贴的存在则进一步加剧了供需矛盾。

---

① 亚投行首个对华项目落户北京助力"北京蓝"［EB/OL］. http：//news. xinhuanet. com/fortune/2017 – 12/11/c_1122090309. htm.

第7章

我国雾霾成因的秸秆治理问题研究

　　我国自古以来作为农业大国，凭借着广阔的疆域和优越的种植条件，农作物与秸秆资源较为丰富。秸秆主要由纤维素、半纤维素、木质素等成分构成。在玉米秸秆和稻谷秸秆中，碳元素约占 60%，脂肪约占 20%，蛋白质约占 6% 左右，还有灰分以及 15% 的水等。将 1 吨标准煤燃烧，约能产生 7000 千焦热量，而 1 吨农作物秸秆在同等情况下燃烧，约能产生 3000—4000 千焦热量，可见后者的燃烧热能价值相当于标准煤的一半。[①] 可观的燃烧热量和丰富的产量，使得农作物秸秆被认为具有巨大的能源价值。在全球能源排名上，其价值仅次于煤炭、石油和天然气。以秸秆等农作物来制造能源已经受到广泛关注。我国农作物秸秆向来具有产量巨大、分布广泛、供应稳定的特点，但是，当前在秸秆综合利用方面，我国仍然只处于起步的状态，秸秆的综合利用效率仍然较为低下。

　　在我国一些地区，秸秆弃置于农田上或者被直接焚烧的情况仍时常出现，且呈现强烈的季节特征。加上不易疏散的地形和逆温、无风等天气，形成严重的雾霾问题隐患。秸秆露天焚烧与大气污染直接相关，空气状况会因秸秆焚烧状况急剧下降。焚烧秸秆的时候，CO_2、SO_2、可吸入颗粒等指标急剧攀升，监测到空气中污染物密度的急速提高，同时，伴随燃烧产生的浓烟被人体吸入，会让人的身体造成不适。除了健康，以上问题对于经济生活的影响也到了不可忽视的程度。

　　显然，秸秆焚烧过程会伴随着 PM2.5、PM10 等颗粒物的浓度的增加。雾霾天气表明大气正处于污染的状况。"雾霾"是当下人们对大气中各种悬浮颗粒物

---

　　① 中国科技网. 秸秆焚烧给雾霾"加码"综合利用体系亟待建立 [J]. 黑龙江科技信息，2013，35：6 – 9.

含量严重超过正常标准而导致天气状况恶劣的普遍说法。PM2.5 既是雾霾天气的指示灯，也是雾霾的主要成分。除了 PM2.5 以外，雾霾中还包括了 SO_2、氮氧化物等气态污染物。它们与雾气结合在一起，污染空气，导致能见度恶化、吸入体验恶劣。而这些雾霾的主要成分均会在秸秆焚烧后产生。而大量实证研究都证实了秸秆焚烧与雾霾天气存在直接相关关系。

雾霾天气不仅严重地影响了我国的经济、交通、生活等各方面，也在一定程度上影响他国。日、韩两国曾报道我国东北地区雾霾的严重性，甚至随着风向已经抵达其境内。而美国媒体在报道我国雾霾天气的时候，甚至将这一问题上升到政治高度。[①] 因此，解决雾霾造成的来自境内外的舆论压力成为当代政府职能的一大工作重点，而雾霾的主要元凶之一——秸秆焚烧——自然也亟待解决。

秸秆焚烧问题在我国可以说是一个顽疾，屡禁不止，只有疏堵结合，才能真正做到标本兼治。而这种焚烧秸秆的行为可以通过科学技术的探索、农业与工业结合、政策与法律制度联动的方式予以解决。

7.1　秸秆致霾问题的现状分析

7.1.1　秸秆焚烧的原因及现况

（1）秸秆焚烧的原因

A. 处理时间有限。据有关研究的估量，平均一亩地大约能产生半吨秸秆。我国幅员广阔，在很多地方，农作物一年两熟或三熟。农民们为了在时节更替时完成农作物的轮换种植任务，前一季农作物收割与后一季农作物播种间隔仅有 1—2 天。这短暂的时间间隙承载着对上一季秸秆进行"处理"以及为播种下一茬作物做好准备的繁重任务。此外，不及时处理的秸秆长期堆积在田间，如果因为气候等原因不能及时腐烂，不仅会对下一季的农作物播种造成影响，甚至会产生病虫灾害，降低土地肥力。时间与工作量的矛盾使得农民倾向于选择最简单易行的方法。

B. 失去传统的利用价值。在技术设备落后的旧式农业时代，秸秆一般是用

[①] 刘淑姣. 作为话语的新闻——美媒东北雾霾报道的新闻文本框架分析 [J]. 新闻世界，2014，3：158 – 160.

于燃烧或者用于喂养牲畜，其价值不言而喻。但随着农业现代化的发展、农产品的丰富、交通的发达和新农村建设的推进，秸秆可替代性大大增加，其独特的能源、饲料价值地位已经被动摇。由于秸秆收集和晾晒以制作饲料需要大量的时间、精力，而目前人口结构出现变化，农村的劳动力普遍不足，因此，成品饲料销路广阔，曾经能制作成饲料的秸秆多半被付之一炬。

C. 机械收获留茬较高。现代农业大多数采用机械收割方式，其使用的机器设备在设计之初往往考虑的是为机器省时、省油和减少机器磨损，这样的设计理念会造成留茬较高的副作用。秸秆高留茬需要深翻、灭扎等方式处理，二次工程量大，不能一步到位。相比之下，焚烧秸秆直接灭茬，成为最便利、省事的处理手段。同时，现在我国农村地区收割的机械化程度仍然有限，秸秆回收过程依然存在着很大阻力。

D. 地区气候造成还田困难。北方地区全年降雨量较少，只有 300—600 毫米。并且，在收割时节温度降低的季节特征的影响下，秸秆的自然分解困难。但是，若秸秆不及时处理，留存在地表上的秸秆则会影响土壤对水分的吸收。秸秆还田面对着地区气候的阻力，难以进行。

E. 农村剩余劳动力不足并且意识观念落后。目前，越来越多的农民特别是郊区农民放弃农业、涌入城镇地区工作，导致农村剩余劳动力不足以完成农业作业。农村地区大多数只留下老弱人口和稚龄孩童，秸秆处理对于他们来说难以进行。农村地区人口通常缺乏环保意识，甚至对露天焚烧秸秆可能会导致火灾也缺乏相应的常识和警惕。同时，还有部分农民错误地认为秸秆焚烧之后的灰烬能够杀死病虫、减少灾害，所以，倾向于将秸秆在田间焚烧。实际上，这无异于缘木求鱼。因为简单粗暴的焚烧会把秸秆中的氮、磷等有利元素几乎转化为气态污染物，不仅浪费了资源，还对空气造成了不利影响；剩余有利元素，比如钾，虽然没有流失在空气中，但经过焚烧也难以被吸收利用。焚烧的后果除了肥料损失，还造成农田质量下降，表现为土壤的透水性、透气性、蓄水能力都大不如前。

F. 秸秆利用和开发不足、成本高。比如，玉米秸秆如果选择不焚烧，则处理方式较为繁复：先使用灭茬机将秸秆和根茬粉碎，每亩需作业费 25 元左右；然后，翻地深度在 25 厘米以上，才达到盖住秸秆的程度，每亩成本 35 元左右；其后为下季作物播种做准备，耙犁每亩 25—30 元，起垄每亩 10 元左右，则合计每亩成本在 95—100 元。而农民采取收割上一季作物后直接焚烧秸秆的处理方式，则省略了翻地等过程，直接进行灭茬起垄，每亩花费可降至 30 元以下，足足省下了 65—70 元，是原成本的 60%—70%。从经济角度考虑，如果没有更大的收入，为了避免支出，农民只会选择焚烧秸秆的处理方式。而以水稻秸秆为例，整地之前要经历清除过程，需每亩 80 元左右的费用。接着，用还田机把秸秆粉碎，直接留存于土壤堆肥，每单位土地又要加上 20 元左右。因此，农民直接焚烧就节省了这笔合计 100 元左右的支出。[①]

（2）秸秆焚烧的现状

近年来，根据有限的资料可知，秸秆燃烧对雾霾的影响一直是叠加效应。近年来，中国一直在进行秸秆燃烧点的卫星遥感监测。根据卫星遥感监测数据，2014 年 10 月 5—10 日，监测了 278 起火灾；10 月 17—20 日，监测 659 个火警点；10 月 23 日，对 106 个火点进行了监测。其中，污染成分监测显示，2014 年冬季，生物质燃烧指标含量增加 10 倍以上。随处燃烧的秸秆与恶劣的天气污染直接相关。2015 年 10 月 15 日，全市 338 个地级以上城市中，有 8.6% 以上出现严重或以上污染，涉及 29 个城市。这是自 2015 年秋季以来首次在全国范围内大规模出现的大型烟雾。与此同时，全国秸秆焚烧卫星遥感数据显示，2015 年 10 月 5 日至 10 月 17 日，全国共发现火灾点 862 处，并有可疑秸秆焚烧点。这一数字与 2014 年同期相比增长了 6.7%，增加了 54 个。在一些地区，火点甚至达到超过 100 个的超高水平。

虽然秸秆焚烧并非造成空气污染的主要或唯一"元凶"，从全国范围而言，能够确定因为秸秆焚烧而产生的 PM2.5 还不足总量的 5%。但因为秸秆焚烧过于集中，在极端天气中，秸秆焚烧产生的 PM2.5 可能占当天总量的 30%—40%。

2010 年 1 月我国进行的农村家庭燃料消费情况抽样调查，向我们直观地展现了全国各地秸秆焚烧的情况。调查区域包括全国 28 个省和地区的 203 个县。调查采用随机抽样方法进行抽样调查，其中，17663 份为有效样本。截至 2010 年底，全国共有县级行政单位 2684 个，其中，被调查的占 7.5%，结果具有研究价值。调查内容涉及各省区的秸秆露天焚烧。不同地区的秸秆露天焚烧比例差异很大。在露天燃烧率方面，湖南省排名最高的地区为 43.1%，其次是安徽，广东和海南；青海省露天焚烧率最低，为 4.5%；全国平均秸秆露天燃烧率为 20.8%。稻谷秸秆的平均露天燃烧率为 19.1%，小麦秸秆为 21.3%，玉米秸秆为 20.4%，棉花秸秆为 16.0%，油菜秸秆为 20.0%，大豆秸秆为 19.3%，马铃薯秸秆为 20.4%。

---

① 周国卿. 秸秆焚烧的原因分析及建议 [J]. 农机使用与维修, 2015, 9: 94 - 95.

在农业大省，秸秆进行露天焚烧的比例和倾向性更高；南方地区将秸秆作为冬季取暖材料的动力不足，直接通过焚烧处理秸秆的动机更多；农村居民收入较高的地区，选择商品能源作为家用燃料代替秸秆的习惯较多，这也会导致秸秆的焚烧式处理。因此，我们得出结论，农作物产量、地理位置和居民收入水平均会对秸秆露天焚烧的比例造成影响。

7.1.2 秸秆焚烧致霾的危害

（1）对空气质量的危害

我国从 2011 年起开始，两颗环境卫星便投入对秸秆焚烧的情况进行监测。根据近几年的观察，在一些极端污染天气中，因为秸秆焚烧而产生的 PM2.5 超过总量的 45%。我国首次确切公布灰霾天的影响范围是在 2013 年。根据环保部披露的情况，当年 1 月 27—29 日，全国面积的 13.5% 的地区处在灰霾天的笼罩之下。根据估测，每年大概有 1.2 亿吨没有被利用的秸秆被直接废弃燃烧。秸秆焚烧导致的 PM2.5 总量高达 200 万吨、二氧化碳多达 1 亿吨。[①] 燃烧产物中还有一些致癌致畸性较高的物质，也随之排放到大气中，对我国的空气造成不可估量的负面影响。

而秸秆导致污染天气和极端天气的原因在于其露天焚烧时的排放因子，具体每千克排放的污染物质如表 7-1 所示。

表 7-1　　　　　　　　　　　秸秆露天焚烧排放因子

农作物	排放因子（g/kg）									
	PM2.5	BC	OC	SO_2	NO_x	CO	NMVOC	NH_3	CH_4	CO_2
稻谷	12.95	0.69	3.3	0.9	3.1	34.7	6.05	0.78	3.2	1460
小麦	7.6	0.49	2.7	0.85	3.3	60	7.5	0.37	3.4	1460
玉米	11.7	0.35	3.9	0.44	4.3	53	10	0.68	4.4	1350
棉花	11.7	0.46	4.5	0.56	3.37	68.3	8.17	0.78	3.5	1445
油菜	20.27	0.46	4.5	0.56	3.37	68.3	8.17	0.78	3.5	1445
大豆	3.32	0.23	1.1	0.25	1.12	33.5	8.64	0.53	3.9	1445
薯类	5.76	0.41	2.0	0.25	2.11	55.1	8.64	0.53	3.9	1445

资料来源：根据《基于调查的中国秸秆露天焚烧污染物排放清单》（彭立群、张强孙、贺克斌，2016）整理而来。

[①] 果实. 秸秆焚烧对北方雾霾天气产生的影响及相应解决对策 [J]. 农场经济管理，2014，3：62-63.

（2）对交通安全造成严重的威胁

我国农田边遍布国道公路。秸秆焚烧产生的滚滚浓烟直接影响周边视野，降低可见度，给道路安全造成了巨大的隐患。同时，对机场航班的危害更加严重。大多数民航客机起降的能见度要求是不小于 500 米，但秸秆焚烧造成的极端天气能见度甚至不足 5 米的情况，极大阻碍了航班的起降。秸秆焚烧对于交通路况不仅是严重的威胁，也会造成极大的经济损失。

（3）造成严重的火灾隐患

秋高气爽的北方若是收割时节碰上了有风天气，再加上农民防火意识较差，焚烧秸秆时不注意避开森林和村落地带，容易造成火险。实际上，这种火情屡见不鲜并且屡禁不止。

（4）造成农田生态系统破坏

除了秸秆本身物质肥力的流失，土壤物质的损失也不容忽视。在经历过每次秸秆焚烧后，土壤的有机质含量平均会下降 0.2%—0.3%。这意味着土壤结构遭到破坏，土壤肥力急剧下降。而且，土壤中有机质的含氮量比秸秆自身含量多 10 倍以上，土壤氮的损失超过了秸秆因焚烧损失的氮量。秸秆焚烧的高温还会导致土壤表层水分流失，土壤墒情遭到严重削减，造成北方旱田抢墒播种的严重负面影响。起到分解土壤有机质、释放养分的作用的土壤微生物会在燃烧中大量丧生，容易造成土壤板结的不良后果。

（5）资源浪费

据估算，每年氮元素在秸秆焚烧中的损失总量几乎相当于我国全年化学氮肥的产量。而从作物秸秆中所含营养的角度来看，如果能将其中的 10% 饲料化，就相当于增加粮食产量 5000 万吨；若是能将其中的 1% 转化为畜产品，就相当于增加畜产品产量 1000 万吨[①]；而直接燃烧则浪费了这巨量的营养物质。而从燃烧本身的热力来看，小麦秸秆燃烧的发热值为 $1.3343 \times \dfrac{10^4 kJ}{kg}$，由于农村中大多数采用柴草灶，热效率大概按 10% 来估算，则小麦秸秆燃烧有效值为 $1.3343 \times 10^3 \dfrac{kJ}{kg}$；一般秸秆还可以用于生产沼气，数值为 $0.25 \dfrac{m^3}{kg}$，转换为沼气后热值增加至 $2.09 \times \dfrac{10^4 kJ}{m^3}$。按其热效率大概为 60% 计算，每千克秸秆转换为沼气后，

---

① 李涛，卓海峰，王文富，等. 探讨秸秆焚烧的危害与秸秆的综合利用 [J]. 科技信息，2008，20：35–37.

其燃烧有效值增加至 $3.135 \times \dfrac{10^3 kJ}{m^3}$，比起秸秆直接燃烧，其有效值相当于原来的 2.4 倍。[①]

7.2 秸秆综合利用治理问题研究

随着越来越多人关注秸秆禁烧管理和秸秆资源综合利用的进程，对秸秆资源数量估算进行的研究调查也日益增加。但是，由于我国秸秆资源整体数量巨大，而估算方法、秸秆种类、估算时间、草谷比取值等诸多方面不尽相同，我国秸秆资源数量的民间估算结果存在很大差异，未有定论。而根据 2016 年 11 月 24 日国家发展和改革委员会办公厅、农业部办公厅联合印发的《关于编制"十三五"秸秆综合利用实施方案的指导意见》（以下简称《意见》）给出的官方数值，2015 年全国秸秆理论资源总量为 10.4 亿吨，可收集的秸秆资源量约为 9 亿吨，利用量约为 7.2 亿吨，秸秆综合利用率达到 80.1%，具体利用情况比例如图 7-1 所示。

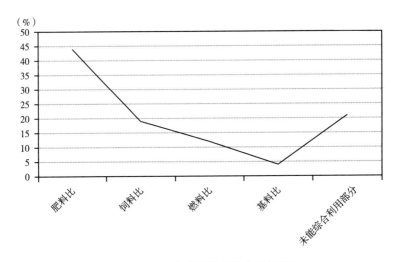

图 7-1　2015 年我国秸秆综合利用情况

资料来源：国家发展和改革委员会、农业部《关于编制"十三五"秸秆综合利用实施方案的指导意见》。

---

① 孙丁贺，杨培权，张允政. 农作物秸秆的综合利用研究［J］. 安徽农业科学，2007，35（35）：11587-11590.

而目前的有关研究，通过《国际统计年鉴》中我国和世界各国谷物的产量，通过我国主要农作物的谷草比，统一估算后得出中国是世界第一秸秆大国的结论。突出的秸秆产量是我国独特的资源优势，现实要求我们将其综合利用，以最大发挥其价值。

7.2.1　秸秆综合利用的政策要求

在农业生产链条中，秸秆的处理原本只是一个微小的收尾细节。但是，近些年来，随着雾霾的严重化，秸秆焚烧作为造成雾霾天气的主要原因，不仅受到了社会各界的广泛关注，也成为我国基层工作的重点与难点，在特定时节，工作压力甚至急剧增加。

早在 1999 年 4 月，国家环保总局、农业部、财政部、铁道部、交通部、民航总局等六部门联合发布了《秸秆禁烧和综合利用管理办法》，明确划分禁烧区、组织实施禁烧的工作，并提出了秸秆的综合利用目标、考核检查以及处罚。至今近二十年时间里，国务院及全国各地陆续出台秸秆禁烧和支持秸秆综合利用的政策文件，不断地推进这项工作的进行，表明了我国对秸秆禁烧和综合利用的重视（见表 7 - 2）。

表 7 - 2　中央关于秸秆禁烧和支持秸秆综合利用的政策文件（1999—2018 年）

年份	发布者	文件	主要内容
1999	国家环境保护总局、农业部、财政部、铁道部、交通部、中国民用航空总局	《秸秆禁烧和综合利用管理办法》（环发〔1999〕98 号）	禁止在机场、交通干线、高压输电线路附近和省辖市（地）级人民政府划定的区域内焚烧秸秆。省辖市（地）级人民政府可以在人口集中区、各级自然保护区和文物保护单位及其他人文遗址、林地、草场、油库、粮库、通讯设施等周边地区划定禁止露天焚烧秸秆的区域。各地应大力推广机械化秸秆还田、秸秆饲料开发、秸秆气化、秸秆微生物高温快速沤肥和秸秆工业原料开发等多种形式的综合利用成果。到 2002 年，各直辖市、省会城市和副省级城市等重要城市的秸秆综合利用率达到 60%；到 2005 年，各省、自治区的秸秆综合利用率达到 85%
2008	国务院	《关于加快推进农作物秸秆综合利用的意见》（国办发〔2008〕105 号）	秸秆资源得到综合利用，解决由于秸秆废弃和违规焚烧带来的资源浪费和环境污染问题。力争到 2015 年，基本建立秸秆收集体系，基本形成布局合理、多元利用的秸秆综合利用产业化格局，秸秆综合利用率超过 80%。大力推进产业化，加强技术研发和应用推广，加大政策扶持力度和组织领导力量

续表

年份	发布者	文件	主要内容
2009	国家发展改革委、农业部	《关于编制秸秆综合利用规划的指导意见》（发改环资〔2009〕378 号）	疏堵结合，以疏为主。加大对秸秆焚烧监管力度，在研究制定鼓励政策、充分调动农民和企业积极性的同时，对现有的秸秆综合利用单项技术进行归纳、梳理，尽可能物化和简化，坚持秸秆还田利用与产业化开发相结合，鼓励企业进行规模化和产业化生产，引导农民白行开展秸秆综合利用
2015	国家发展改革委、财政部、农业部、环境保护部	《关于进一步加快推进农作物秸秆综合利用和禁烧工作的通知》（发改环资〔2015〕2651 号）	力争到 2020 年，全国秸秆综合利用率达到 85% 以上；秸秆焚烧火点数或过火面积较 2016 年下降 5%，在人口集中区域、机场周边禾交通干线沿线以及地方政府划定的区域内，基本消除露天焚烧秸秆现象
2015	国家发展改革委、农业部、环境保护部	《京津冀及周边地区秸秆综合利用和禁烧工作方案（2014—2015 年）》（发改环资〔2014〕2231 号）	到 2015 年，京津冀及周边地区秸秆综合利用率平均达到 88% 以上，新增秸秆综合利用能力 2000 万吨以上；基本建立农民和企业"双赢"、价格稳定的秸秆收储运体系，初步形成布局合理、多元利用的秸秆综合利用产业化格局；建立并落实秸秆禁烧考核机制，及时公布并向地方政府通报秸秆焚烧情况，不断强化秸秆禁烧监管。在总体目标之后，具体制定了北京、天津、河北、内蒙古、山东的分省目标。并推出系列重点工程和保障方案
2016	国家发展改革委、农业部	《关于编制"十三五"秸秆综合利用实施方案的指导意见》（发改办环资〔2016〕2504 号）	要求各省依据各自资源禀赋、利用现状和发展潜力编制"十三五"秸秆综合利用实施方案，明确秸秆开发利用方向和总体目标，统筹安排好秸秆综合利用建设内容，完善各项配套政策，破解秸秆综合利用重点和难点问题，力争到 2020 年在全国建立较完善的秸秆还田、收集、储存、运输社会化服务体系，基本形成布局合理、多元利用、可持续运行的综合利用格局，秸秆综合利用率达到 85% 以上

资料来源：根据各部公布的政策文件整理。

如上所述，《意见》深入分析了现有秸秆综合利用存在的问题和要求。从全国来看，还存在一些问题：第一，配套政策还有待完善。秸秆综合利用一直缺乏足够的政策支持和资金投入。农民和企业直接受益较少，秸秆加工和转化能力较弱，尚未形成完整的新型产业链。第二，科技研发需要加强。一些关键技术相对薄弱，缺乏对特种设备的支持，是目前我国秸秆综合利用技术现状，秸秆利用率高，产量低，甚至存在技术标准和技术指标不明确等问题。第三，储运系统不完善。目前，秸秆收储运输服务体系尚处于起步阶段，经纪人、合作社等服务机构实力不足，基础设施不完善。秸秆收获紧凑和短时间等客观原因加剧了秸秆利用能力差的状况。第四，龙头企业数量不足，尚未形成主导作用，缺乏可持续的秸秆综合利用经营模式。工业化综合利用发展缓慢。

《意见》指出，根据不同地区秸秆资源状况，立足现状，面向编制"十三五"秸秆综合利用规划的发展潜力，明确秸秆发展规划综合利用方式和目标，统筹规划，合理布局，落实各项配套政策，解决秸秆综合利用问题，以实现秸秆资源的产业化发展，促进其长期可持续运行。这将有利于促进农村经济和社会的可持续、协调发展，也有利于促进农业清洁生产、绿色发展和生态环境保护的进程。

为了落实上述文件的政策目标，我国不少省市也都配套出台了严格的处罚措施，包括经济处罚和责任追究，成立"禁烧办"等临时机构，进行巡逻检查等。如河南省在 2017—2018 年秋冬季大气污染防治攻坚强化方案中，明确规定继续坚持秸秆焚烧约谈问责制度，即每发现一个秸秆焚烧火点，则对于县财政处以 50 万元的扣罚，以加大秸秆禁烧的工作力度，实现全省秋收"零火点"目标。[1]

7.2.2　秸秆综合利用实践

从实际情况看，秸秆的有效利用还存在诸多问题，只有禁止的方法是不够的，而且很容易反弹。简单的遏制会对经济和社会发展产生负面影响，而且不能有效解决问题。在这种情况下，我们必须考虑科技的结合，通过提高科技创新和治理能力走可持续发展的道路。对于因燃料燃烧不足而导致烟雾的因素，有必要考虑从技术上支持农民和相关公司。通过改进技术，一方面提高供热水平，另一方面减少污染物的排放。这实际上是充分利用能源和资源并避免环境污染的最佳解决方案。

（1）国内实践

A. 农业使用。施肥是利用机械化方法直接粉碎留在农田中的秸秆，让秸秆与土壤混合成为有机肥料。它的优点是可以节省收集和运输成本。它可以当场使用，但问题也非常明显，因为在秸秆完全变质之前，它不能成为肥料，甚至可能阻碍作物生长，引发病虫害。传统的农民会选择小规模的热堆肥和肥料。

---

[1]　河南：发现一个秸秆焚烧点扣罚县财政 50 万元［EB/OL］.（2017 - 09 - 27）. http：//www.xin-huanet.com/local/2017 - 09/27/c_1121733298.htm.

目前，最新的技术是利用生化技术促进秸秆腐烂的加速，即加入快速分解剂来提高堆肥的温度，以提高速度和缩短周期。

秸秆生成的肥料可以用作牛、马等牲畜的饲料。牛、羊等动物与人摄入的粮食大为不同，属于节粮型畜种。目前，反刍动物养殖产业在我国发展势头良好。粗饲料的重要地位在反刍动物养殖产业中不言而喻，但我国目前面临的状况是优质粗饲料资源缺乏，对于进口依赖较大，其缺口呈现每年扩大的趋势。

然而，这种饲料化使用的范围不大，而且使用量也存在着很大的局限。粗粮加工主要是指粉碎加工成饲料的农作物秸秆，目前，使用物理加工、化学加工和微生物处理三种方法。物理方法适用于任何粗饲料，操作简单，生产通用。化学和生物方法主要用于小麦、大米、玉米秸秆等，难度高，但它提高了秸秆饲料的适口性和营养价值以及可消化性，让饲料可以长期存放，以提高产品的附加值。在秸秆饲料化过程中，整个系统的核心技术是秸秆饲料转化，而系统实施保障则通过秸秆的收、储、运来实现。

基料化运用，指的是把秸秆作为食用菌生产的辅料。农作物秸秆加上森林资源的附带产品，都可以用于食用菌的栽培，属于原料的高质量来源。食用菌所带来的经济收益非常可观，但由于食用菌的养殖规模不大，回收再利用的成本比较高，所以，效益也会受到影响。

B. 工业使用。工业使用是指将秸秆储运到相关的工业区域进行后续利用。工业使用的主要思路是，秸秆的能源化使用，或者利用其自身纤维或其他物质制造成其他产品。能源化的方式是通过发电、沼气、气化或者固化、碳化等，把秸秆转化为可用的生活燃料。因为上文已经分析过秸秆的含热量，秸秆相当于等量标准煤的一半，但是含硫量大大少于标准煤，大概低60%。通过处理后的秸秆产物进行燃烧后产生的氮氧化合物大大减少，对大气的污染比直接焚烧大大降低，并且，在这个过程中所产生的灰含有比较丰富的营养成分，可以直接用作农业的肥料。

将秸秆燃料化的实践还包括秸秆"炼油"。用粉碎机将秸秆、稻麦壳等原料进行粉碎处理后，推送进入高压密闭仓，经700℃高温闪速热解，能够直接将麦草碎屑由固态变成气态，再经冷却塔冷却转换为液态，最终转化成生物质油、炭粉和不可冷凝气体。

具体而言，秸秆炼油的方式包括"生物催化"和"化学转化"。前者指的是利用微生物发酵的生物手段，在酶的催化下将秸秆转化为生物柴油。在这项技术中，产油酵母发挥着重要作用，将秸秆中间的可再生生物质直接转化为油脂，可以大大解决生物柴油的原料来源问题。为油脂化工产业提供的新原料，已经能够实现部分替代大豆油、菜籽油等的程度。另一种生物法转化的原理则是将生物质通过水解转换成碳水化合物。在产油微生物的催化发酵后，碳水化合物也能形成微生物油脂，再经转酯化也可以制作生物柴油。还有一种生物转化方式主要是利用秸秆作为催化剂而非原料，利用秸秆催化剂为的是催化醇与油脂的反应，使得油脂转化为生物柴油的过程更具效率。

化学转化是通过粉碎装置将秸秆和废塑料粉变成固体颗粒，然后在催化剂的作用下进行热解反应。在 200—500℃的高温下和 1.0—5.0 兆帕的压力环境中，生物质原料将会进行热分解反应，转换为有机分子蒸汽、生物碳和不可冷凝气体，而这些产物通过气固分离器可以分离出生物碳。将有机分子蒸汽和不可冷凝气体进一步反应，不可冷凝气体可以变为可燃气燃烧，直接提供本系统所需要的热源促进进一步的分解转换，所产生的有机分子蒸汽则可以转化为汽、柴油分子，通过分离装置则可以提取出汽、柴油。

燃烧发电是秸秆利用技术的基本手段，目前，该产业已经趋于成熟。秸秆燃料转化技术包括高效燃烧、固化成型和混合发电等。秸秆固化成型指的是通过专用设备，将粉碎后的秸秆压缩为棒状、块状或颗粒状等成型燃料，这样的加工处理极大地提高了运输及贮存能力，大大缓解了秸秆储运难题。但是，此项技术要求也相对较高，工艺技术成熟度有待进一步提升。燃烧发电意味着直接燃烧秸秆或者与煤炭、石油天然气等化石燃料混合燃烧，或者气化为可燃气体，进而通过其燃烧热能来促使蒸汽轮机发电，可有效节省传统的燃料用量，通过生物质能源的代替来实现。目前，已形成较为完整的秸秆生物质发电技术路线。该种方式虽然对于秸秆资源取材要求比较低，但是，收集各地秸秆资源仍然存在着一定的难度，因为秸秆所占空间大、分布分散，加之生产不稳定、具有明显的季节特征，并且，运输和储存的难题尚未彻底解决。

从理论上说，秸秆沼气化是一条节能环保的途径。不同的专家对这个问题的解释存在着差异。有专家认为，秸秆沼气发酵的能量利用率比较高，达到直接燃烧的 2 倍左右；同时，在生产沼气的过程中，还会有富含营养素的沼渣和沼液，对于农业生产具有积极作用。还有的专家认为，秸秆转换为沼气的工艺制作过程较为复杂、难度较大，而且，对于沼气池还会有负面的影响。

秸秆作为纤维或者其他原料还可以制板，在建筑行业，秸秆制板可以代替木料，成为建筑结构材料的重要组成部分。还可以利用秸秆纤维来制造纸张，生产活性炭、木糖醇，制作工艺品，甚至生产石墨烯，但这些利用方式的成本都比较高，而且需要较为先进的生产技术和设备。秸秆虽然可以替代木材，能够保护森林资源，但其利用也存在着一些其他方面的污染。比如，由于秸秆的纤维纯度远不如木料，造纸可能会产生大量的黑液，这就更需要相关的企业具有较高的环保资质。

秸秆精加工技术是在对秸秆原料进行分类粗加工的基础上，加入技术改造，研发创新成果。对产品进行精加工能够促进产业链的延长，产品附加值的增加也能为企业创造新的盈利点。秸秆精加工技术可以分为清洁制浆技术、复合材料生产技术和农用材料配制技术，这些技术只有资金雄厚且注重创新研发的技术密集型产业能够实现。

C. 产业模式与制度。在秸秆加油阶段，公司主要关注秸秆资源的收集。秸秆资源的储运问题也是企业必须解决的首要问题。目前，通过建立秸秆资源大型仓储运输仓库和周边的回收场所，可以缓解这一问题。但是，这个系统化的项目需要强大的资金实力来支持。公司需要与农民签定回收合同，农民在交货时负责订单的生产和交付。这实际上是龙头企业的独特模式：企业负责生产、供销，农民负责完成订单，双方通过合作，实现各自的利益，达到双赢。

在秸秆饲料加工和制造过程中，须突出中介组织的作用：负责与企业协商，进行双方信息交流，了解企业获取物资的要求，组织安排农民生产经营。中介组织也提供技术指导。另外，生产过程中所需的劳动力很大，参加者对加工技术的要求也比较高，中间组织必须选择具有一定学习能力的农民，集中起来进行统一培训，以完成可销售的高品质产品的生产。也可以通过组建农民专业合作社实施资本和劳动联合，引导农民参与库存，大大调动其生产积极性，提高生产效率。

综上所述，综合工业化模式可以概括为"4＋3＋1"的模式，即"四大主体"为农民、合作社、中介组织和龙头企业。"三个合同"为农民和合作社之间的合同、合作社与中介组织之间的合同、中介组织与领先公司之间的合同。"一个目标作物"是秸秆。农民可以组织自己的合作社负责组织生产和秸秆收集，并相互提供技术指导。中介组织的作用是根据合同的要求与企业沟通，了解它们的需求，组织秸秆的运输和储存。龙头企业利用雄厚的资金、技术实力、强大的营销网络，开展秸秆整理、产品销售和售后服务。

通过上述合作，中间环节被缩减，而市场交易成本得到降低。这样的合作模式包括了纵向交接和水平联合，极大提升了农户可获得的直接利益和生产积极性，提高了产品的竞争优势；而企业则只负责精加工、销售、售后服务等流程，对其综合实力的资金要求得以降低，使其能完成专业化发展。同时，也避免了龙头企业过于强势，而导致农户处于相对弱势、行业被垄断的被动局面。这一综合性的秸秆资源产业化发展模式是适应了秸秆资源化的不同阶段要求而形成的发展模式，能够使参与各方的利益分配更加合理且得以最大化。

D. 案例分析。

a. 江苏南通。江苏南通以往的秋收季，农村露天焚烧秸秆形成的浓烟滚滚的现象屡见不鲜。但是，现在情况大为不同，通过大力发展秸秆综合利用服务组织，江苏南通市供销社探索出了"政府支持与引导、合作社企业化运作、社员收入增加、社会效益明显"的可持续、可推广的秸秆综合利用的模式。

秸秆的综合利用首先要解决秸秆的回收问题。为了使农民回收利用秸秆的积极性最大化，合作社提供了"三免费"政策来鼓励农民入社、共同加工利用秸秆：免费上门回收秸秆，合作社免费为社员传授草制品加工方法，合作社免费上门收购草制品并代销，年底对社员进行利润分红。例如，东欣埠秸秆综合利用专业合作社，2015 年已累计向社员提供超过了 7000 余台机器，仅草制品加工一项为每户带来 1 万—3 万元的收入。而合作社每年处理秸秆的能力达到万吨级别，基本解决了 5 万亩耕地里的秸秆处置问题。

经过"压块"等工艺技术处理后的"秸秆煤"，燃烧时不仅不会造成空气污染，还是环保的新型能源。如东县双甸镇的东祥胜秸秆能源化利用专业合作社，创新地采用了秸秆压块处理技术。在秸秆固化成型和压块燃料加工基地，通过秸秆燃料的热值提升及产品的特性的改良，产品"秸秆煤"不仅密度、质量大，还容易点燃，并且，燃料的热值高、燃烧时间持久，更重要的是污染物少、不会生成烟雾灰尘，灰烬可以通过二次加工，制成速效有机肥回馈农田。

在江苏，类似上述加工成草制品和压块煤炭这种以秸秆为原料的加工合作社还有很多。截至 2014 年底，江苏省各级供销合作社共发展秸秆综合利用的专业合作社数量已经达到 101 家，共有 13 万户农户参与秸秆综合利用产业中，每年处理利用秸秆高达 160 万吨，极大地解决了当地的秸秆处理问题，真正做到了通过产业化利用而实现秸秆禁烧的目的，可谓一举多得。秸秆在合作社手中变废为宝，养殖饲料、种植基料、田间肥料等转换可以实现农业的循环利用，或加工成远销他乡的工艺品，或通过压块工艺制成燃尽率高达 96% 的新兴节能环保生物燃料"秸秆煤"。这些综合利用方式不仅实现了村民致富，更是有效地减少了秸秆大量焚烧造成的雾霾天气。

b. 安徽桐城。机械化的设备是安徽桐城绿福股份公司为解决秸秆焚烧、实现秸秆利用而引进的全新进口秸秆回收利用工具。在其稻田里，首先是设备利用机械耙将秸秆归拢到一处，其后，进口的机器设备将其进行处理打捆，并有序地放置在稻田里，等待下一步的回收。

市供销社下的绿福公司通过研发的"水稻—秸秆—回收—利用—还田"的水稻生态循环发展模式，是一种以农业部提出的 2020 年"化肥农药零增长"为目标的秸秆综合利用模式，能够使耕地土壤肥力得到大力提升，也极大地减少了化肥用量。公司参与研发的节能环保连续式秸秆、稻壳回旋式碳化炉，让稻壳和粉碎的秸秆进行不充分燃烧，再通过烟气的回收以产生热气自循环过程，让炉膛中未充分燃烧的稻壳和秸秆在真空状态下直接碳化，转换为用处广泛的稻壳碳和木醋酸。前者不仅可以在水稻工厂化育秧营养土中发挥重要作用，还可以转换为有机肥料，达到土壤改良的效果；而后者常规用作食品防腐，除此之外，还可以实现水稻病虫害的防治，使得农作物的质量得到保障与提升。为进一步扩大生产规模，循环经济研发中心、秸秆中转站与高校联合设立博士工作站，并且从国外引进了先进的设备与生产线，达到了每年处理秸秆、稻壳 40 万吨的加工能力，着力打造秸秆工厂化加工、集约化利用、商品化增值于一体的完整农业产业化经营链条，促进了现代农业、生态农业的发展。

（2）国外经验

A. 美国。美国最传统的秸秆利用模式是把收集的秸秆进行打捆和挤压，用于填充房间的墙壁，可以形成保暖层；或者直接把秸秆作为饲料，来喂养牲畜。

而最近，新兴的替代燃料特别是生物燃料得到了联邦政府的大力支持，使得秸秆能源化产业发展成为当代美国秸秆综合利用的最大趋势。这个生物燃料的开发利用的主要过程是从秸秆中提取乙醇来进行开发使用，积极推动再生能源的发展。美国 24 个农业州的秸秆数量达到千万吨，是一个不小的资源，如果处理不好则是一笔负担。据美国农业部披露的数据，全美国每年能够收集起来的小麦秸秆就达 4500 万吨，这个数量是当年所有小麦秸秆的 50%，而小麦秸秆是可再生生物能源的重要来源。美国秸秆综合利用目前首选的方式是对秸秆与纤维素进行乙醇的提炼，换句话说就是用秸秆制造酒精。这是秸秆综合回收利用在美国的最新发展，也是在全球的最新产业实践。根据美国可再生燃料协会所披露的数据，美国目前已建成 116 个乙醇提炼厂家并已投入使用，每年乙醇产量达 59 亿加仑。另外，在建的厂家有 81 个，正等待继续投入生产。美国为了推动生物燃料产业的发展，成立了一个名为"美国生物燃料委员会"的机构，其设立的目的在于推动美国的消费者、企业与地方政府更多地使用生物燃料，而逐步舍弃传统燃料。在这个过程中，财政也发挥了重要的作用：企业每生产 1

加仑乙醇，可以得到 51 美分的政府补贴。

B. 丹麦。欧洲国家丹麦是世界上第一批使用秸秆发电的国家之一。丹麦是全球第一个使用秸秆燃料发电的国家。农民将秸秆资源出售给发电厂以获取利润，电厂使用回收秸秆作为原材料，大大降低了成本。秸秆燃烧后产生的秸秆和木灰转化为农肥，可以回灌农田、提高土壤肥力。这种秸秆发电过程将工业与农业联系起来，形成一个循环连接的经济圈。

在 20 世纪 90 年代，丹麦在首都南部的哥本哈根建造了 Avido 发电厂。收集到的巨大秸秆资源储存在其现代化的燃料库中，以支持发电锅炉的燃烧。据统计，年发电量为 15 万吨的秸秆发电可实现为数十万用户供热供电。与煤炭，石油，天然气等传统燃料相比，秸秆具有很大的相对优势：价格低廉，污染少，秸秆焚烧灰可以返回到土地堆肥，秸秆每年不断更新，供应稳定。利用秸秆发电，发电厂降低了原材料成本，农民获得了经济回报，人们享受了更便宜的电价，已经达到了环保和新能源开发的现代要求。他们组建了一个"黄金圈"。

C. 加拿大。加拿大主要使用秸秆来保持土壤肥力。以加拿大首都渥太华以北 60 公里处的农业区为例。这片广阔的农业地区以玉米和小麦种植和畜牧业为主，其产品主要供首都和其他地区消费。每年秋季 10 月份玉米成熟时，先进的玉米收割机在收割过程中将秸秆粉碎，直接作为肥料还田，一步到位的处理方式高效简便。

D. 日本。日本秸秆的主要用途则是用于造肥，像加拿大一样，直接将秸秆粉碎，混入土中用作肥料；或者用作饲料，辅助家畜的养殖。根据近年的统计数据，稻秸秆的诸多处理方式中，最多的是翻入土层中直接还田，约占秸秆利用总量的 68%；作为养牛饲料的比例也不低，约占 10.5%；而与畜粪混合简易加工后，做成肥料约占 7.5%；通过相关工艺，制成畜栏用草垫约占 4.7%；也有秸秆直接焚烧的情况，不过是对于实在难于处理的秸秆，约占 4.1%。目前，日本也在积极地推进秸秆的能源化转化、使用。开发出利用植物纤维生产的生物燃料，维护粮食价格市场，是秸秆能源化的当务之急。据悉，日本有关研究机构已共同研制出从秸秆中提取乙醇的技术，推动了生物能源化产业的发展。

总体看来，国外秸秆利用的做法与我国大同小异，区别在于其技术突破更快、设备也更先进。这就需要我国政府在相关的领域予以投入或者补贴，如果完全按照农民自身的能力、农民自觉的行为，这种较高水平的产业化回收利用是做不到的。建立秸秆综合利用的补偿补助制度，积极促进秸秆综合利用的产业化发展，延伸秸秆利用的产业链，更全面地实现农业与工业的结合……这些措施需要大口径的投入和支持，需要宏观调控，以建立综合利用的体系化发展。

从回收这个环节开始，秸秆的再利用离不开机械化的发展。先进的收割、打捆、包膜、粉碎和运输等机器设备，具有操作灵活、使用方便、作业面积大、效率高、作业时间长等特点，较之传统的回收利用方式，效率极大地提高了。反之，人工劳作的传统方式具有劳动强度大、效率低、回收成本高等缺点，淘汰成为必然的趋势。但是，实现机械化需要购买这些成套的设备，大量的资金投入对于单个农户来说是不可能且没必要的。

（3）综合利用的难点

A. 收种时间重叠，季节矛盾突出。以华北地区为例，以小麦—玉米的轮种为主。每年的 6 月上旬与 9 月下旬是小麦与玉米轮作时节，种收时间重叠较多，季节矛盾突出，难以在种收过程中同时进行秸秆收集处理。此外，秋收时节的降雨量，不但影响作物的收获，秸秆收集机械也难以使用。即使进行了回收，秸秆也存在含水量高、容易腐烂霉变等缺陷。

B. 秸秆收集装备不足，收、储、运体系不健全。目前，农村地区登记使用的秸秆收集装备过少，通常难以满足秸秆收集的需求，而且设备较为落后，效率成为一大问题。此外，虽然秸秆收、储、运农民合作组织和企业等组织形式，极大地利于秸秆的综合利用，但目前全国范围内登记成立的相关组织数量有限，难以形成收、储、运体系，也没有形成秸秆产品供求信息平台，信息不对称问题突出。同时，由于秸秆分布分散、季节特征明显，收集的成本与收益矛盾等既有困难，使得秸秆收、储、运成为制约我国秸秆产业化发展的主要瓶颈。

C. 秸秆利用产业化程度较低，产品附加值低。目前大多数相关企业的发展现状是生产规模小、资金不足。因为社会对于企业进一步扩大规模和未来发展缺乏乐观判断，社会资本对于该领域的投资热度不高，甚至造成了一定的金融信贷的困难，更加制约了其发展。此外，由于秸秆产品化程度较低，产业规模有限且离不开政策与补贴，加之现有秸秆资源化利用社会效益远远大于经济收益，造成秸秆综合利用产业化发展进程缓慢。

D. 秸秆利用结构不合理、利用率不高。根据调查测算，目前秸秆直接粉碎还田率相对于饲料化和能源化利用率较高，饲料化、能源化等现代利用方式发展缓慢。因为规模化养殖厂对收集的秸秆质量要求较高，农户自主收集的符合利用要求的秸秆数量较少，于是造成了秸秆饲料化利用难度大的后果。而现有的能源化利用技术研发都是单项突破，很少形成系统工程。这也影响了秸秆的能源化利用效益，无法延长秸秆产业化链条的建设，阻碍了秸秆能源化工业发展的进程。

7.2.3　秸秆综合利用治理进一步完善方向

（1）文献综述

之所以会出现"秸秆雾霾"，彭良才、齐建国认为煤气、天然气在农村地区的普及，以及青壮年农民外出务工使得就地焚烧秸秆成为多数农户的必然选择。秸秆由于储存运输困难，收集利用的合理半径较小，收集成本高，不适合大工业、大项目利用，且不同季节收集量差异悬殊，燃料产出不平衡，造成大规模的秸秆工业处理非常困难。尽管许多企业都对秸秆回收利用很感兴趣，但是，由于秸秆回收运输成本高，且没有稳定的优惠和补贴政策，企业对秸秆回收利用的投资兴趣不大。

"没有一无是处的垃圾，只有放错地方的资源。"秸秆是一种用处广泛的可再生自然资源，回收加工可用于制作固体燃料、纸张、饲料、花肥、泡沫剂、乙醇和沼气等。姜荣鹏认为，必须将政府引导、市场消化、科技支撑三方面相互结合，才能解决秸秆综合利用方面的问题，改变秸秆焚烧工作中"重禁轻疏"的局面，从而彻底杜绝秸秆焚烧现象的发生，构建从秸秆焚烧向综合利用转变的市场调节机制与有效的政府政策。

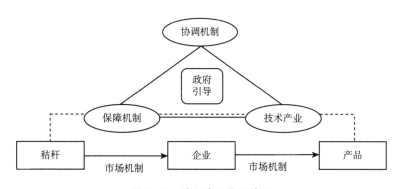

图 7 - 2　秸秆产业化示意图

如图 7 - 2 所示，在秸秆的综合利用产业化过程中，新技术的研发和应用才能助其跳出传统利用甚至焚烧的老路子，王金城、朱延红等[①]尤为强调技术的重要性，并且指出，实用性和可操作性是秸秆利用技术研究开发的重点要素，要

---

① 王金城，朱延红，王鑫，等. 农作物秸秆焚烧成因与合理利用探析［J］. 农业环境与发展，2007，3：36 - 38.

大力推广那些简便操作的技术，转变农民难以适应技术的局面为技术顺利适应农民。同时，列举出当今秸秆利用产业中关键的 8 项技术，包括农作物秸秆收获还田机械化技术、机械化保护性耕作技术、农作物秸秆饲料加工机械化技术、农作物秸秆气化技术、农作物秸秆颗粒饲料加工成套技术、农作物有机肥生产技术、农作物秸秆栽培食用菌技术、农作物秸秆工业用品加工技术。以上研究基本涵盖了当今秸秆综合利用的方向，至今仍具有参考价值。

杨宗栋[①]认同观念先行的力量，提出应该加强宣传发动。具体来说，在夏收、秋收期间，可以采用广播、电视、报刊、口号等各种形式的宣传，加强对农民的宣传教育，增加群众参与秸秆的积极性。基层应不时召开会议，通过组织秸秆综合利用现场推介会，展示和推广稻草还田、油菜秸秆捆扎、收集利用等设备，促进设备的大量使用，全面部署秸秆综合利用。还可以以农民经纪人为主体，组织秸秆利用培训班，通过理论讲解，现场演示和运行评估，培养一批合格的技术人员，为推进秸秆综合利用提供人才和技术支持。

尹成杰[②]列举了秸秆综合利用的四大益处：可以优化能源结构、保护生态环境、促进农民增收、提高农业资源利用率。并且指出，在现代农业条件下，首先要牢固树立综合利用农作物秸秆的新理念，只有观念上先实现了"变废为宝"，才能在实践中推进秸秆的综合利用，其中包括：树立农作物二元结构成果的理念、农作物秸秆是重要农产品的理念、农作物秸秆是重要的农业生物质资源的理念、农作物秸秆具有综合加工利用价值的理念、农作物秸秆利用的多重价值和效能理念、农作物秸秆深度利用就是捡回另一半农业的理念。只有用科学的发展观重新审视农作物种植业的实际地位和可利用价值，才能通过一系列措施进行产业化的综合利用，最大限度地发挥农作物种植业的功能和作用，反过来促进现代农业的发展。

李多松[③]认为，秸秆的综合利用除了是一个经济问题，还对行政产生了巨大的考验。作为政府，除了在秸秆禁烧工作中反思监管工作是否到位之外，更应该在推进其综合利用的过程中了解农民的心态。只有站在农民的角度，帮助其正确认识秸秆，将其视为一种资源而不是包袱的时候，农民配合禁烧秸秆的行

① 杨宗栋. 推动以市场为导向的秸秆综合利用产业化 [J]. 污染防治技术, 2014, 12: 8 - 10.

② 尹成杰. 创新农作物秸秆利用理念和途径 促进农民增收和减排防霾 [J]. 农村工作通讯, 2015, 7: 7 - 9.

③ 焚烧致雾霾加重 秸秆多元利用成趋势 [EB/OL]. (2014 - 10 - 24). http://finance. chinairn. com/News/2014/10/27/155045919. html.

动才会更加自觉，秸秆的回收利用积极性也会极大提高。

陈秀萍、吴宜桓①从法律的角度分析了目前秸秆利用较低、露天焚烧屡禁不止的原因，他们认为主要源自于法律法规自身设计不足。高位阶的法律法规过于笼统，例如，执法主体不明，对违法者的处罚方式单一且无效等。而低位阶的法律规范性文件缺乏执行力，但鲜少对具体执法方式、监管措施以及如何切实推进秸秆综合利用作出规定。为了有效治理秸秆焚烧，应从相关法律制度等上层建筑开始完善，在实际操作中则通过改进执法方式和建立秸秆综合利用补贴制度，多管齐下，积极扶持秸秆综合利用，形成产业链。

冉毅、杨玉峰等②从具体措施入手，认为秸秆发电与秸秆沼气应作为解决秸秆随地焚烧的主要手段。通过这样的方式，可将京津冀区域大部分秸秆消耗掉，能有效缓解京津冀地区的雾霾，这也是综合防霾不可或缺的重要手段。同时提出，秸秆纤维素乙醇应用技术目前还处于产业化初期阶段，应鼓励新技术研发，推进产业化发展。

吴倩③不仅强调企业化的农业生产合作组织在农民参与碳交易市场中发挥的重要作用，如能够提高农民参与市场的积极性，将秸秆利用产业化，还指出，由于目前的城乡二元结构下农业人口不足，分散的农业经营难以满足对秸秆的综合利用的产业化要求。解决该问题的关键在于应继续推动土地流转制度，来促进农业规模化、产业化程度的提升，才更加利于秸秆回收以及后续综合利用、产业化发展的实现。

（2）政策建议

秸秆焚烧问题在我国可以说是一个顽疾，屡禁不止，只有疏堵结合，才能真正做到标本兼治。为此，政府可以出台扶持政策，发挥"四两拨千斤"的作用，将粮食补贴和秸秆焚烧补贴结合起来，形成统一的秸秆环保补贴，不仅可以解决粮食补贴存在的问题，而且为了更好地发挥这两项政府投入的效果，对农民秸秆处理决策产生积极影响。秸秆与粮食有很好的相关性，可以利用秸秆的产量来掌握农民是否种植粮食作物，根据秸秆的处理量（包括销售量和回归田间等综合利用）来确定使用量的秸秆环保补贴。对于秸秆的出售，可以根据相关公司收购秸秆的情况给农户提供补贴。

① 陈秀萍，吴宜桓. 秸秆焚烧行为治理的法律对策探析 [J]. 行政与法，2016，1：65-70.
② 冉毅，杨玉峰，王超，等. 秸秆发电与秸秆沼气应作为解决秸秆随地焚烧的主要手段 [J]. 中国能源，2017，12：31-39.
③ 吴倩. 焚烧秸秆问题的经济学探析 [J]. 商情，2017，41：1.

第8章

从贸易再平衡到生态再平衡

近年来，雾霾污染问题逐步从地区典型个例演变为带有一定普遍性的环境问题和社会问题，雾霾频发已经成为中国经济"新常态"无法回避的生态难题。以京津冀、长三角、珠三角三大"重灾区"为典型代表，雾霾污染严重威胁到公众的生活与健康，同时，也造成社会经济发展在吸引投资、人才引进等方面严重受阻。在2014年"APEC蓝"大热后，各界人士均聚焦于分析雾霾之因、防治雾霾之源的研究上，但却莫衷一是。而随着大气环境问题受到重视，长期被认为有助于促进国际经济发展、推动国家福利改善的自由贸易所产生的收益问题受到了不小的质疑，不少人将国际贸易所带来的环境隐患与雾霾问题相联系。中国自实施对外开放"三步走"[①]战略及一系列包括出口退税在内的税收减免政策以来，一向鼓励"两头在外"的外向型经济，在此期间，出口产品中资本密集型产品占比提高显著，由1980年的11.98%增至2015年的52.39%。[②] 问题在于，外贸出口的资本密集型产业中，具有代表性的冶金工业、石油工业、机械制造业等行业均具有高污染、高排放的特征，中国极有可能沦为国际经济体制中的"污染天堂（Pollution Heaven）"[③]，将雾霾等问题留在本土。更令人担忧的是，在稳增长和促环保等"双重压力"之下，地方政府和企业可能形成"共谋"，将污染通过高压手段直排深层地下水，其污染形式更加隐蔽、环境污染危害更加深远。因此，深入探索导致我国雾霾污染问题严重的成因，

---

① 1978年至今，中国对外开放战略历经了三个主要阶段：沿海开放战略、沿边开放战略、建立自由贸易区战略。

② 根据《中国统计年鉴（2016）》中"出口货物分类金额表"相关数据测得。在此将"化学品及有关产品""机械及运输设备""未分类的其他商品"三者界定为资本密集型产品。

③ 意指欠发达国家工业化水平低、环境污染容忍意愿相对较大，由此成为吸引发达国家产业尤其是污染产业专业的"避难所"。

剖析其与贸易开放是否存在关联性及关联程度，对平衡实现经济发展与环境治理的双重目标、推进我国经济转型升级和国际贸易健康发展都具有重大的现实意义。

8.1 文献研究分析

雾霾污染，不纯粹是一个环境问题，也不简单是一个经济问题，其产生的原因和防治的措施等问题已经引起了国内外不少学者的热切关注。基于此，本章的文献综述主要从雾霾的经济成因与雾霾的防治两个方面展开。

在关于导致雾霾频发的经济因素的分析中，Easy 和 Geradin[1] 指出，全球贸易自由化的结果是各国降低环境管制标准，以维持或增强本国竞争力，从而导致出现了"向底线赛跑"的环境宽松标准竞争（Competition in Laxity）现象；李猛[2]恰恰从财政体制根源的角度论证了这一现象，得出 GDP 单维度的晋升激励机制，结合分税制下的地方税收收入不足，使得政府降低环境软约束以追求经济增长，由于环境具有强外溢性的公共特征，导致地方与地方之间以邻为壑、逐底竞争的现象频发。与环境标准竞争择次假说相关联的，杨来科、张云[3]把环境要素纳入赫克歇尔—俄林（Heckscher – Ohlin，H – O）模型，验证了"污染天堂假说"，指出环境规制差异会加深专业化生产程度，发展中国家扩大生产污染产品而发达国家扩大生产清洁产品，专业化生产和自由贸易加剧了发展中国家的污染水平。现实的情况则是南北间的自由贸易加剧了发展中国家的排放强度，同时，这也是发达国家将雾霾"交接"到发展中国家的重要原因。马丽梅、张晓[4]运用空间计量方法，探讨了中国 31 个省份本地与异地之间雾霾污染的交互影响问题，分析指出产业转移加深了地区间经济与污染的空间联动性，并建立空间环境库兹涅茨曲线（Environmental

① ESTY D C，GERADIN D. Environmental protection and international competitiveness：a conceptual frame work［J］. Journal of World Trade，1998（32）：5 – 46.

② 李猛. 中国环境破坏事件频发的成因与对策——基于区域间环境竞争的视角［J］. 财贸经济，2009（9）：82 – 88.

③ 杨来科，张云. 基于环境要素的"污染天堂假说"理论和实证研究——中国行业 CO_2 排放测算和比较分析［J］. 商业经济与管理，2012（4）：90 – 97.

④ 马丽梅，张晓. 中国雾霾污染的空间效应及经济、能源结构影响［J］. 中国工业经济，2014（4）：19 – 31.

Kuznets Curve，EKC）回归模型，发现污染水平与能源结构以及产业机构的变动息息相关。冷艳丽、杜思正[1]基于 2001—2010 年中国省际面板数据，通过建立固定效应模型（Fixed Effects Model）进行回归分析，结果表明：产业结构与雾霾污染正相关，即工业占 GDP 比重的增加会加剧雾霾污染，城市化的推进对雾霾污染具有正向影响，并且城市化水平越高，产业结构对雾霾污染的影响越大；产业结构越不合理，城市化对雾霾污染的程度也更显著。此外，模型控制变量的检验结果表明，地区生产总值与雾霾污染显著负相关，而贸易开放度与其显著正相关，沿海地区产业结构和城市化以及二者的交互项对雾霾污染的正向影响均大于内陆地区。康雨[2]则运用中国 31 个省份 1998—2012年间 PM2.5 的数据，在空间计量分析的基础上，同时考虑模型本身的内生性，分析证实了贸易开放对雾霾具有加剧效应的结论。

在雾霾治理方面，周景坤、杜磊[3]则认为税收政策，包括征税政策和优惠政策，可以直接作用于企业和个人的成本—收益关系，从而引导和调节其经济行为，以达到产业无霾化和消费绿色化的目标，同时，从国外雾霾防治税收政策工具的实践中得到启示：丰富能源、废气以及机动车相关税种，优化现有消费税和资源税等税收政策，扩大直接减免、投资抵免以及加速折旧等一系列优惠政策范围空间。魏巍贤、马喜立[4]利用了 2010 年中国投入产出延长表及相关数据资料，在构建中国社会核算矩阵（SAM）的基础之上，建立了中国动态可计算一般均衡模型（CDCGE），并结合情景模拟分析法，得出如下结论：在加快能源清洁技术进步、提高能源利用效率的基础上，以硫税或碳税为工具降低能源强度是实现污染物减排与雾霾治理、经济增长损失最小化双重目标的最优政策选择。同时指出，如果没有其他政策配合，单独提高能源利用效率会使得能源使用成本降低而逆向增加能源消费，进而加剧大气污染。从机动车尾气排放对雾霾污染的形成机制考虑，Y. Chen 和 G. Z. Jin 等[5]研究发现，北京实行的限号限行政策确实能一定程度上缓解空气污染、改善空气质量，而这种改善效果的

① 冷艳丽，杜思正. 产业结构、城市化与雾霾污染 [J]. 中国科技论坛，2015（9）：49 – 55.

② 康雨. 贸易开放程度对雾霾的影响分析——基于中国省级面板数据的空间计量研究 [J]. 经济科学，2016（1）：114 – 125.

③ 周景坤，杜磊. 国外雾霾防治税收政策及启示 [J]. 理论学刊，2015（12）：53 – 59.

④ 魏巍贤，马喜立. 能源结构调整与雾霾治理的最优政策选择 [J]. 中国人口·资源与环境，2015（7）：6 – 14.

⑤ CHEN Y，JIN G Z，KUMAR N，et al. The promise of Beijing：evaluating the impact of the 2008 Olympic Games on air quality [J]. Journal of Environmental Economics and Management，2013（66）：424 – 443.

持久性大大取决于政策干预的持续性。另外，从机动车出行的成本角度看，席鹏辉、梁若冰①基于 2005—2013 年的中国城市日度数据，实证分析了油价对空气污染的影响效应，结果表明，油价的提高无法改变一个地区的整体空气质量，这主要是因其对私人汽车、公共汽车以及摩托车无显著效应，而仅通过非私人汽车和出租车的使用变化来影响空气质量。

从已有的文献来看，对雾霾污染的研究无论是其成因还是治理，在一定程度上都是相当完备的。然而，尽管前述文献中有关于贸易会由于不同发展水平国家的环境规制标准差异而造成发展中国家雾霾污染的理论阐述，也有贸易自由度会加剧雾霾污染的实证分析，但却鲜有涉及贸易内部的差异性，从而基于贸易结构与雾霾污染之间的关系而展开的研究。本章在现有研究的基础上，试图构建计量模型，旨在通过实证检验回答雾霾污染与贸易结构之间的内在联系。

8.2 我国贸易平衡与环境污染状况分析

改革开放以来，中国经济迅猛发展，而对外贸易作为拉动经济增长的"三驾马车"之一，为我国经济发展作出了巨大贡献。

与此同时，经济的快速增长与对外贸易的高速扩张带来了严重的能源问题和环境问题。对外贸易发展与生态环境保护间的矛盾逐渐凸显，高速发展的同时付出了较为沉重的资源环境代价。我国长期以来粗放型的贸易增长模式，使得我国始终处于国际产业分工链条的下游，"两高一资"等污染密集型产品的出口比重较高，外贸发展大多建立在高能耗、高污染的基础上，造成了严重的环境污染问题。

8.2.1 贸易规模与环境污染

从表 8 - 1 可以看出，由于 1998 年、2009 年金融危机及近年来全球经济不景气的影响，我国货物贸易进出口总额稍有降低，除此之外，货物贸易进出口总额一直保持上升状态，且保持良好的增长趋势，2003 年的增长速度达到 20 年

---

① 席鹏辉，梁若冰. 油价变动对空气污染的影响：以机动车使用为传导途径 [J]. 中国工业经济，2015（10）：100 - 114.

来的最好水平，为37.19%。出口总额与进口总额也同步增长，2003年最高增长速度分别为34.66%、39.97%。除此之外，我国近20年的进出口差额均为正数，即全部为贸易顺差，且贸易盈余呈扩大趋势，2015年我国贸易顺差高达人民币36830.73亿元，创历史新高，2016年贸易顺差额有所回落，降为人民币33452.12亿元。

表8-1　　　　我国货物贸易进出口额及增长速度（1997—2016年）

年份	进出口总额（亿元）	增长速度（%）	出口总额（亿元）	增长速度（%）	进口总额（亿元）	增长速度（%）	差额（亿元）
1997	26967.24	—	15160.68	—	11806.56	—	3354.12
1998	26849.68	-0.44	15223.54	0.41	11626.14	-1.53	3597.4
1999	29896.23	11.35	16159.77	6.15	13736.46	18.15	2423.31
2000	39273.25	31.37	20634.44	27.69	18638.81	35.69	1995.63
2001	42183.62	7.41	22024.44	6.74	20159.18	8.16	1865.26
2002	51378.15	21.80	26947.87	22.35	24430.27	21.19	2517.6
2003	70483.45	37.19	36287.89	34.66	34195.56	39.97	2092.32
2004	95539.09	35.55	49103.33	35.32	46435.76	35.79	2667.57
2005	116921.77	22.38	62648.09	27.58	54273.68	16.88	8374.41
2006	140974.74	20.57	77597.89	23.86	63376.86	16.77	14221.03
2007	166924.07	18.41	93627.14	20.66	73296.93	15.65	20330.2
2008	179921.47	7.79	100394.94	7.23	79526.53	8.50	20868.41
2009	150648.06	-16.27	82029.69	-18.29	68618.37	-13.72	13411.32
2010	201722.34	33.90	107022.84	30.47	94699.5	38.01	12323.34
2011	236401.95	17.19	123240.56	15.15	113161.39	19.50	10079.16
2012	244160.21	3.28	129359.25	4.96	114800.96	1.45	14558.29
2013	258168.89	5.74	137131.43	6.01	121037.46	5.43	16093.98
2014	264241.77	2.35	143883.75	4.92	120358.03	-0.56	23525.72
2015	245502.93	-7.09	141166.83	-1.89	104336.1	-13.31	36830.73
2016	243386.46	-0.86	138419.29	-1.95	104967.17	0.60	33452.12

资料来源：根据历年《中国统计年鉴》数据整理。

作为全球最大的出口国，对外贸易额的迅速扩大无疑增加了国内资源的消耗。同时，污染物排放量增加，令环境保护压力加大。在中国经济和对外贸易快速发展的同时，工业"三废"（工业废水，工业废气和工业固废）排放量也大幅增加。

从表 8-2 可见，我国的工业废气排放总量持续上升且增长速度较快，由 2000 年的 138145 亿立方米增加到 2011 年的 674509 亿立方米，2012 年至今，废气排放量有升有降，逐步稳定在 630000 亿—695000 亿立方米之间。而废气中二氧化硫的排放总量总体来说较为稳定，排放量位于 1800 万—2600 万吨之间，但依然呈现出先升后降的趋势，具体表现为：2000—2006 年稳中有升，2007 年至今稳中有降，相应地，工业二氧化碳排放量呈现出相同的变化趋势。这表明，虽然节能减排的政策对废气排放量有所控制，但是作用并不显著，其中，二氧化硫的排放量依然居高不下。

表 8-2　　我国废气中二氧化硫（SO_2）污染排放量（1997—2015 年）

年份	工业废气排放总量（亿立方米）	SO_2 排放总量（万吨）	工业 SO_2 排放量（万吨）	城镇生活 SO_2 排放量（万吨）	集中式 SO_2 排放量（万吨）
1997	—	1852	1852	—	—
1998	—	1593	1593	—	—
1999	—	1857.5	1460.1	397.4	—
2000	138145	1995.1	1612.5	382.6	—
2001	160863	1947.8	1566.6	381.2	—
2002	175257	1926.6	1562	364.6	—
2003	198906	2158.7	1791.4	367.3	—
2004	237696	2254.9	1891.4	363.5	—
2005	268988	2549.3	2168.4	380.9	—
2006	330990	2588.8	2234.8	354	—
2007	388169	2468.1	2140	328.1	—
2008	403866	2321.2	1991.3	329.9	—
2009	436064	2214.4	1865.9	348.5	—
2010	519168	2185.1	1864.4	320.7	—
2011	674509	2217.9	2017.2	200.4	0.3

续表

年份	工业废气排放总量（亿立方米）	SO_2 排放总量（万吨）	工业 SO_2 排放量（万吨）	城镇生活 SO_2 排放量（万吨）	集中式 SO_2 排放量（万吨）
2012	635519	2117.6	1911.7	205.7	0.3
2013	669361	2043.92	1835.19	208.54	0.19
2014	694190	1974.4	1740.4	233.9	0.2
2015	685190	1859.1	1556.7	296.9	0.2

资料来源：根据历年《全国环境统计公报》数据整理。

8.2.2 贸易结构与环境污染

从出口商品结构来看（见表8-3），我国工业制成品的比重逐年上升，从1997年的86.90%上升至2015年的95.43%，2016年略有下降，为94.99%，而初级产品出口比重逐年下降，由1997年的13.10%下降至2015年的4.57%，2016年略有回升，为5.01%，这表明，工业制成品出口已成为我国对外贸易的主要部分。相对于出口比重，工业制成品和初级产品的进口比重波动较大，总体趋势表现为工业制成品进口比重缓慢下降，初级产品进口比重缓慢上升。我国工业制成品和初级产品近20年的进出口比重变化表明，我国在不断优化对外贸易的商品结构。

表8-3 我国初级产品和工业制成品进出口额及比重（1997—2016年） 单位:%

年份	出口		进口	
	初级产品比重	工业制成品比重	初级产品比重	工业制成品比重
1997	13.10	86.90	20.10	79.90
1998	11.15	88.85	16.36	83.64
1999	10.23	89.77	16.20	83.80
2000	10.22	89.78	20.76	79.24
2001	9.90	90.10	18.78	81.22
2002	8.77	91.23	16.69	83.31
2003	7.94	92.06	17.63	82.37
2004	6.83	93.17	20.89	79.11
2005	6.44	93.56	22.38	77.62
2006	5.46	94.54	23.64	76.36

续表

年份	出口		进口	
	初级产品比重	工业制成品比重	初级产品比重	工业制成品比重
2007	5.05	94.95	25.43	74.57
2008	5.45	94.55	32.00	68.00
2009	5.25	94.75	28.81	71.19
2010	5.18	94.82	31.07	68.93
2011	5.30	94.70	34.66	65.34
2012	4.91	95.09	34.92	65.08
2013	4.86	95.14	33.75	66.25
2014	4.81	95.19	33.02	66.98
2015	4.57	95.43	28.11	71.89
2016	5.01	94.99	27.78	72.22

资料来源：根据历年《中国统计年鉴》数据整理。

由于工业成品生产和加工过程中消耗大量的能源，以及造成大量的工业废水，工业废气和工业固体废物，制成品的贸易将会产生巨大的环境成本。工业制成品贸易顺差表明出口国可能承受大量来自进口国的污染转移。为了进一步了解中国商品结构与环境污染之间的关系，我们进一步分析不同污染程度的不同制成品的贸易结构。

随着中国经济的快速发展和工业化的不断推进，工业污染已成为中国环境质量恶化的重要原因。目前，中国仍处于工业化进程中。重化工在国民经济中仍占有重要地位。重化工高污染、高能耗的特点使得中国的环境污染严重。

由表 8-4 可以看出，2011—2015 年二氧化硫排放量最高的五大行业为：电力热力生产和供应业、黑色金属冶炼及压延加工业、非金属矿物制品业、化学原料和化学制品制造业、有色金属冶炼及压延加工业，且其排放量均在 100 万吨以上，成为工业行业二氧化硫排放量的主力军。2015 年，燃气生产和供应业、医药制造业、金属制品业排放量增长迅速，赶超电力热力生产和供应业、非金属矿物制品业、化学原料和化学制品制造业三大行业的排放量。同时，可以看出，大多数行业的二氧化硫排放量稳中有降，但 2015 年部分行业的二氧化硫排放量异于前四年的变化趋势，这可能是由于节能减排政策对二氧化硫排放量产生了抑制作用，也可能是我国对于二氧化硫排放量的工业行业结构进行了调整，限制了某些行业的排放量，如煤炭开采和洗选业。

表8-4 我国各主要行业二氧化硫排放量（2011—2015年）

单位：吨

年份	煤炭开采和洗选业	石油和天然气开采业	黑色金属矿采选业	有色金属矿采选业	非金属矿采选业	开采辅助活动	其他采矿业	农副食品加工业	食品制造业	酒、饮料和精制茶制造业	烟草制品业	纺织业	纺织服装、服饰业	皮革、毛皮、羽毛及其制品和制鞋业	木材加工及木、竹、藤、棕、草制品业	家具制造业	造纸及纸制品业	印刷和记录媒介复制业	文教、工美、体育和娱乐用品制造业	石油加工、炼焦和核燃料加工业
2011	129254	25145	26055	17832	46271	5405	345	239869	141630	134222	11074	272288	19266	25602	47070	2873	542812	4083	2321	808113
2012	124866	22106	24317	24486	38811	2824	383	237768	147116	128577	11003	269806	16685	26680	42637	3130	496904	4704	2117	802051
2013	126231	20861	23101	13769	36310	3251	479	236163	149470	130716	11180	254902	16628	25959	42329	3013	448897	4235	2027	792776
2014	114320	26963	24439	14648	38889	4342	302	224049	146430	119948	10323	234670	18287	26029	47315	2947	412157	5599	1904	787451
2015	104550	28636	22132	14931	38238	4200	473	239402	145478	117537	7993	227739	19842	26402	54038	3760	371211	6615	2268	6827

年份	化学原料和化学制品制造业	医药制造业	化学纤维制造业	橡胶制品业	非金属矿物制品业	黑色金属冶炼及压延加工业	有色金属冶炼及压延加工业	金属制品业	通用设备制造业	专用设备制造业	汽车制造业	铁路、船舶、航空航天和其他运输设备制造业	电气机械及器材制造业	计算机、通信和其他电子设备制造业	仪器仪表制造业	其他制造业	废弃资源综合利用业	金属制品、机械和设备修理业	电力、热力生产和供应业	燃气生产和供应业
2011	1274718	104078	121463	81120	2016894	2514490	1146272	58336	27042	16430	13215	17044	9429	7954	923	13982	4094	1606	9011882	16452
2012	1261534	107604	101466	88142	1997859	2406154	1144323	76031	22813	19467	13867	17194	10764	7509	980	62202	4309	752	7970337	16561
2013	1281973	105834	85924	84979	1960373	2351201	1223227	80533	21392	16197	12310	15398	11264	7110	636	60693	5384	890	7206252	15632
2014	1343554	106493	77049	85322	2086269	2150358	1229750	117443	19888	16449	11976	15549	10804	8179	904	63783	5724	882	6211869	17417
2015	1345584	100327	76010	86557	2037839	1736348	1209283	98987	17718	11975	12383	13364	12773	5908	938	63413	7226	842	5058302	653245

资料来源：依据历年《中国环境统计年鉴》数据整理。

表 8 - 5　我国各主要行业工业烟尘排放量（2011—2015 年）

单位：吨

年份	煤炭开采和洗选业	石油和天然气开采业	黑色金属矿采选业	有色金属矿采选业	非金属矿采选业	其他采矿辅助活动	农副食品加工业	食品制造业	酒、饮料和精制茶制造业	烟草制品业	纺织业	纺织服装、服饰业	皮革、毛皮、羽毛及其制品和制鞋业	木材加工及木、竹、藤、棕、草制品业	家具制造业	造纸及纸制品业	印刷和记录媒介复制业	文教、工美、体育和娱乐用品制造业	石油加工、炼焦和核燃料加工业
2011	208876	16507	121655	14640	56466	2758	202114	69643	74457	5904	101440	8792	12977	204574	2864	207497	1793	2151	458741
2012	333033	6916	103008	21747	36780	967	182154	58169	66042	6568	92095	8129	10451	156598	2590	167286	2086	2052	441740
2013	381935	7813	114870	15010	47487	1115	195125	55129	67822	5065	89944	7578	11070	144134	3989	148984	2346	1764	407792
2014	385148	7946	94393	20392	52651	1441	163058	64887	63652	5847	83457	10462	11242	127967	2697	141827	3349	1811	421385
2015	7043	234820	8517	70323	24218	1733	997	160148	71077	72829	5678	80695	10720	12510	131448	3515	137598	3609	2036

年份	化学原料和化学制品制造业	医药制造业	化学纤维制造业	橡胶制品业	非金属矿物制品业	黑色金属冶炼及压延加工业	有色金属冶炼及压延加工业	金属制品业	通用设备制造业	专用设备制造业	汽车制造业	铁路、船舶、航空航天和其他运输设备制造业	电气机械及器材制造业	计算机、通信和其他电子设备制造业	仪器仪表制造业	其他制造业	废弃资源综合利用业	金属制品、机械和设备修理业	电力、热力生产和供应业	燃气生产和供应业
2011	657009	48427	33127	30168	2790786	2061538	348479	87576	49025	22229	100381	59058	5762	5369	1016	21749	4740	10047	2155978	11965
2012	582669	44392	21856	32817	2551531	1812773	319415	82396	32045	21501	21417	52054	6722	12826	949	25025	4204	9096	2227883	7477
2013	599535	41914	20589	3642	2587713	1935148	360302	79523	33950	17621	22313	21636	6558	4629	685	23413	3980	6828	2702839	5995
2014	658225	48761	32234	38056	2644862	4271819	384801	70087	25283	17528	17446	21577	6577	6708	650	31115	6340	2069	2724160	5224
2015	332323	655745	43478	26020	39325	2402851	3572149	391032	88069	22788	13889	16266	16782	7892	5830	1943	51406	6672	1649	2276699

资料来源：根据历年《中国环境统计年鉴》数据整理。

由表 8-5 可以看出,2011—2015 年工业烟尘排放量排名靠前的行业为:电力、热力生产和供应业、非金属矿物制品业、黑色金属冶炼及压延加工业,其工业烟尘排放量均超过 180 万吨且远高于其他行业,2015 年燃气生产和供应业、有色金属冶炼及压延加工业、黑色金属冶炼及压延加工业三大行业的烟尘排放量均超过 220 万吨,占总排放量的 74.5%,成为工业烟尘排放量的重要来源。除此之外,可以看到,类似于二氧化硫排放量的变化趋势,大多数行业的工业烟尘排放量稳中有降,个别行业的工业烟尘排放量有所上升,可能是工业生产结构调整所致。

根据以上数据分析,从工业烟尘和二氧化硫排放量来看,电蒸汽和热水生产和供应、化学原料和化学制品制造、金属冶炼和压延加工和金属制品、造纸和印刷以及文教和教育用品制造业、采掘业和非金属矿物制品属于重度污染行业。这些行业也是进出口贸易的主力军。重污染行业的重大进出口贸易可能会增加国内工业污染排放,增加环境污染的压力和霾度。

8.2.3 贸易方式与环境污染

由表 8-6 可知,除 1998 年、2009 年之外,无论是一般贸易、加工贸易还是其他贸易,其出口额呈现持续增加的趋势,而且,1997—2010 年我国加工贸易出口额一直高于一般贸易出口额,是我国出口贸易的主要部分。2011 年至今,我国开始调整贸易结构,一般贸易出口额赶超加工贸易出口额,成为现阶段的主力军。从进口角度来看,除 1997 年、1998 年、1999 年之外,一般贸易进口额一直高于加工贸易进口额,并且由于 2011 年之后,一般贸易进口额的增长速度加快,二者之间的差距也越来越大。除此之外,我国其他贸易的进出口额也不断增加,且 2010 年之后增长较快。

中国加工贸易的迅速崛起,对扩大对外贸易规模、促进经济发展和增加劳动就业发挥了重要作用。与此同时,一些地方政府大力鼓励"片面追求经贸业绩"的"两大一大"的贸易方式的一系列优惠政策,使中国加工贸易在 1980 年代和 1990 年代迅速发展。但由于国际产业转移的梯度性,中国加工贸易在发展初期基本处于产业链的顶端,即处于"微笑曲线"的底部。在进行国际产业转移的过程中,中国主要发挥"加工装配领域"的作用。由于经济发展水平和产业结构调整的影响,发达国家大量将能源消耗高、污染少、劳动密集型的低端产业转移到发展中国家。而中国从事加工贸易生产产品,脱离技术标准,由于过程的限制,会产生大量的废水、废气和固体废物。例如,服装加工过程中产生的废水污染,在电子部件和集成电路板的组装过程中会产生大量的废水和固体废物污染。可以看出,中国加工贸易在高速发展的同时,对环境造成了严重的污染。需要指出的是,加工贸易对环境的负面影响逐渐引起了我国政府的关注和重视。为更好地协调加工贸易发展和资源环境约束,中国有关政府部门出台了一系列的指导性政策。加工贸易快速发展势头得到遏制,发展态势逐渐缓解,并被一般贸易所取代。但加工贸易进出口仍占中国贸易额的很大比例,造成的环境污染和霾问题不容忽视。

表 8 - 6　　　　我国不同贸易方式进出口变化情况(1997—2015 年)　　　单位:亿美元

年份	一般贸易		加工贸易		其他贸易	
	出口	进口	出口	进口	出口	进口
1997	779.74	390.30	996.02	702.06	52.14	331.34
1998	742.35	436.80	1044.54	685.99	50.22	279.58
1999	791.35	670.40	1108.82	735.78	49.14	250.81
2000	1051.81	1000.79	1376.52	925.58	63.70	324.57
2001	1118.81	1134.56	1474.34	939.74	67.83	361.23
2002	1361.87	1291.11	1799.27	1222.00	94.82	438.59
2003	1820.34	1877.00	2418.49	1629.35	143.45	621.22
2004	2436.06	2481.45	3279.70	2216.95	217.50	913.89
2005	3150.63	2796.33	4164.67	2740.12	304.23	1063.08
2006	4162.33	3330.74	5103.55	3214.72	423.81	1369.15
2007	5393.55	4286.64	6175.60	3684.74	623.20	1590.20
2008	6628.62	5720.93	6751.14	3783.77	927.17	1820.92
2009	5298.12	5344.70	5868.62	3222.91	849.37	1491.62
2010	7206.12	7692.76	7402.79	4174.82	1168.63	2094.86
2011	9170.34	10076.21	8352.84	4697.56	1460.64	2661.07
2012	9878.99	10223.86	8626.77	4812.75	1981.38	3147.43
2013	10873.26	11098.59	8600.40	4966.62	2616.38	3434.68
2014	12033.91	11089.40	8842.18	5240.85	2546.84	3262.09
2015	12147.92	9224.02	7975.30	4466.10	2611.47	3105.53

资料来源:根据历年《中国贸易外经统计年鉴》数据整理。

8.3 我国贸易"生态逆差"的原因分析

8.3.1 理论分析

从 20 世纪 80 年代开始,在多边贸易过程中发生了一系列与环境有关的贸易争端,学术界就此开始研究对外贸易与环境质量的关系。到目前为止,对二者关系的研究成果已经相当丰富,但各方观点不一,呈现出"百家争鸣"的态势。最早的分析框架是 Grossman 和 Krueger 提出的,他们在研究北美自由贸易区(NAFTA)的环境效应时,将国际贸易对环境的影响分解为规模效应、结构效应和技术效应这三个方面,这也是到现在被引用得最多的分析框架。OECD(1994)和 Panayotou 分别对该分析框架进行了补充,Antweiler、Copeland 和 Taylor 基于该分析框架构建了著名的南北贸易模型,用以分析环境的综合效应。目前,关于对外贸易的环境效应的理论主要有以下三种。

第一种理论认为对外贸易会恶化发展中国家的环境质量。其中,最著名的理论有"污染避难所假说"(Pollution Haven Hypothesis)和"向底线赛跑"理论。"污染避难所假说"是在 Antweiler、Copeland 和 Taylor 分析南北贸易模型的观点的基础上形成的,其主要观点为:发达国家为规避本国较高的环境规制成本,会通过对外贸易向发展中国家转移污染密集型产业,从而发展中国家沦为发达国家的"污染避难所"。在经济发展初期,贫穷与落后使得发展中国家迫切需要发展经济,为了在国际贸易市场上占据一席之地,缺乏先进技术和优质资本的发展中国家只能利用其较低的环境成本,将资源消耗性以及污染密集型产业作为贸易的主导产业。发达国家凭借着其在技术上的优势将国内被环境标准限制的高耗能高污染技术和产业转移到海外,而劳动力成本低、自然资源丰富的发展中国家就很容易在贸易活动中成为"污染避难所",出现发展与污染相伴而生的现象。"向底线赛跑"理论最早由 Dua 和 Esty 于 1997 年提出,他们认为各个国家为了使本国产品在国际贸易中获得竞争优势,会纷纷降低环保标准来减少国内企业的生产成本,从而出现"向底线赛跑"的现象。这一理论不仅认为国际贸易会降低发展中国家的环境标准("污染避难所假说"的主要观点),还认为贸易也会使发达国家的环境标准下降,最终全球的环境标准都下降,环境污染日益恶化。根据大卫·李嘉图的比较优势理论,各个国家为取得专业化分工的益处，在国际贸易中应出口比较优势产品、进口比较劣势产品，对于发展中国家来说，为了维持其比较优势，高耗能高污染的资源密集型产品出口模式会被固化，难以向国际分工体系上游跃升，国际贸易会进一步拉大地区之间的贫富差距。

第二种理论则对国际贸易持积极态度，认为对外贸易并不一定就会加剧环境污染。"波特假说"和"污染光环假说"主要持这种观点。"波特假说"由 Mike Poter 提出，该理论的主要观点为适当的环境规则可以促进技术进步。政府进行设计合理的环境规制短时间内会增加企业的生产成本，但长期内为了获得竞争优势企业会自主进行更多地创新活动来提高企业的生产能力，从而不仅可能对冲掉环保带来的成本，而且可能提高企业产品质量，在市场上获得竞争优势，提升企业的盈利能力。"波特假说"认为长期的环境规制会使企业认识到环境成本已经增加，只有进行对环境有价值的科技创新的投资，企业才能生存与发展。假说为我们提供全新的视角来重新审视环境质量与经济发展的关系，这为发展中国家破解发展与污染的矛盾、走可持续发展道路提供了理论引导。"污染光环假说"是 Kevin Grey 和 Duncan Brank 于 2002 年提出的，该假说认为发达国家具有更先进的污染处理设备和技术，发展中国家在国际贸易过程中不断的学习，可以提高本国的环境质量。由于发达国家实行的是较为严格的环境标准，在其向发展中国家进行国际贸易时，可以通过知识扩散、技术外溢与授权、资金投入等方式促进发展中国家环保技术的发展。如果政府能够实施严格的环境规制，充分鼓励外贸企业进行技术创新，虽然在短期内很难看到成果，甚至会降低对外贸易的竞争力，但长期在两者的相互推动下，对外贸易会进入发展和环保双赢的良性循环。

第三种理论认为对外贸易对环境污染的影响比较复杂，取决于多种因素的综合作用。最早体现这种思想的就是 Grossman 和 Krueger，他们从规模、结构、技术这三个方面分析了国际贸易对环境的影响，指出自由贸易在长期内会抵消其负面影响，最终会改善环境质量。规模效应是指对外贸易的增长会直接引致经济规模的扩大，导致对环境要素的过度使用和工业污染排放量的增加；结构效应是指对在资本和技术密集型产业上具有比较优势的国家，对外贸易引起的产业结构变化将改善其环境质量，而资源和污染密集型国家正好相反；技术效应是指对外贸易会促进技术在国际间的传播与扩散，既包括环保技术，也包括污染技术。OECD 和 Panayotou 分别补充了产品效应和收入效应，其后其他学者也提出了不同的效应标准，不一而足，他们均认为对外贸易对环境的共同作用应视具体情况而定。

8.3.2　我国现实政策因素分析

我国的商品贸易结构之所以会与雾霾等环境污染之间存在如此显著的关联性，很大程度上是由我国当前的经济发展阶段所决定的，换句话说，我国对美国等发达国家之所以同时具有贸易顺差和"生态逆差"，与我国的经济增长模式以及相应的政策安排是密不可分的。当前，我国经济正处于转型升级的关键时期，加工制造业等第二产业依然在我国国民经济中占有举足轻重的地位。2016年，第二产业占 GDP 的比重仍然有 39.8%。这样的产业结构无疑需要国家在国际市场上发挥对应的产品优势，进而就决定了我国在进出口税收政策安排上会坚持"出口导向"。就目前来看，这种"出口导向型"的税收政策安排具体体现在针对加工贸易①的特殊税收优惠，尤其是来料复出口的原材料和市场"两头在外"的贸易形式，我国在流转税上基本实行了不征不退的政策待遇。这些进出口的税收政策安排对鼓励出口都起到了非常重要的作用，出口是拉动经济增长的"三驾马车"之一，而进出口的税收政策对于鼓励出口、拉动经济增长确实功不可没。

（1）货物贸易出口退税政策成就贸易顺差的同时造成"生态逆差"

在我国对外贸易中，货物贸易占比达 88.5%，其中，货物贸易出口更是高达 91.3%，这其中，我国长期推行的货物贸易出口退税制度发挥了重要作用（见表 8-7）。尽管实施出口退税是符合 WTO 规定的国际惯例，也是避免流转税重复课税的重要举措，但是，考虑到我国以流转税为主的税制结构，出口退税政策确实对出口起到了非常重要的激励作用。

然而，单纯的鼓励出口政策带有较强的"负外部性"，突出表现在对本土生态环境的负面影响。在我国加工制造业以及"两高一资"②产业方面，这一点表现得尤为突出。比如，在油气资源领域，近些年来，中央不断放开初级资源性产品的进口权，而更广泛地运用出口退税鼓励中间产品、工业制成品的出口，以此拉动 GDP 的增长。工业制成品的出口低门槛，恰好使得追求政绩的地方政

---

①　我国的加工贸易方式可以分为来料加工和进料加工。前者指加工一方由国外另一方提供原料、辅料等，按照双方商定的质量、规格加工为成品，交付对方并收取加工费；后者指购入国外的原材料、辅料，利用本国的技术、设备和劳力，加工成成品后，销往国外市场。

②　2005 年，《中华人民共和国国民经济和社会发展第十一个五年规划纲要》开始将"高耗能、高污染和资源性"称为"两高一资"，将具有这 3 种特点的行业称为"两高一资"行业。

府更加鼓励当地外贸加工制造企业的发展，甚至为使更多的外贸加工企业转移到本地区而展开激烈的竞争，不断"朝环境底线赛跑"。可见，我国出口退税政策的实行推动货物贸易的增长奇迹，但同时也造成了大量的生态逆差。

表 8-7   原油进口使用权、成品油出口退税政策简表

时间	政策名称	内容
2006.11.16	《原油市场管理办法》	规定申请原油进口销售资格的企业，注册资本不低于 1 亿元人民币，年进口量在 50 万吨以上，拥有库容不低于 20 万立方米的原油油库。高准入门槛使得原油进口权主要掌握在国营石油企业手中
2015.02.16	《国家发展改革委关于进口原油使用管理有关问题的通知》（发改运行〔2015〕253 号）	规定了较为详尽的进口原油使用资质的申请条件，允许符合条件的地方炼油厂在淘汰一定规模落后产能或建设一定规模储气设施的前提下使用进口原油
2015.7.23	《商务部关于原油加工企业申请非国营贸易进口资格有关工作的通知》	明确了符合条件的原油加工企业可获得原油进口资格，并设定了一系列前置条件
2016.8.18	《国家发展改革委办公厅关于进一步规范原油加工企业申报使用进口原油有关工作的通知》（发改电〔2016〕485 号）	要求各原油加工企业严格执行各项申报条件，切实加强评估管理，淘汰落后产能，严厉打击偷逃税等违法违规行为
2016.11.4	《关于提高机电、成品油等产品出口退税率的通知》	经国务院批准，自 2016 年 11 月 1 日起提高成品油（汽油、柴油、航空煤油）等产品的增值税出口退税率至 17%

资料来源：国家发展改革委、商务部以及财政部网站。

（2）服务贸易缺乏退税支持，强化了贸易—生态的逆差

我国货物贸易世界排名第一，20 多年来持续保持巨额顺差。然而，与之形成鲜明对比的是，我国服务贸易发展还相对滞后，2015 年服务贸易逆差为1366.2 亿美元。数据显示，我国服务贸易从 1995—2014 年已连续 20 年保持逆差，而且逆差规模总体呈扩大趋势（如图 8-1 所示）。2007 年之前，逆差变化较为平稳，2008 年逆差额首次超过 100 亿美元，达到 115.5 亿美元，2013 年逆差额达到 1185 亿美元。这其中，服务贸易区别于货物贸易的出口退税政策差异是一个重要原因。"营改增"之前，我国服务贸易领域的出口退税工作较货物贸易相对滞后。一方面，与服务贸易行业采取出口退税和免税政策的许多国家、地区相比，我们的服务公司在国际竞争中处于劣势。另一方面，与在货物贸易领

域享受出口退税政策的行业相比，企业在投资服务领域的积极性下降，阻碍了产业分工的发展。

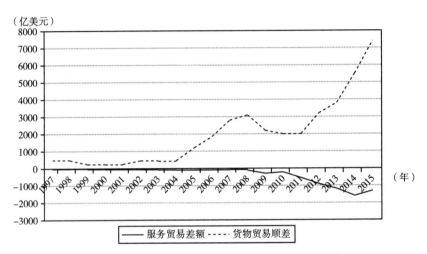

图8-1 我国历年来服务贸易和货物贸易差额变动情况

资料来源：《中国服务贸易统计2015》。

我国服务贸易出口退税政策滞后是服务贸易严重落后于货物贸易的重要原因之一。根据营业税制度，大部分服务在出口时无法获得退税。中国对国内企业的国内出口服务和进口对外服务都要纳税，这往往会导致双重征税；服务公司通常对其营业额收取全额税款，而不是征税差异；服务公司必须互相提供服务；税额不能相互扣除；在将增值税业务或增值税业务与营业税业务分开时很难区分政策边界。以上这些因素都增加了服务公司的税负，并大大削弱了其国际竞争力。与中国很多制造业企业相比，服务贸易公司很难获得包括出口退税在内的许多税收优惠，这大大降低了企业投资服务贸易的积极性，阻碍了产业分工和生产性服务业的发展。

一般而言，货物的生产加工过程会给东道国带来更多的环境污染物排放，而发展服务业和服务贸易则是低能耗、低污染的环境友好型发展路径。因此，优化服务贸易出口退税政策，不仅有利于促进服务贸易与货物贸易的协调发展，更有利于带动我国经济、社会的可持续发展，并且减少"生态逆差"。

（3）加工贸易的"不征不退"，进一步加剧"生态逆差"

一些研究发现，中国出口企业的全要素生产率水平反而远远低于非出口企业，并且，出口量越多的企业效率差距越大。该现象与既有理论和其他国家的特征事实相悖，被学术界冠之为中国出口企业的"生产率之谜"。一种解释就是，这种低生产率水平主要体现在加工贸易方面，而一般贸易基本符合 Melitz 的"出口企业相比非出口企业生产效率更高"的假说。换言之，加工贸易的生产率更低，从而可能产生更多的环境问题，带来更大的"生态逆差"。然而，在我国的出口退税体系中，加工贸易适用"不征不退"，相较于一般贸易的"先征后退"，能够完全不受出口退税率调整的影响，从而能获得更为稳定的支持和发展，这无疑会更加强化其对环境生态的逆向选择。

中国的出口贸易主要由一般贸易和加工贸易两种贸易方式组成。一般贸易是正常的外贸，加工贸易具有"两头出"的特点，即只提供原材料和产品市场。加工贸易是产业内贸易的典型形式。跨国公司充分利用国别要素禀赋特别是劳动力资源的优势，是贸易手段。与一般贸易相比，加工贸易对东道国的工业技术水平和资本等稀缺要素的要求较低。如果自身产品的质量不足以参与国际竞争，加工贸易的引入一方面有助于解决国内问题，另一方面，劳动力就业可以迅速向外界开放，增加外汇收入。多年来，中国先后多次出台加工贸易优惠政策。这些优惠政策的出台，极大地促进了中国加工贸易的发展。

一直以来，中国在税收政策方面对加工贸易实行倾斜，而增值税征收的优惠是其中重要一环。国内税法规定，对以加工贸易形式进口的料件免征增值税，并且在原材料完成加工之后出口时同样免征增值税；在出口退税方面，对于完全采用进口料件进行加工的"来料加工贸易"实行增值税"不征不退"的政策，而对于部分使用进口料件的"进料加工贸易"则只对国内原材料部分实行退税，进口料件的部分在销项税中进行扣减。这就意味着，出口退税率的调整，对于不同贸易方式企业的出口影响是不一样的——"不征不退"的政策使得来料加工贸易完全不受出口退税率调整的影响，而进口料件部分在销项中的扣减，降低了进料加工贸易的核算基数，相比于一般贸易，其受退税率调整的影响较小。为鼓励一般贸易的出口，中国采取了出口退税的方式，即首先全额征收国内环节增值税，如果企业生产的产品出口到国际市场，那么，海关会返还其国内增值税部分。这种"先征后返"的方式有利于国家根据出口形势采取相机抉择的政策，例如在宏观经济不景气时，可以提高出口退税率，鼓励企业出口，利用国际市场来消化国内的产品库存，反之，为了节能减排，也可以结构性地下调高能耗产品的出口退税率，以此来减少国内的环境污染。1995—2010 年，中国一共对出口退税率进行了 7 次大范围的调整，特别是在 1998 年和 2008 年两次金融危机的时候，大幅度上调了出口退税率，以鼓励企业增加出口，同时，结构性地下调部分原材料产品和高能耗产品的出口退税率。范子英、田彬彬（2014）认为，这些退税政策的调整并没有影响加工贸易理论，出口产品只有在事先被征收增值税的情况下才会受到出口退税率下调的影响，而加工贸易是"不征不退"，因而出口退税政策对两种贸易方式的影响是不同的。按照现有税法的规定，当出口退税率下调一个百分点，相当于一般贸易产品出口成本增加一个百分点；与此相反，来料加工企业则基本不会受到出口退税率下调的影响，而部分使用国产料件的进料加工企业只须承担国产料件部分的征退税率差，出口退税率下调对其产品出口的影响也要小于一般贸易，并且这种影响随着进口原材料份额的增大而减小。

（4）优惠政策不规范、环保标准执行不到位，继续恶化"生态逆差"

在我国政策方面，我国部分优惠政策不规范，以及环保标准执行不到位，一定程度上降低了企业成本，客观上刺激了出口，扩大了贸易出口规模。近年来，为推动区域经济发展，一些地区和部门对特定企业及其投资者，在税收、非税等收入和财政支出方面实施了优惠政策，一定程度上促进了投资增长和产业集聚。但是，从世贸组织争端案件看，部分地方政府出台的部分优惠政策与世贸组织规则及我国加入承诺不符，既不利于发挥市场在资源配置中的决定性作用，扰乱了市场秩序，不利于培育企业自身的竞争力，也容易成为贸易保护主义措施的借口，引发反倾销、反补贴调查，导致被迫调整政策，影响企业的发展。同时，我国还存在环保标准执行不到位的问题，如大部分钢铁企业污染物排放不合格等，也在一定程度上表明环境成本没有内化到产品价格中，这种隐形的"环境补贴"，客观上虚增了产品的价格优势，刺激了出口的增长，但同时也加剧了国内污染，并进一步扩大"生态逆差"。

从这种意义上讲，即使我国2018年开征了环境保护税，或者进一步研究开征碳税，但是税制结构内部单纯鼓励出口的政策没有根本"理顺"，税制当中的"车马炮"不动，"兵象士"在那里"虚晃一枪"，那么就相当于环境污染的"病灶"不除，雾霾等问题还将"挥之不去"。出口导向的进出口税收政策安排是由我国产业发展阶段决定的"必然选择"。可见，在目前的经济模式和政策背景下，我国在贸易上算账是"得分"的，生态上却是"失分"的，在以污染本土环境为代价"为他人做嫁衣"。

8.4　模型设定与数据分析

8.4.1　雾霾—贸易结构的计量模型设定

外国学者 Grossman 和 Krueger 最早借助经验模型方程对环境库兹涅兹曲线 (Environmental Kuznets Curve，EKC) 进行分析，开启了经济发展与环境污染之间的实证研究[①]。在这里，为了检验雾霾污染与贸易结构之间是否存在相关性及相关程度如何，本节借助 EKC 曲线的基本分析框架，构建如下计量模型：

$$\ln WMWR_t = \alpha_0 + \alpha_1 \ln(Ex\_Indusgoods_t) + \alpha_2 (\ln PGDP_t)^2 + \alpha_3 \ln Exch_t + \varepsilon_t \quad (1)$$

其中，t 表示年份，$WMWR_t$ 表示雾霾污染，$Ex\_Indusgoods_t$ 表示工业制成品出口额，$PGDP_t$ 表示人均国内生产总值，$Exch_t$ 表示人民币对美元的外汇汇率，ε_t 反映了各年特定因素的影响，为随机误差项。对于可能存在的异方差问题，本节通过对各变量取自然对数的形式，从源头上消除异方差性对模型的干扰。

对模型（1）的变量设定与解释如下：

A. 被解释变量：WMWR。由于国内有关 PM2.5 及 AQI 等长期数据的缺失，而雾霾的主要组成成分为二氧化硫、氮氧化物以及可吸入颗粒物，因此，本节在真实数据可测的前提下，选择以二氧化硫的年度排放量（万吨）来表征我国历年来的雾霾污染程度。

B. 核心解释变量：Ex_Indusgoods。自我国加入 WTO 以来，伴随着贸易开放刺激经济增长、经济发展带动贸易开放，更多的"中国制造"产品走向世界。在贸易出口的结构中，商品类型分为初级产品和工业制成品。不难理解，借助于我国自 20 世纪 80 年代至 21 世纪初曾存在的高度人口红利，工业制成品的生产与贸易是我国经济发展的重要推动力量之一。然而，工业制成品的生产不可避免地会造成环境污染问题，中国极有可能"挥霍"自己的环境禀赋，将产品送往世界，却把雾霾留在本土。因此，工业制成品的出口额与雾

---

① GROSSMAN G M，KRUEGER A B. Environmental Impacts of a North American Free Trade Agreement [J]. Social Science Electronic Publishing，1992 (8)：223 – 250.

霾污染之间的关系在某种意义上可以反映中国是否沦为世界工厂的"污染避难所"。

C. 控制变量：本节在将工业制成品出口额作为核心解释变量的基础上，加入了人均国内生产总值和人民币对美元的汇率这两个控制变量，使模型的拟合更优化。

a. 人均国内生产总值：PGDP。Grossman 等借鉴 Kuznets 所提出的经济发展与收入差距变化呈倒 U 形的假说，验证了经济发展与环境质量之间同样也呈现出倒 U 形的曲线关系，即经济发展初期，经济发展意味着更大规模的经济活动与资源需求量，结果人均收入的提高将会导致环境质量的下降；一旦经济发展超越了某一临界值点，经济发展又通过正的技术进步效应以及结构效应（如产业结构的升级与优化）减少了污染排放，结果人均收入的进一步提高反而会有助于降低环境污染、改善环境质量①。因此，本节参考 EKC 曲线的内在机制，将人均国内生产总值作为控制变量之一。在图 8 - 2 中，表示雾霾污染的指标和人均国内生产总值分别取对数后，符合 EKC 曲线的倒 U 形特征，即在模型中加入 $(\ln PGDP)^2$ 在理论上是可行的。而数据来源会在后文中介绍。

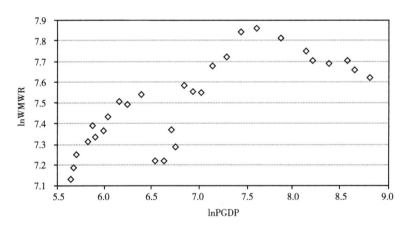

图 8 - 2 lnWMWR 与 lnPGDP 的散点图

b. 人民币对美元的汇率：Exch。根据经济学原理，出口国对进口国的外汇汇率变动会给出口国企业尤其是贸易企业的生产施加直接影响，进而对出口国

---

① 彭水军，包群. 经济增长与环境污染——环境库兹涅茨曲线假说的中国检验 [J]. 财经问题研究，2006（8）：3 - 17.

的环境形成间接威胁。美国作为中国的第一大进口国[①]，如果汇率上升，将导致人民币贬值，那么中国出口产品的实际价格会下降，在其他因素不变的情况下，中国的企业会由于实际收入的减少而减产、停工停产，从而减轻了中国环境的压力。相反，如果汇率下降，中国企业尤其是出口企业会为扩大出口而加大生产力度，加剧了对环境的破坏。

8.4.2 数据来源及说明

历年二氧化硫排放量的数据来源于 1986—2014 年每年的《中国统计年鉴》中各地区废气排放及处理情况；其中，1985—1987 年、1988—1996 年、1997—2013 年的观测地区分别我国的 29、30、31 个省级行政区（均不包括港、澳、台地区），30 个观测地区中将重庆市归入四川省，而 29 个观测地区则是排除了海南省（见表 8 - 8）。

表 8 - 8　　　　　我国二氧化硫排放总量（1985—2013 年）　　　　　单位：万吨

年份	二氧化硫排放量	年份	二氧化硫排放量
1985	1325	2000	1959. 75
1986	1250. 00	2001	1909. 83
1987	1412. 00	2002	1905. 76
1988	1523. 00	2003	2158. 50
1989	1565. 00	2004	2254. 90
1990	1494. 00	2005	2549. 40
1991	1622. 00	2006	2588. 70
1992	1685. 00	2007	2468. 10
1993	1795. 00	2008	2321. 23
1994	1825. 00	2009	2214. 40
1995	1891. 00	2010	2185. 15
1996	1363. 57	2011	2217. 91
1997	1362. 63	2012	2117. 63
1998	1593. 02	2013	2043. 92
1999	1460. 09		

注：2000—2002 年，可得数据仅有工业二氧化硫排放量而缺少生活二氧化硫排放量，故根据前后 5 年的线性趋势进行了估计补充。

资料来源：根据 1986—2014 年各年《中国统计年鉴》整理。

[①] 根据 1985—2013 年《中国统计年鉴》，美国一直都是中国的第一大出口国。其中，中国出口国家或地区中位列前三的分别是美国（40921389. 7 万美元）、中国香港（33046279. 7 万美元）和日本（13561644. 3 万美元）.

工业制成品的贸易出口额数据来源于 1986—2014 年《中国统计年鉴》、2006—2013 年《中国贸易外经统计年鉴》中按国际贸易标准分类的出口商品金额（见表 8 - 9）。根据《中国统计年鉴》的分类标准，工业制成品包含了化学品及有关产品、橡胶制品和矿冶制品、机械及运输设备、杂项制品等，均易产生污染性气体及可吸入颗粒排放物。

表 8 - 9　　　　　　中国出口货物分类金额（1985—2013 年）　　单位：亿美元（现价）①

年份	初级产品出口额	工业制成品出口额	年份	初级产品出口额	工业制成品出口额
1985	138.28	135.22	2000	254.60	2237.43
1986	112.72	196.70	2001	263.38	2397.60
1987	132.31	262.06	2002	285.40	2970.56
1988	144.30	331.10	2003	348.12	4034.16
1989	150.78	324.60	2004	405.49	5527.77
1990	158.86	462.05	2005	490.37	7129.16
1991	161.45	556.98	2006	529.19	9160.17
1992	170.04	679.36	2007	615.09	11562.67
1993	166.66	750.78	2008	779.57	13527.36
1994	197.08	1012.98	2009	631.12	11384.83
1995	214.85	1272.95	2010	816.86	14960.69
1996	219.25	1291.23	2011	1005.45	17978.36
1997	239.53	1588.39	2012	1005.58	19481.56
1998	204.89	1632.20	2013	1072.68	21017.36
1999	199.41	1749.90			

资料来源：根据《中国统计年鉴》《中国贸易外经统计年鉴》历年数据整理。

而我国人均国内生产总值的数据从世界银行数据库（World Bank Open Data）中的 1960—2015 年中国人均 GDP 筛选整理得到（见表 8 - 10）。人民币对美元汇率的数据来自于美国圣路易斯联邦储备银行经济研究部（Economic Research Division，Federal Reserve Bank of St. Luis）所统计的年度人民币对美元的汇率中间价（见表 8 - 11）。

---

① 对于文中涉及价值形态的数据，均以 2015 年为基期并采用 GDP 平减指数剔除了价格因素的影响。

表 8 - 10 　　　　　中国人均国内生产总值（1985—2013 年）　　　单位：美元（现价）

年份	人均 GDP	年份	人均 GDP
1985	294.46	2000	959.37
1986	281.93	2001	1053.11
1987	251.81	2002	1148.51
1988	283.54	2003	1288.64
1989	310.88	2004	1508.67
1990	317.89	2005	1753.42
1991	333.14	2006	2099.23
1992	366.46	2007	2695.37
1993	377.39	2008	3471.25
1994	473.49	2009	3838.43
1995	609.66	2010	4560.51
1996	709.41	2011	5633.80
1997	781.74	2012	6337.88
1998	828.58	2013	7077.77
1999	873.29		

资料来源：世界银行数据库 http://data.worldbank.org.cn。

表 8 - 11 　　　　　　人民币对美元的汇率（1985—2013 年）

年份	1 美元可兑换的人民币数	年份	1 美元可兑换的人民币数
1985	2.94	2000	8.28
1986	3.46	2001	8.28
1987	3.73	2002	8.28
1988	3.73	2003	8.28
1989	3.77	2004	8.28
1990	4.79	2005	8.19
1991	5.33	2006	7.97
1992	5.52	2007	7.61
1993	5.78	2008	6.95
1994	8.64	2009	6.83
1995	8.37	2010	6.77
1996	8.34	2011	6.46
1997	8.32	2012	6.31
1998	8.30	2013	6.15

资料来源：美国圣路易斯联邦储备银行经济研究部网站 https://fred.stlouisfed.org/series/AEXCHUS。

8.5　实证检验与模型修正

8.5.1　普通最小二乘回归结果

本节的研究重点在于系数 $\alpha 1$，即工业制成品的出口额与雾霾污染之间是否存在关系以及关系如何。若显著为正，则说明工业制成品的出口额与雾霾污染程度存在正相关性；反之，则存在负相关性。根据上文数据，表 8 – 12 给出了 1985—2013 年时间序列样本的最小二乘回归估计。

表 8 – 12　　　　　　　　　　　模型 OLS 回归结果

	ln（Ex_Indusgoods）	（lnPGDP）^{2}	lnExch	常数项	观测值	调整后 R^2	F 统计量	DW
lnWMWR	0. 478 *** (0. 071)	– 0. 032 *** (0. 006)	– 0. 390 *** (0. 099)	6. 140 *** (0. 131)	29	0. 845	51. 925	1. 472

注：1. 括号内为稳健标准误差；

2. *** 表示各估计参数的 t 统计值在 1% 的水平上显著，即 p 小于 0. 01。

方程的普通最小二乘估计结果为：

$$\ln WMWR_t = 6.14 + 0.478\ln(Ex\_Indusgoods_t) - 0.032(\ln PGDP_t)^2 - 0.39\ln Exch_t$$

(2)

首先，从判定系数来看，调整后的 R^2 为 0. 845 接近 1，表明方程的拟合优度较高，模型较为准确地反映了解释变量对被解释变量的影响程度。从回归结果不难看出，参数 $\alpha 1 > 0$，意味着我国工业制成品的出口在 1% 的显著性水平上对雾霾污染具有正向影响，具体体现在工业制成品的出口额每变动 1%，雾霾污染的程度就会增加约 0. 48%，这也就意味着，我国作为出口大国，以工业制成品为重的贸易结构使得保留在国内的加工生产环节对当下国内的雾霾污染产生了重大影响。其次，模型的回归结果同时得出了参数 $\alpha 2 < 0$，一定程度上验证了被广泛认可的环境库兹涅兹曲线，即环境污染与人均国内生产总值之间确实存在着一种倒 U 形关系。最后，参数 $\alpha 3 < 0$ 也证明了前文关于汇率会间接影响国内企业生产和污染排放的理论猜想。

8.5.2　自相关检验及模型修正

本节建立的模型采用的是时间序列数据，因此，采用线性回归时的误差项

可能存在序列相关，而导致回归系数的 OLS 估计不再具有最优性。在此，采用
布罗施—戈弗雷（Breusch – Godfrey，B. G）检验。借助 Eviews 9.0 软件，得到
结果如表 8 – 13 所示：

表 8 – 13 **Breusch – Godfrey Serial Correlation LM Test**

| F – statistic | 0. 939891 | Probability. | 0. 4052 |
| Obs * R – squared | 2. 191083 | Probability. | 0. 3344 |

检验结果中 LM 统计量在 5% 的显著性水平上不显著（P = 0. 3344 > 0. 05），
说明原模型具有二阶自相关性。为此，本节采用广义最小二乘法对原模型进行
自相关的修正。首先，估计自相关系数 ρ。然后，分别对被解释变量和各解释变
量作二阶广义差分变换。根据残差进行二阶回归的结果：

$$\hat{u} = 0.950\hat{u}_{t-1} - 0.365\hat{u}_{t-2} + v_t \tag{3}$$
$$(0.161)^{***} \ (0.099)^{***} \quad R^2 = 0.59, s.e. = 0.04, DW = 0.87$$

进而作如下二阶广义差分：

$$GD\ln WMWR_t = \ln WMWR_t - 0.950\ln WMWR_{t-1} + 0.365\ln WMWR_{t-2} \tag{4}$$
$$GD\ln(Ex\_indusgoods_t) = \ln(Ex\_indusgoods_t) - 0.950\ln(Ex\_indusgoods_{t-1}) +$$
$$0.365\ln(Ex\_indusgoods_{t-2}) \tag{5}$$
$$GD(\ln PGDP_t)^2 = (\ln PGDP_t)^2 - 0.950(\ln PGDP_{t-1})^2 + 0.365(\ln PGDP_{t-2})^2 \tag{6}$$
$$GD\ln Exch_t = \ln Exch_t - 0.950\ln Exch_{t-1} + 0.365\ln Exch_{t-2} \tag{7}$$

根据式（4）、式（5）、式（6）、式（7），得到广义最小二乘回归结果如
表 8 – 14 所示。

表 8 – 14 模型广义最小二乘回归结果

	GDln(Ex_Indusgoods)	GD(lnPGDP)^2	GDlnExch	常数项	观测值	调整后 R^2	F 统计量	DW
GDlnWMWR	0. 566 *** (0. 050)	– 0. 040 *** (0. 004)	– 0. 456 *** (0. 062)	5. 949 *** (0. 098)	27	0. 943	144. 995	1. 07

同样地，根据 B. G 检验的结果显示（见表 8 – 15），在 5% 的显著性水平
上模型的自相关性已经消除。那么，原模型经修正后的广义最小二乘估计结
果为：

$$\ln WMWR_t = 14.795 + 0.566\ln(Ex\_Indusgoods_t) - 0.04(\ln PGDP_t)^2 - 0.456\ln Exch_t^{①}$$

(8)

表 8 - 15   **Breusch - Godfrey Serial Correlation LM Test**

F - statistic	4.380697	Probability.	0.0481
Obs * R - squared	4.483536	Probability.	0.0342

可见,修正后的模型结果拟合程度更好。另外,各参数的正负和显著性水平均未发生变化,故在此不再赘述各个解释变量与被解释变量之间的关系。

8.5.3 主要结论

本章检验了以我国工业制成品的出口额解释的贸易结构对本土雾霾污染的实证效应,结果表明,自1985年以来我国工业制成品的出口对本土的雾霾污染具有正向影响。在构造模型的过程中,根据环境库兹涅茨曲线假说,引入了人均国内生产总值并进行相应处理后,取对数作为模型的控制变量之一,同时,考虑到汇率变动对国内出口企业生产的影响,从而间接对出口国的环境产生威胁,将其取对数处理后作为模型的第二个控制变量,回归结果的参数符号以及显著性水平均验证了该两项控制变量引入的正确性。随后,考虑到模型的数据属性,进行了自相关检验。结果表明,原模型存在随机误差项的二阶自相关,所以,本章运用广义最小二乘法进行了差分修正,最后得出消除自相关后的回归结果。我们可以从最后的回归结果解读到:工业制成品的出口额每增加一个百分点,我国雾霾污染的程度就会提高约0.5个百分点。可见,工业制成品出口背后带来的环境负效应不容小觑。

另外,本章从当前经济发展阶段的角度进行了原因分析。我国对美国等发达国家之所以同时具有贸易顺差和"生态逆差",与我国的经济增长模式以及相应的政策安排是密不可分的。单纯的鼓励出口政策带有较强的"负外部性",突出表现为对本土生态环境的负面影响。

8.6 展望及政策建议

近年来,我国能源和排放的快速增长,既是国内投资和消费需求快速增长

---

① 常数项的计算过程为:C = 6.14/(1 - 0.950 + 0.365) = 14.795。

的结果，外贸出口也是其重要的驱动力。一些发达国家一边享受着我国制造的产品，一边对我国能耗和排放的增长大加指责，散布"中国威胁论"。揭示贸易再平衡和生态再平衡问题，有助于在国际谈判中对我国贸易问题和环境问题作出一定的合理解释。在当前时代背景下，西方发达国家主张新一轮全球化当中的"贸易再平衡"。以美国为代表的工业制成品进口大国，立足于与中国等发展中制造大国进行贸易时出现逆差，借此对我国实行反倾销、反补贴政策，成为全球化发展过程中的"一股逆流"。美国这些成本输出国的内在逻辑看似无懈可击，实则不堪一击。中国等国家作为发展中大国，在国际贸易市场中赚的既是"辛苦钱"，也是"污染钱"。称其是"辛苦钱"，是因为我国不少出口产品附加值低、利润微薄；道它是"污染钱"，是因为不少出口产品是以牺牲本国环境作为代价的。而这种环境污染的治理和生态恢复，则是"来日苦多"。中国和美国之间可能存在贸易不平衡，中国对美国有贸易顺差，但是，从环境角度来看，中国对美国则存在逆差，即中国的对美贸易顺差是以大量牺牲环境为代价的。那么，如果发展中国家干了发达国家所不愿意干的"脏活""累活"之后还要"落埋怨"的话，在道理上难以讲通。因此，既然发达国家主张新一轮全球化的"贸易再平衡"，我们则要主张"环境再平衡"，即中国对美的贸易顺差与"生态逆差"需要综合考量。

第 9 章

政策建议与进一步的研究方向

综合上述研究已知,我国雾霾的形成受财政体制、税收治理问题、交通治理问题、能源革命问题、秸秆治理问题、我国贸易结构等综合因素的影响,要治理雾霾,也须多处着手、协同推进。

9.1　推进财政体制改革

从引起雾霾的财政体制原因出发,合理划分财权与事权,改革转移支付制度,从而减轻污染废气的排放,进行有效率的雾霾治理,必须要推进财政体制改革,加快建立现代财政制度,发挥政府在雾霾治理中的主导作用。具体政策建议如下:

9.1.1　改革地方政府官员绩效的考核指标

前面已经分析到,在以 GDP 为考核指标的情况下,地方政府官员更倾向于制定有利于本地区经济发展的政策,而忽视承担环境保护等社会效益高但经济效益回报缓慢的职责。为此,如果不从根本上改变当前财政分权下实施的激励制度,地方政府就不会有动力去治理环境问题。所以,要想政府主动去治理雾霾,就要让雾霾治理的成效与官员绩效挂钩,这样,环境质量影响到了个人的利益,官员们出于自身利益最大化,就会尽可能地去提高本地区的环境质量,雾霾必然会得到有效治理。比如,可以用"绿色 GDP"① 代替传统的 GDP 考核,

---

① 绿色 GDP 是指从目前统计的 GDP 中,扣除由于管理不善、资源消耗和环境污染等因素引起的损失成本,从而得出真实的国民经济总量。

绿色 GDP 符合可持续发展理念，是国内生产总值净增长的反映。绿色 GDP 占 GDP 的比例越高，表明经济发展对环境的影响程度越小，经济的增长没有以牺牲环境为代价，这才是适应社会主义市场经济的高效率发展道路。把"绿色 GDP"引入考核体系，可以激励官员在吸引资本、发展各类企业过程中，把该企业生产时的环保程度考虑在内，更多地投资于低污染、高效益的新型企业，或者引造新技术来改造高污染、高能耗和高排放的产业。也可以加强环境保护在绩效考核中的比重，对于对环境造成严重污染的官员实施一票否决制度，建立官员追责制度，把责任准确地追究到个人，避免因职务变动而造成的事后责任追偿问题，真正做到谁污染谁负责。此外，要提高公众的环保和行使监督权的意识，鼓励社会公众举报高污染企业和违法的政府行为，健全居民的诉求表达渠道，使得地方居民的环境偏好和政府的环境规划相吻合，逐步转变由上至下的政府质量机制。

9.1.2　在经济转型升级中化解产能过剩

首先，降低我国的碳排放量，必须进行产业结构调整，要淘汰耗能高、排污量大的落后企业。严格限制高污染行业和企业的发展，引进清洁能源和新技术，加大对传统重污染企业的改造，转变生产工艺流程，实现绿色生产和环保生产，鼓励污染较少的服务业的发展，让第三产业成为带动经济增长的新动力。要做到上述转变，最关键的一点就是要将高新技术成果化和产业化，可以创立一个高校科研院所和企业交流技术的平台，这要求企业拥有创新能力的同时，政府要有一定的资助。因为转变传统行业是一个漫长的过程，需要大量资金来引进相应技术，所以，可以设立专项资金对企业技术改造进行支持。

其次，我国产能过剩还有一部分是由于政府干预过度造成的，所以，政府应进一步改革，减少对市场的干预，逐步减少政府资金在一般性竞争市场领域的投资，充分发挥市场的调节作用，加快建设全国统一市场，打破行业垄断和地区保护主义，真正地让市场在资源配置中起决定性作用。这并不意味着政府要退出市场，而是适度干预，比如，发挥财政对企业兼并重组的支持和引导作用，对企业在兼并重组过程中所发生的费用及员工转业安置等支出给予适当补贴，扫清企业兼并重组过程中的行政障碍，实现行业的产业结构调整升级。

最后，规范地方政府的投融资制度，防止官员为了晋升而盲目投资，建立权责统一的投资制度，使政府财政资金的使用更加透明、科学。

9.1.3 完善地方主体税种和转移支付制度，增加地方财政收入

"营改增"后，地方政府的主体税种缺失，这使得地方政府面临收不抵支的巨大财政赤字，财力得不到保障。为了与事权相匹配，地方政府应该有自己的主体税种和税收管理权，还要学习国外财政分权下共享税的分成方法。德国是以法律的形式确定共享税的分成比例，联邦和州政府每两年进行协商，对流转税的具体分成比例进行确定，一般按照人口对增值税收入进行比例分成。我国目前的增值税实行的是五五分成的一刀切的方式。为了增加地方政府的税收收入，一是拓展地方税的税基，比如增加资源税的税目，二是调整地方税的税率和计税依据，比如将城镇土地使用税从量计征改为从价计征①，使其税收收入可以随着经济发展水平而变化，从而具有一定的弹性，三是可以考虑把不动产税、遗产税与赠与税、社会保障税等新税种划为地方税种。

另外，中央政府可以根据各地区实际经济发展水平的不同，对地方政府的收入上缴比例进行等级划分，落后地区可以适当降低财政上缴的比例，把更多的资金用来发展当地经济。在我国，虽然有中央和地方政府之间的纵向转移支付，但目前仍处于不完善的阶段，而转移支付资金是地方政府用于环境治理的主要资金来源，所以，我们应该完善财政转移支付，让主动保护环境的地区得到应有的生态补偿，从而实现区域间公平合理的补偿机制。一是在加大均衡性转移支付、平衡各地区财力的同时，更要加大大气污染防治专项资金的比重，还要对转移支付资金的使用建立完善的监督机制，制定相关的法律法规，对我国的财政转移支付制度进行规范性管理，防止地方政府将专项资金挪用，提高转移支付制度的公平度、透明度和科学性。二是在完善纵向转移支付的同时，发展地区之间的横向转移支付。让经济发达的地区资助经济落后的地区，完善财政转移支付制度的层次，进一步缩小区域间的财力差异，全面完善我国的财政转移支付制度。

9.1.4 加快现代财政制度的构建，合理划分中央与地方的事权支出

由于地方政府的财权与事权不统一，造成地方政府不得不积极开展财源竞争，才有了一系列保护落后企业的政策与措施。所以，在地方政府财力有限的

---

① 唐明，陈梦迪. 他国镜鉴与本土结合：共享分税制扬长避短之策略［J］. 经济研究参考，2017，18.

情况下，要减少地方政府的支出责任。一方面，本应由中央负责的就要全部交给中央去实施，另一方面，应该由地方负责的部分交给地方去完成。一旦划清各自的权责，中央与地方都需要各司其职、接受监督。对于雾霾治理这种具有显著正外部性的政府活动，中央与地方均应该介入，按照具体的外溢程度进行划分，外溢部分最好由中央负责。

2018 年 2 月，国务院出台了《基本公共服务领域中央与地方共同财政事权和支出责任划分改革方案》（以下简称《方案》），明确了中央和地方共同财政事权的范围，提出共同事权主要由中央和地方按比例分担，并保持基本稳定。该《方案》同时提出，共同事权由地方承担的部分，由地方通过自有财力和中央转移支付统筹安排，并在一般转移支付下设立共同财政事权分类分档转移支付，完整反映和切实履行中央承担的基本公共服务领域共同财政事权的支出责任。可以看出，此次改革使得地方政府原来承担的模糊地带的责任变得清晰，极大地改善了"中央花费，地方买单"的局面，我国正向着"权责对称"的目标一步步迈进。

9.2　完善税收治理

9.2.1　深化成品油消费税改革，增强绿色功能和调节作用

深化财税体制改革是一项复杂的系统工程，要以处理好政府与市场的关系、发挥中央与地方两个积极性、兼顾效率与公平、统筹当前与长远利益、坚持总体设计和分步实施相结合、坚持协同推进财税与其他改革为原则，进一步完善消费税制度。其中，深化成品油消费税改革应着重调整征收环节，充分发挥地方政府的积极性，改进征管能力和其他配套措施，强化监管，增强成品油消费税的绿色功能和调节作用。

（1）将征收环节由生产环节改为终端消费环节

推进成品油消费税从起始环节征税向消费终端转移，一方面，从生产税转变为消费税，还消费税对消费者征收的本来面目，另一方面，消除地区间的税源与税负之间的背离，获取当地实际消费税税额数据，科学实现中央对地方的税收返还。因此建议，将成品油消费税征收环节后移至终端消费环节。由中央税改为中央与地方共享税。

建议首先将汽油消费税征收环节由生产环节改为终端消费环节，试点先行启动改革。目前，汽油终端销量的95%左右（柴油约50%）在加油站（约10万座）实现，由成品油经销企业根据终端售价代扣代缴，税务部门可利用物联网、大数据、云计算、移动互联网等互联网技术，强化对加油站的管控，核实代扣代缴的计税依据与数量是否真实，以实现汽油消费税应收尽收的目标，积累终端消费环节征收和监管的经验，为未来深化成品油消费税改革打下基础、铺平道路。

（2）将消费税由中央税改为中央与地方共享税

消费税全额缴入中央国库，影响了地方政府加强征管的积极性，地方政府从自身利益考虑，在成品油消费税征管方面主动配合意愿不强，因此，建议将成品油消费税由中央税改为中央与地方共享税。可以考虑将入库级次由中央级100%改为中央级75%、地市级25%，使地方政府能够获得一部分财政收入，调动地方政府对成品油消费税征收管理配合工作的积极性，提高地方政府协税、护税的力度，从而减轻税务部门的征管压力。

（3）税基普遍覆盖并统一税率

调研结果显示，同国家标准的柴油对大气环境的污染程度远大于汽油[1]，而现行的柴油消费税单位税额却明显低于汽油，与绿色发展理念相背离。根据《深化财税体制改革整体方案》等文件精神，税基普遍覆盖、统一税率是深化消费税改革的基本方向。因此建议，将7种油品全部征收消费税，并统一单位税额。同时，可考虑对航空运输企业实施航空煤油消费税先征后返的政策；建立完善对生活困难人群和一些公益性行业的定向补贴和救助机制，对确实存在的困难和突出问题及时解决，并改进补贴方式。

（4）进一步提高税收管控能力

一是参照增值税专用发票制度，引进成品油消费税专用发票；在成品油消费税专用发票上使用二维码技术，嵌入双方名称、数量、单位、购销双方的信息，并使用成品油消费税和增值税。税务监督信息系统将数据进行比较，与生产、销售企业税收信息收集系统相结合，实现生产、销售各环节的联动检查。二是统一实施审计征收，禁止包税制度，禁止成品油经销企业使用经批准的征收方式。三是定期对炼油企业进行专项检查。不时组织对成品油经销公司突击

---

[1] 环境保护部发布的《2015年中国机动车污染防治年报》数据显示，全国柴油车排放的氮氧化物接近汽车排放总量的70%、颗粒物超过90%。

检查，对"账货、账账"进行合规检查，并将相关数据与有关炼油化工公司进行比较。

（5）加强成品油消费税纳税评估

比照增值税纳税评估方法，强化成品油生产和经营企业的纳税评估工作以及区域间、企业间横向和纵向信息比对，设定成品油消费税负担率的预警值，强化日常评估管理，促进税收公平。财政、海关、质检等部门同税务部门要密切合作，在成品油消费税监管体系中应有财政部门参与，驻地方财政监察专员办事处参与监督税收征管。加强纳税评估和税务稽查，增强信息共享，合力打击偷漏税行为。

（6）以"互联网＋"思维有效治理税收流失，完善现代国家治理体系

研究制定"互联网＋税收"征管办法，依法要求成品油生产和销售企业的信息流、资金流和物流数据实现"三流合一"，并与税务监管部门实现实时的互联互通，实现技防、人防、物防，运用"泛在联接、为我所用、面向大众"的大数据思维，充分挖掘、利用现有的信息数据平台和征纳互动渠道，使涉税数据形成"外部—内部—社会"的信息"活水"，增强对"长尾大数据"的截取、管理和处理，发掘数据价值，利用"互联网＋"思维编织打击发票犯罪的"天网"。

（7）加强成品油标准体系建设和质量监管

加强成品油市场监管体系建设，加强部际协调，大力实施联合监督执法。加大对加油站和批发环节的质量监督检查力度，严厉打击违规销售不合格油品。建立完整的石油产品标准体系、检验体系、质量监督检查体系，迅速确立第六阶段国家汽柴油标准（国Ⅵ），尽快出台新标准，加快质量升级，确保炼油化工企业生产符合国家标准要求的优质成品油，严厉打击非法生产、加工不合格油品的情况。

（8）加强社会信用体系建设

一是应从技术、管理两方面加强对违法行为的监督检查，加快建立诚信体系，实施诚信分类监管和"黑名单"机制，对违法舞弊经营者重点抽验监管，及时曝光。二是形成媒体监督、行业协会自律、公众监督的社会监督体系，完善激励机制和信息公开制度。三是应提高对偷逃税款的处罚标准，加大刑罚的处罚力度，依法严惩。

9.2.2　加快建立和完善我国环境税体制

顺应总体财税改革方向，随着环保税立法通过，应加快环境财税体制改革。在保持宏观税负总体稳定的前提下，以环境污染费和税费改革为出发点，加快

制订环境税实施方案，在消费阶段征收污染产品税，控制化石燃料的过度生产和消费。除了增加财政收入外，企业的环保税还需要税费减免和财政贴息，建立绿色财税体系。鉴于环境税对当地政府具有激励作用，为避免环境税沦为地方政府增加收入的手段，环境税的未来应该集中并通过转移支付的形式转让给环境污染专项治理。

完善环境立法，制定并执行严格的环境标准。从美国大气污染治理经验来看，制定完善的法律体系是基础，保障地方政府在雾霾防治时有法可依；而制定严格的环境标准、细化法律法规专项条款则为雾霾防治工作提供了可操作性。此外，强化环保机构地位及其执法职能，鼓励民众监督执法和建立完善的需求表达机制则是保障雾霾防治工作执行力的机制体系。目前，立法方面的主要任务是协调综合法与单项法，保障各个工业产业的节能环保法律法规与综合法相衔接。另外，针对我国地缘辽阔和空气污染程度不一的特征，应赋予地方人大环境保护立法权限，各地应根据其污染程度制订可执行的实施计划，积极发挥地方政府信息优势，鼓励地方政府推进产业结构升级转型。同时，实行省以下的环保机构监测监察执法的垂直管理制度，提升基层环境执法人员的行政编制地位和执法能力，强化环保部门的执法权和执法监督机制，加大对违排、偷排企业的惩治力度，打破排污企业与辖区政府的合谋行为。

9.3 改善交通治理，解决交通拥堵

治理雾霾污染，要解决好城市的交通拥堵问题。我国城市存在人口多且密集、城市空间和能源有限等特点，因此，我国的城市交通必须采取高效率、集约化的发展模式。

9.3.1 合理规划交通路网，增加路网密度

由于交通路网存在不可逆性，且投入成本较大，一旦建成使用便很难再进行更改，因此，在路网的规划阶段就应融入交通管理的思想，充分考虑未来的交通组织管理措施，以交通组织规划引导城市路网的规划与建设，使得路网密度、布局与区域交通组织规划能够互相协调一致。与国外城市相比，我国城市的路网密度水平较低，因此，在合理规划交通路网的前提之下应适当增加路网密度，以缓解交通拥堵的压力。另外，城市路网的建设要有一个长远的规划，

不仅要考虑到交通顺畅的问题，还要考虑城市规划的其他方面，使得交通路网与城市成为一体，增加各方面的协同效应，最大限度地做到减少雾霾的形成，为市民提供便捷的交通环境和健康的生活环境。

9.3.2　优先发展公共交通，加强交通规划

在科技高速发展的今天，城市的公共交通水平是衡量一个城市发展程度的重要指标。虽然私家车为人们的出行带来了更多便利，但由于大城市的交通拥堵问题，这种便利性就大打折扣，此时，公共交通就显得尤为重要。一是积极发展轨道交通系统。加快轨道交通建设不仅能缓解交通拥堵，还能影响城市发展模式，促进轨道交通线周边土地的开发利用，使之向高密度化、集约化发展。因此，要重视轨道交通在城市布局和资源配置中的引导作用。同时，积极改善轨道交通条件，增加公共交通便利性，提高轨道交通运营效率，更好地疏导地面交通压力。二是开发 BRT 系统。BRT 系统具有维护成本低、施工周期短的特点，可以满足交通快速发展的需求，缓解交通拥堵。三是加强公共交通基础设施建设。公共交通基础设施是城市公共交通系统的基础。因此，要科学规划，加大投入，加强监管，加大公共交通基础设施的综合利用。

9.3.3　控制机动车排放标准，倡导绿色出行

由于我国机动车数量庞大且流动性较大，因此，机动车尾气的检测主要依靠年检方式进行。有时，机动车的其他问题也会导致尾气排放的增加，因此，仅仅依靠年检是远远不够的，还须逐步形成机动车尾气排放实时监控机制，以便及时发现尾气排放超标车辆并进行及时维护。除此之外，应鼓励公众绿色出行。如选择步行、自行车等出行模式或公共交通等大容量、低能耗交通工具，从而缓解交通压力，达到节约资源、减少废气排放的目的。

9.4　推动能源革命

9.4.1　解决好"弃风弃光"问题

（1）可再生能源发电方面

A. 完善财政补贴政策。新能源产业在发展的初期，往往面临着投资成本

高、价格高的问题，所以，必须对新能源产业的初期发展提供财政资金支持。但我国在对新能源技术产品进行补贴时，也出现了新能源汽车的"骗补"行为。因此，对新能源行业的补贴不仅要加强资金投入，更要加强资金流向管控。

首先，从补助环节来看。一方面，拓宽补贴环节，形成生产补贴、投资补贴、消费者补贴的多重财政补贴模式。从对生产者补贴转向对消费者的直接补贴，可以提高补贴效率。在现有对生产者补贴的情况下，很可能会因为资金申报程序不完善、政府监督不力等原因造成财政补贴的浪费。对消费者的补贴，一定程度上既可以刺激终端消费，还可以引导资金真正流向新能源领域，避免资金因监控不当导致财政资金浪费的问题。美国、德国、日本均对消费者安装光伏等节能减排设备进行补贴。另一方面，只有技术进步带来的成本下降才是永久的。新能源的研发与新型技术进步仍然需要充分的资金支持，可以通过建立专项财政研发基金的形式替代财政补贴，提高财政补贴的效率。美、日、德等发达国家高度重视新能源及可再生能源的研发和利用，推出多项研发基金资助新能源的研发。其中，美国能源部还设立了能效及可再生能源办公室，专门负责对可再生能源研发项目进行资助。目前，我国已经实施的"金太阳"等示范工程，得到了国家财政的大力支持，但是，实际发电使用率低，有的甚至建好后直接拆掉，造成了财政资金的浪费。因此，对新能源的财政支持需要进行全建设运行周期的监控，对此，可以建立专项财政研发基金进行新能源技术的研发利用，落实财政补贴资金的基金化管理，提高财政资金的使用效率。

其次，从补助对象来看，必须适时调整补贴对象，逐步提高新能源补贴门槛。可以借鉴日本的"领跑者计划"，将行业内能效最高的企业作为"领跑企业"，对其进行财政支持和宣传推广。随着"领跑企业"成为业内标杆，将带动产业内的其他企业提升产品质量和转换效率，从而推动整个行业的良性竞争与发展。

B. 落实绿色交易证书制度。在国家财政补贴的支持下，可再生能源电力的发展取得了显著的成绩，但不可忽视的是，国家的财政负担也越来越重。根据财政部的统计，截至 2017 年底，可再生能源补贴缺口已达到 1000 亿元。[①] 必须寻求新的市场化的手段以支持可再生能源发展，解决财政补贴缺口问题。2017年 1 月 18 日，国家发展改革委、财政部、能源局三部委发布了《试行可再生能

---

① 截至 2017 年我国可再生能源补贴缺口已达 1000 亿元 ［N/OL］. http：//www.100ppi.com/news/detail - 20180202 - 1201235. html.

源绿色电力证书核发及自愿认购交易制度的通知》，在全国范围内试行可再生能源"绿证"核发及认购交易制度。在国家可再生能源电价附加资金补助目录里的绿色发电企业可以申请认购绿色电力证书，拥有"绿证"的企业可以包含1.9分钱可再生能源电价附加的电价出售电力。然而，绿色电力交易证书经济效益不明显，国内市场的环保理念尚未形成，企业认购热情不高，自愿交易尚待普及。根据中国绿色电力证书认购交易平台的数据显示，截至2017年底，"绿证"购买量占核发量的比例不超过1%。与之相对的是欧美大型企业购买"绿电"的积极性通常较高，并将此作为企业社会责任的组成部分。在当前中国国情下，转型需要考虑可再生能源的财政补贴依赖，不能一蹴而就。一方面，绿色交易证书的引入需要与其他税收抵免等税后优惠政策相结合，给予企业实质性的物质奖励，以激发绿色交易证书市场的热情。另一方面，适时推行绿色交易证书强制性交易机制，以行政的手段推动可再生能源上网销售。在绿色交易证书强制性交易机制的政策设计框架下，一是要明确证书购买企业并核定相关购买量，二是要完善相关监督惩罚机制，使整个社会能平等分摊可再生能源发电的高额成本。

C. 构建绿色金融体系。光伏、风能发电企业投资成本高，且需要较高的研发投入，亟需资金支持，在财政补贴政策逐渐市场化的过程中，绿色金融可以作为一项重要的手段。党的十九大报告明确要提高供给侧体系的质量水平，推进产业结构转型升级，提升经济增长的质量和水平。强调发展绿色金融，就是指大力发展资本市场，利用金融杠杆引导资金流向，使经济活动向着资源节约型、环境友好型的发展方式转变，为绿色产业提供更多的融资机会。绿色金融这一理念的提出是我国实现经济又好又快发展的必然选择。但不可否认的是，绿色金融市场也存在着融资成本高、期限比较长、收益率低的问题。发展绿色金融，必须关注以下几点：一是增强金融企业的绿色环保观念，认识到环保的经济价值，打破简单把发展与保护对立起来的思维，正如习近平总书记强调的，"绿水青山就是金山银山"，引导企业认识到绿色发展对其可持续发展的重要性。二是完善绿色企业信息披露机制及披露标准，消除投资者、绿色企业之间信息不对称造成的资金错配问题。三是可以尝试PPP模式，建立绿色投资基金，通过政企合作的模式，消除绿色债券项目建设周期较长、收益较低的问题，引导金融机构的资金流入绿色项目建设。在现今"融资难、融资贵"的经济背景下，一个完善的绿色金融体系可以实现不同污染企业融资成本的差异化，显著降低风能、太阳能发电企业的融资成本，将燃煤企业造成的外部环境成本内化为绿色融资成本，解决大气污染的"公地悲剧"问题。从供给侧实现企业优胜劣汰，促使传统燃煤污染企业的淘汰转型，从而实现风电、光伏发电的合理有效利用。

（2）煤电方面

A. 完善碳排放交易市场。1997 年的《京都协议书》，首次将温室气体的排放权作为一种商品，进行市场交易。碳排放这种无价的资源拥有了物权与价值，环境价值得到了可以量化的载体。建设全国碳排放权交易市场，对于引导相关行业、企业转型升级，建立健全绿色低碳循环发展的经济体系具有重大的意义，是利用市场机制控制和减少温室气体排放、推动绿色低碳发展的一项重大创新实践。2010 年，我国《国务院关于加快培育和发展战略性新兴产业的决定》明确提出，建立和完善主要污染物和碳排放交易制度。此后，北京、天津、上海、重庆、湖北、广东和深圳等地开展了碳排放权交易试点。2015 年，中国政府在《中美元首气候变化联合声明》及巴黎气候大会上承诺，中国计划于 2017 年启动全国碳排放交易体系。2017 年，党的十九大报告指出，要加快生态文明体制改革，建立健全绿色低碳循环发展的经济体系。2017 年 12 月 19 日，国家发展改革委发布《全国碳排放权交易市场建设方案（发电行业）》，贯彻落实建设碳排放交易市场。就目前我国的碳排放交易形势而言，我国居民环保支付意愿较低，深圳碳排放交易平台交易信息显示，碳交易价格约为 40 元/吨。而对于碳交易较发达的欧洲地区，2012 年其碳交易价格就已经达到了 70.89 欧元/吨。深化碳交易市场的改革，首先要明确碳排放总量，而碳排放总量的设定一方面要满足减排目标和气候变化承诺，另一方面也要考虑到企业自身的承受能力。碳交易总量设定越紧，碳交易价格越高；碳交易总量设定过松，又会无法履行对国际社会的承诺。所以，碳总量的设计既要综合考虑环保的宏观要求，也不能忽视企业的微观承受能力，在此基础上才能构建一个行之有效的方案。

B. 顺应国际低碳政策。近些年来，在低碳经济的发展指导下，发达国家均推出了碳关税、碳标签制度等低碳经济发展规则。比如，日本于 2011 年推出了碳标签制度，要求摆放在商店的农产品，必须通过碳标签向消费者展示其在生产过程中排放的二氧化碳量。另外，一些知名跨国公司和零售巨头，如沃尔玛、乐购等也已逐步建立绿色供应链体系，对农产品的生产和流通环节的碳足迹进行测量。为了适应国际贸易规则的改进，我国需要积极调整对外贸易结构，实施与国际水平接轨的节能和环保标准，积极搜集国外关于新能源的技术规则和标准的新变化，告知国内部门做好防范措施，建立贸易壁垒预警机制。

C. 落实环境公益诉讼。针对目前我国"弃风弃光"的问题，国家也出台了多项政策措施。比如，2011 年发布了《关于发展天然气分布式能源的指导意见》（发改能源〔2011〕2196 号），旨在促进分布式能源建设，实现能源需求者与能源供应者的合一，提高资源利用效率，在这方面可以借鉴美国的经验。2015 年，发布了《关于进一步深化电力体制改革的若干意见》（中发〔2015〕9号），提出了发电侧和售电侧的市场化改革，制定合理的输配电价。2016 年，发布了《关于推进"互联网＋"智慧能源发展的指导意见》（发改能源〔2016〕392 号），强调了构建能源互联网的重要性，充分利用能源大数据加强电力需求侧管理以及电网建设，尤其是在当今"一带一路"建设的大背景下，我国可以充分利用自身在特高压线路建设上的优势，对外输出过剩电力，推进电力行业去产能。但是，国家政策的落实必然会有一定的时滞效应，关于分布式能源与能源互联网的建设必然需要一定的时间，而"弃风弃电"问题的解决迫在眉睫。而且，在政策实施的过程中，往往"上有政策、下有对策"，相关利益主体各自为营，例如，国家电网未落实"可再生能源发电全额保障性收购制度"。而政府和各利益集团的博弈往往会损害公众利益。这时候，就需要公民监督的力量，诉诸法律途径，特别是环保公益诉讼巨额的"弃风弃光"成本赔偿，在一定程度上可以倒逼电网企业进行改革，培育合理的可再生能源电力供需市场。特别是在我国着力推进依法治国、公民意识逐渐强化的今天，通过环保公益诉讼解决"弃风弃光"问题可谓意义重大。第一，可以调动全民的参政议政热情，推进国家治理体系的现代化建设。第二，提高全社会对环保的重视，促进风电、光伏等清洁可再生能源的推广，加快节能减排，构建环境友好型社会。第三，对于"弃风弃光"问题的环境公益诉讼可以加快过剩产能的化解，这与我国供给侧结构性改革的目标也是一致的。第四，环境公益诉讼可以有效纠正市场负外部性的行为，从而实现公共利益的最大化，提高全体公民的福利。第五，以检察院为主体提起的环境公益诉讼是深入贯彻落实依法治国的体现，有助于推进国家治理能力与治理体系的现代化。

9.4.2　应对好"气荒"现象

短期来看，可以通过"压非保民"等措施以及"宜电则电、宜气则气、宜煤则煤、宜油则油"等方式暂时缓解天然气供应不足的情况。但从长期来看，在供给侧结构性改革的大背景下，解决我国天然气"气荒"问题，应从以下几个方面入手。

（1）天然气供应链条协调发展，基础设施建设进一步加强

天然气产业上、中、下游之间联系紧密，实现天然气市场的供需平衡、解

决"气荒"问题，就需要天然气产业的上、中、下游企业增强协同意识，建立信息共享的供需协调机制，保证天然气供应链条的协调发展。上游生产企业在加大天然气勘探开发力度的同时，应积极开拓海外市场，通过国际贸易等途径实现天然气资源的多元化供应。另外，要加强下游用户的需求侧管理，制订好销售计划，建立"富余产能"制度满足峰谷时期的消费差。中游储运企业的输气管网承担着天然气运输、传送的重责，但由于管网建设周期长、投资大等原因，须提前作好规划。为了满足峰期天然气的巨大需求，除建设管网之外，还须增设储气库等调峰设施。下游企业的用户具有多重性，一方面，用户需要长期稳定的气源供应满足日常的生产活动，另一方面，用户需求具有峰谷性，且易受政策影响，需求波动性较大。因此，下游企业应制订合理的供应计划，可配备气罐群等应急调峰设施，与上游企业一起建立供需协调的天然气供应链条。

同时，完善天然气储运设施布局，实现储气设施多元化建设，统筹优化全国能源输送通道布局，加快推进全国管网互联互通，进一步加强不同管网特别是不同企业之间和干线管道之间的互联互通，提高资源优化调配能力。随着美国页岩气革命的成功进行，国际 LNG 市场供应充足，因此，可以充分利用国际LNG 资源，为此，LNG 接收站、运输码头等基础设施的建设也应同步跟进。

（2）交叉补贴政策合理运用，深化天然气价格机制改革

由于天然气交叉补贴的存在，使得我国民用气价格长期低于非民用气价格，导致部分需求的浪费，因此，我们应逐步完善天然气的定价机制，充分考虑各地区的实际情况，在现有基础上逐步减少补贴，使天然气价格与国际市场接轨，最终形成无交叉补贴、能够真实反映供气成本的天然气消费体系。对于管道气与 LNG "双轨制"问题，应按照"放开两头，管住中间"和"让市场在资源配置中起决定性作用"的改革思路，推进天然气价格体系市场化建设，进一步深化天然气价格机制，逐步理顺存在的问题。

（3）页岩气、可燃冰等资源的充分利用

一个国家选择何种能源消费模式，根本上取决于两个因素：一是能源资源禀赋，二是对能源资源的控制能力。[①] 因此，我国想要形成以天然气等清洁能源为主的能源消费模式，就需要拥有丰富的天然气储备，在常规天然气资源较少的情况下，页岩气、可燃冰等非常规天然气的开发利用就显得尤为重要。页岩气、可燃冰等因其资源丰富、分布广泛等特点，已成为国际公认的未来全球能

---

① 陈正惠. 生态文明建设背景下的我国天然气开发利用［J］. 管理世界，2013（10）：1－5，18.

源领域中具有发展潜力的战略接替资源。而我国的页岩气、可燃冰资源储量丰富，长远来看，是一种优秀的新型能源，加之美国页岩气革命的成功印证了其可行性。因此，未来可以通过开发利用页岩气、可燃冰来解决常规天然气供应不足的局面。

9.5　促进秸秆综合利用

为防治"秸秆雾霾"，要促进秸秆综合利用与治理，结合上述研究，具体可以从以下几个方面开展。

9.5.1　切实加大政府扶持力度

应该从如下几个方面强化政策扶持。首先是金融信贷优惠政策，营造一个利于秸秆相关合作社、企业使用资金的宏观环境，可以帮助秸秆利用市场主体融资，缓解秸秆利用企业经济压力，促进资金的流动和生产规模的进一步扩大。资金问题的解决能够将秸秆利用企业在市场上联系工业、农业的作用更加充分、完全地发挥出来。其次，出台相关政策，鼓励秸秆综合利用技术的研发，对技术升级改造给予资金和人力、物力的扶持，以实现拓宽秸秆利用途径、延长产业链的政策目标。最重要的是加大财政投入。一方面，要大力扶持、培养秸秆利用市场的龙头主体，令其发挥带头作用，构建出多形式、多层次、高效益的秸秆综合利用产业结构，辐射影响整个秸秆利用市场的形成与发展。另一方面，要建立完善的产品补助、补贴制度，参考国外先进经验，根据产品的不同制定不同的补助标准，甚至还可以实行按秸秆消耗量来进行财政补贴。

创新性整合和统筹使用环保、农业、气候、生态、循环经济等财政扶持资金，建立健全秸秆循环利用种植区的扶持政策，设立国家秸秆资源产业化发展引导基金，还可以通过在秸秆收储运体系建设中引进政府和社会资本合作 PPP 模式，利用好民间和社会资本扶持这项事业发展，积极发挥政府引导和市场驱动的双轮作用，加快推进秸秆资源的产业化发展。

秸秆产业化各个方面的配套政策还需要综合制定，包括工农业政策、财政、税收、土地利用等方面的改进和规划。在税收优惠方面，政府有很多可以提供的。对秸秆收、储、仓和运输企业可以实行所得税退税政策，促进秸秆回收利用和储存系统的建设；秸秆加工利用企业将实行所得税减免，技术开发费用扣除所得税前，进行出口退税和增值税扣除。其他领域的优惠政策：列入农产品初加工目录的秸秆加工企业的秸秆列为上市产品，并批准秸秆加工企业注册和使用作为农产品初加工业务范围；充分利用政策性金融和发展金融支持秸秆资源利用产业项目将优先安排秸秆产业化项目用地，秸秆收储储运系统建设和农业基础设施临时用地管理基于初加工用地，下游深加工产品用地的整体结算。

国家还应在各式秸秆禁烧、秸秆利用的措施之外，建立一个合理的补偿机制，以补偿农民个体在这个过程中受到的经济损失，就能够有效地抑制秸秆焚烧行为。

9.5.2　以法为据，严禁焚烧

由于我国相关普法工作仍须加强，农民的法律意识向来处于匮乏的状态，执法一直以来都存在相当的难度。由于我国在法律和行政法规层面对于大气污染防治和秸秆的禁烧与综合利用已经作出了相应的规定，在高层的法律设计方面已经达到及格标准，具体的工作任务更多地落在地方层面。各地立法机关应依据所在区域的情况，制定适宜本地的法律、法规。具体而言，甚至可以根据不同地区的特性和重要程度，制定不同的管理办法。像机场、主要高速沿线、易燃易爆场所等核心区域要坚决落实严格禁烧的规定。地方性法规中必须对禁烧范围、违法焚烧秸秆者的法律责任以及后续的秸秆综合利用作出明确、具体的规定，并制定时间表，以管理当地治理秸秆焚烧行为，如秋收季节要加强执法人员的定期巡逻检查。

9.5.3　抓好产业体系规划布局

学习应用先进、合理的秸秆利用产业模式，统筹建设秸秆电厂、收贮点等项目，并形成体系。在当地的秸秆资源情况和收集技术、成本、范围的基础上，科学地规划和合理地布局。不可盲目布点，避免出现秸秆收购半径扩大、收集难度加大及原料成本上涨的不良竞争局面。同时，要重点支持企业开发生产科技含量高、利用程度深的秸秆产成品或副产品，并且继续推进这项工程。通过延伸产业链，将秸秆的经济价值发挥到最大。而通过提高附加值，可以进一步提升秸秆综合利用的产业化程度。

稻秆产业化高效利用创新示范工程建设也是刻不容缓，其中包括秸秆肥料化利用工程、秸秆饲料化利用工程、秸秆原料化利用工程、秸秆能源化利用工程、秸秆基料化利用工程、秸秆收储运体系、完善配套政策和秸秆综合利用科技支撑工程等。

按照全面推进、试点先行原则，首先在种植规模化的地区如黑龙江、吉林、辽宁、内蒙古，以及因 2022 年冬奥会召开，非常迫切开展环境治理的京津冀地区，实施秸秆资源产业化高效利用创新示范工程。建设布局合理的网格状秸秆收储运示范工程，大力扶持分级收储运体系建设；建设技术成熟、经济可行、环保的秸秆榨汁、气化、炭化、汽爆等产业化应用技术集成示范工程；选择秸秆资源优势明显、基础条件较好的市、县、区，建设秸秆产业化创新示范基地或示范园区。

9.5.4　建立市场利润分配机制

通过政府引导、企业主导，形成政府和企业合力。通过政企联合机制，广泛采用合作社、收购站或中介组织等产业模式，减少中间环节，优化储存方式，降低经济成本，提高利用效率，并且促进利润分配机制的合理建立。如由政府指导定价，并通过宏观调控来区分淡、旺季，适时、适当调整价格，能够保障农民权益，提高农民参与秸秆综合利用的积极性。

9.5.5　组织关键技术科研攻关

提升关键技术的方式可以通过开展秸秆田间机械化研究，具体实践则是在农村地区逐步加大机械化的推广与示范，通过产研与实际使用，开发出一种适合当地情况的机械化模式，真正提升秸秆的回收、利用程度。除此之外，秸秆储存技术的研究也是刻不容缓。当研究解决了运输储存过程中的消防、散热、防变质、堆场优化管理等技术难题，实现安全储存、减少热值损失后，秸秆的深加工利用程度将会得到大大提高。还要进一步完善、解决秸秆发电、秸秆固化、秸秆气化等技术领域面临的技术瓶颈，提高效率、降低损耗。还可以通过改良作物品种的生物技术，或者通过技术手段适当改变作物种植或收获时间，增加轮作的间隔时间，以实现土壤整地和秸秆回收两不误。

9.5.6　加强高效利用技术和设备的开发推广，推动农村三次产业融合发展

秸秆高效利用技术和设备是秸秆利用产业链发展的引擎。针对当前市场急需的关键技术和装备，建议工业和信息化管理部门率先组织有关部门开展生产、

教育、科研联合研究，加强对有关部门的指导和支持。秸秆高效利用配套技术和设备的研发，加强对技术有效利用的定期评估、确认、培训和推广，协调作物种植和秸秆综合利用的规划和发展。还将利用科技示范园区和农机服务机构的辐射带动作用，鼓励、引导和推动农机大型合作社和农机专业应用保护性耕作机械化技术的普及，进一步提高农民应用该技术的能力。

9.5.7　建立健全秸秆收贮体系

一是因地制宜设立秸秆堆放点，预先统筹规划和管理，解决好秸秆离田后第一个去处的问题。二是引导农民参与秸秆的运输储运过程，可以利用农户的家前园后、闲置的拾边地对秸秆进行分散储存，然后等待相关合作社、企业等组织统一收购，这也是提高农民收入和秸秆回收效率的重要方式。

9.5.8　强化体制机制创新，依靠创新驱动促进产业链整合发展

在总结现有市场驱动型和政府引导型经验的基础上，通过龙头企业带动和股份合作建立利益共享机制，充分调动种植农户、农机合作社、秸秆综合利用企业等各方的积极性，与农村电商有机结合，解决收储网点的季节性经营问题，进一步加快建立健全网格状分级收储运体系。鼓励扶持秸秆利用技术和设备企业通过相互持股、并购重组等市场化模式，通过创新驱动，整合产业链资源，不断做大做强。

9.5.9　制定质量标准，完善监督管理

规范化、系列化的特点在任何产品上都会加强消费者对该产品的信心，促进销路的打开和销量的提升。当产品质量拥有国家标准和认证标准，并且有完善的法规和质量监督、系统的技术规范，都有助于提升生产规模和产品市场的扩大。生物质能源产品的质量标准需要好好制定，其产品质量监测体系也需要及时建立健全，监督管理队伍也不可或缺，按统一标准管理市场和关键产品。同时，应实施严格的标准，并依法监督执行生物质能源转化过程中的机械设备和技术体系。做到上述措施，才能实现保证和提升产品的质量。目前，这方面只停留于研究阶段，并没有形成一整套技术标准。应加快这个体系的建立，并将其纳入相应的法规体系中，通过法律的力量坚决贯彻、严格落实。

9.6　改善贸易结构，综合考量"贸易再平衡"与"生态再平衡"

一是继续严格控制"两高一资"产品出口。环境目标与贸易目标之间存在一定的矛盾。高耗能产品的出口不仅对国内环境产生不利影响，而且加剧了国际减排压力。限制高耗能产品的出口将牺牲某些贸易利益，但这对保护环境是有利的。限制"两高一资"产品的出口显示了牺牲短期贸易利益以换取长期环境效益的决心，应该坚决维护。同时，重要能源的市场化改革要稳步推进。

二是积极扩大服务贸易出口，适当增加工业品进口。中国加工制造业的能源消耗强度远远高于发达国家。用部分发达国家的制成品代替国内生产，具有明显的节能减排效益，也能有效改善中国的"生态赤字"状况。通过增加最终消费品进口和资源能源深加工，我们可以实现更多的内涵能源进口和保护国内环境。同时，由于服务业消耗的能源远小于制造业，因此，鼓励扩大服务贸易可以优化贸易结构，有效降低国内能源消耗，改善"生态赤字"。

三是做好减税优惠政策的清理和规范工作，加强环保标准的实施，及时完善相关原产地标准体系。一方面，在降低税费的同时，要继续做好清理整顿优惠政策，推进市场化改革，着力解决市场体系不完善的问题，更好地发挥政府的作用，并创造促进平等增长的商业环境。资源分配根据市场规则、市场价格和市场竞争来最大化效率并优化效率。另一方面，加强环保标准的实施，使产品价格客观反映环保成本，推动绿色经济在效率、和谐、可持续发展的基础上发展。另外，要借鉴国际经验，完善我国的原产地规则等相关制度。

四是加快转变经济发展方式和贸易增长方式。节能环保的程度与产业结构密不可分。要提高工业技术水平，提高制造业、交通运输等的能源效率，促进工业增长方式的转变，促进整个产业结构向高端化、高科技化发展，逐步建立节能型产业结构。努力提升生产性服务水平，积极培育核心技术、自主知识产权和自主品牌，增加产品知识和技术含量，提高产品附加值，加快出口贸易由"中国制造"向"创造在中国"和"在中国设计"升级，推动外贸增长方式从数量向质量和效益的转变。

从全球治理角度来看，如果世界各国都能不断促进产业升级、追求环境友好，那么，环境改善的压力最终促成的结果不是"污染天堂"，而是"生态天堂"，最终的结果是全球生态福祉总水平的提升，是全球的共赢，而非污染向落后国家传导的悲剧。从这种意义上讲，这也是实现全球治理的重要途径。从我国自身"稳增长"与"促环保"的角度，要想在贸易和生态之间实现"双赢"，关键在于深化供给侧结构性改革、推动我国产业结构转型升级。2016 年，第三产业占我国 GDP 的比重已经达到 51.6%。如果我国能够进一步占领产业制高点，掌握更多的知识产权，同时加大力度鼓励企业走出去，不仅可以绕开贸易保护主义的关税壁垒和非关税壁垒，还可以在推进"一带一路"倡议时充分关注东道国的利益关切，减少"一带一路"倡议的阻力。到那时候，"出口导向型"进出口税收政策的适当转型就会水到渠成。

参 考 文 献

［1］ ANSELIN L. Spatial effects in econometric practice in environmental and re-source economics ［J］. American Journal of Agricultural Economics, 2001, 83 (3): 705 – 710.

［2］ ALDY E J. An environmental Kuznets curve analysis of U. S. state – level carbon dioxide emissions ［J］. Journal of Environment & Development, 2005, 14 (1): 48 – 72.

［3］ ARIMURA T H, HIBIKI A, KATAYAMA H. Is a voluntary approach an effective environmental policy instrument? A case for environmental management sys-tems ［J］. Journal of Environmental Economics and Management, 2008, 55 (3): 281 – 295.

［4］ APERGIS N. Environmental Kuznets curves: new evidence on both panel and country – level CO_2 emissions ［J］. Energy Economics, 2016, 54: 263 – 271.

［5］ BOVENBERG A L, LAWRENCE G, GUMEY D. Efficiency costs of meet-ing industry – distributional constraints under environmental permits and taxes ［J］. RAND Journal of Economics, 2005, 36 (4): 951 – 971.

［6］ BAFBERA A J, MCCONNELL V D. The impact of environmental regula-tions on industry productivity: direct and indirect effects ［J］. Journal of Environmen-tal Economics and Management, 1990, 18 (1): 50 – 65.

［7］ COOK B J, TIETENBERG T H. Emissions trading: an exercise in refor-ming pollution policy ［J］. Journal of Policy Analysis & Management, 1985, 6 (3): 490 – 495.

［8］ COASE R H. The problem of social cost ［J］. Journal of Law and Econom-ics, 1960, 3 (56): 837 – 877.

［9］ CHAY K. Toxic exposure in America: estimating fetal and infant health outcomes［J］. NBER Working Papers, 2009, 29（4）: 557 – 574.

［10］CALFEE J, WINSTON C. The value of automobile travel time: implications for congestion policy［J］. Journal of Public Economics, 1998, 69（1）.

［11］CHEN Y, JING Z, KUMAR N, et al. The promise of Beijing: evaluating the impact of the 2008 Olympic Games on air quality［J］. Journal of Environmental Economics and Management, 2013（66）: 424 – 443.

［12］DOWNS A. The law of peak – hour expressway congestion［J］. Traffic, 1962, 33（3）.

［13］DASGUPTA S, LAPLANTE B, MAMINGI N, et al. Inspection, pollution prices and environmental performance: evidence from China［J］. Ecological Economies, 2001, 36（3）: 487 – 498.

［14］DITZ, DARYL W, RANGANATHAN, et al. Green ledgers: case studies in corporate environmental accounting［J］. Management Accounting, 1995（2）: 72 – 72.

［15］DIETZ T, ROSA E A. Rethinking the environmental impacts of population, affluence and technology［J］. Human Ecology Review, 1994: 277 – 300.

［16］EKINS P, SPECK S. The fiscal implications of climate change and policy responses［J］. Special Issue, 2014, 19（3）: 355 – 374.

［17］EPA. Toxics release inventory（TRI）Program［EB/OL］. https: // www. epa. gov/toxics – release – inventory – tri – program.

［18］EDELENBOS J, SCHIE N V, GERRITS L. Organizing interfaces between government institutions and interactive governance［J］. Policy Sciences, 2010, 43（1）: 73 – 94.

［19］ESTY D C, GERADIN D. Environmental protection and international competitiveness: a conceptual frame work［J］. Journal of World Trade, 1998（32）: 5 – 46.

［20］FATE R, GTOSSKOPF S, PASURKA C A. Potential gains from trading bad outputs: the case of U. S. electric power plants［J］. Resource and Energy Economics, 2013, 36（1）: 99 – 112.

［21］FRED S M. Rent extraction and rent creation in the economic theory of regulation［J］. Journal of Legal Studies, 1987, 16（1）: 101 – 118.

［22］FRASZ G B. Environmental virtue ethics: a new direction for environmental ethics [J]. Environmental Ethics, 1993 (15): 259 - 274.

[23] FRED L, SMITH J. Market and the environment: a critical appraisal [J]. Contemporary Economic Policy, 1995, 13 (1): 62 - 73.

[24] GREEN B D, BIBBINS J R, CHANNING W S, et al. A study of traffic capacity [J]. Highway Research Board Proceedings, 1935, 14.

[25] GUNNINGHAM N. The new collaborative environmental governance: the localization of regulation [J]. Journal of Law and Society, 2009, 36 (1): 145 - 166.

[26] GROSSMAN G M, KRUEGER A B. Environmental impacts of a North American Free Trade Agreement [J]. Social Science Electronic Publishing, 1992 (8): 223 - 250.

[27] GERALD R, FAULHABER. Cross - subsidization: pricing in public enterprises [J]. American Economic Review, 1975, 65 (5): 966 - 977.

[28] GUENNO G, TIEZZI S. The index of sustainable economic welfare (ISEW) for Italy [J]. Social Indicators Research, 1998.

[29] HASS J E, DALES J H. Pollution, property & prices [M]. University of Toronto P, 1968.

[30] HARDIN G. Thetragedy of the commons [J]. Science, 1968 (10): 13 - 23.

[31] HOSSEIN H M. Spatial environmental Kuznets Curve for Asian countries: studies of CO_2 and PM2. 5 [J]. Journal of Environmental Studies, 2011, 37 (58): 280 - 295.

[32] ISHII H T, MANABE T, ITO K, et al. Integrating ecological and cultural values toward conservation and utilization of shrine/temple forests as urban green space in Japanese cities [J]. Landscape & Ecological Engineering, 2010, 6 (2): 307 - 315.

[33] IRWIN L A, FLIEGER K. The importance of public education in air pollution control [J]. Journal of the Air Pollution Control Association, 1967, 17 (2): 102 - 104.

[34] KOHN R E. A general equilibrium analysis of the optimal number of firms in a polluting industry [J]. Canadian Journal of Economics, 1985, 18 (2): 347 - 354.

[35] KNEESE A V, SCHULZE W D. Ethics and environmental economics [J].

Handbook of Natural Resource & Energy Economics, 1985, 1 (85): 191 – 220.

[36] LJUNGWALL C, LINDERAHR M. Environmental policy and the location of foreign direct investment in China [C]. International Symposium on Knowledge Acquisition & Modeling. IEEE, 2005.

[37] LAFFONT J J, TIROLE J. The politics of government decision – making: a theory of regulatory capture, incentives [J]. Quarterly Journal of Economics, 1991, 106 (4): 1089 – 1127.

[38] LANJOUW J O, MODY A. Innovation and the international diffusion of environmentally responsive technology [J]. Research Policy, 1996, 25 (4): 549 – 571.

[39] MICHAEL A C, PAUL R K. Regulatory economics: twenty years of progress? [J]. Journal of Regulatory Economics, 2002, 21 (1): 5 – 22.

[40] MARTINEZ A, UCHE J, VALERO A, et al. Environmental costs of a river watershed within the European water framework directive: results from physical hydroponics [J]. Energy, 2010, 35 (2): 1008 – 1016.

[41] MIRMAN J H, DUSTIN A, JACOBSOHN L S, et al. Factors associated with adolescents' propensity to drive with multiple passengers and to engage in risky driving behaviors. [J]. JAH Online, 2012, 50 (6).

[42] MASON R, SWANSON T. The cost of uncoordinated regulation [J]. European Economic Review, 2002 (46): 143 – 167.

[43] MUSOLESI A, MAZZANTI M, ZOBOLI R. A panel data heterogeneous Bayesian estimation of environmental Kuznets curves for CO_2 emissions [J]. Applied Economics, 2010, 42 (18): 2275 – 2287.

[44] POPP D. International innovation and diffusion of air pollution control technologies: the effects of NOX and SO_2 regulation in the US, Japan, and Germany [J]. Journal of Environmental Economic and Management, 2006, 51 (1): 46 – 71.

[45] POSNER R A. Theories of economic regulation [J]. The Bell Journal of Economics and Management Science, 1974, 5 (2): 335 – 358.

[46] PIGOU A C. The economics of welfare [M]. 1st ed. London: Macmillan, 1920.

[47] PELTZMAN S. Toward a more general theory of regulation [J]. Journal of Law and Economics, 1976, 19 (2): 211 – 240.

[48] PORTER M E. American's green strategy [J]. Scientific American,

1991, 264 (4): 168.

[49] PORTER M E, LINDE C V. Toward a new conception of the environment – competitiveness relationship [J]. Journal of Economic Perspectives, 1995, 9 (4): 97 – 118.

[50] ROGERS G, KRISTOF J. Reducing operational and product costs through environmental accounting [J]. Environmental Quality Management, 2003, 12 (3): 17 – 42.

[51] ROSE A, PETERSON T D, ZHANG Z X. Regional carbon dioxide permit trading in the United States: coalition choices for Pennsylvania [J]. MPRA Paper, 2009, 14 (13547).

[52] RONALD H C. The problem of social cost [J]. The Journal of Law and Economics, 1960, 3 (4): 1 – 44.

[53] RICHARD G D, BARBOSA O, RICHARD A F, et al. City – wide relationships between green spaces, urban land use and topography [J]. Urban Ecosystems, 2008, 11 (3): 269.

[54] ROBERTS M J, SPENCE M. Effluent charges and licenses under uncertainty [J]. Journal of Public Economics, 1976, 5 (3 – 4): 193 – 208.

[55] STENER T. Policy instruments for environmental and natural resource management [M]. Washington, DC: Resource for the Future, 2002.

[56] STUART A L, MUDHASAKUL S. The social distribution of neighborhood – scale air pollution and monitoring protection [J]. Journal of the Air & Waste Management Association, 2009, 59 (5): 591 – 602.

[57] TIGLERS G J. The theory of economic regulation [J]. The Bell Journal of Economics and Management Science, 1971, 2 (1): 3 – 21.

[58] STEFAN A, MARK A C, STEWART E, et al. The porter hypothesis at 20: can environmental regulation enhance innovation and competitiveness? [J]. Review of Environmental Economics and Policy, Association of Environmental and Resource Economists, 2013, 7 (1): 2 – 22.

[59] SHAFIK N B, YOPADHYAY S. Economic growth and environmental quality: time series and cross – country evidence [J]. Policy Research Working Paper, 1992.

[60] TIEBOUT C A. Pure theory of local expenditures [J]. Journal of Political Economy, 1956, 64 (5): 416 – 424.

［61］TLETENBERG T. Environmental economics policy ［M］. MA：Addition - Wesley, 2001.

［62］UY P D, NAKAGOSHI N. Analyzing urban green space pattern and Eco - network in Hanoi, Vietnam ［J］. Landscape & Ecological Engineering, 2007, 3 (2)：143 -157.

［63］VIDEC B, MARIC L, RIST R C, et al. Policy instruments and their evaluation ［M］. New York：Transaction Publishers. 1998.

［64］VAN B C, C J M, van den BERGH. The impact of environmental policy on foreign trade：TOBEY revisited with a bilateral flow model ［C］. TINBERGEN Institute Discussion Paper, 2000：69.

［65］WOODS N D. Interstate competition and environmental regulation：A test of the race - to - the - bottom thesis ［J］. Social Science Quarterly, 2006, 87 (1)：174 -189.

［66］WHITE J L. The historical roots of our ecologic crisis ［J］. Science, 1967 (155)：1203 -1207.

［67］XU X. International trade and environmental regulation：time series evidence and cross section test ［J］. Environmental and Resource Economics, 2000, 17 (3)：233 -257.

［68］YIN J, ZHENG M, CHEN J. The effects of environmental regulation and technical progress on CO_2 Kuznets curve：an evidence from China ［J］. Energy Policy, 2015, 77：97 -108.

［69］白景明. 新一轮财政改革呈现四大特征 ［N］. 中国财经报, 2017 - 08 -08.

［70］白彦锋, 吴粤, 孟雨桐. 我国税收新常态的两个突破口 ［J］. 税务研究, 2016, 1：45 -50.

［71］陈毓圭. 环境会计和报告的第一份国际指南——联合国国际会计和报告标准政府间专家工作组第15次会议 ［J］. 会计研究, 1998 (5)：21 -25.

［72］陈正惠. 生态文明建设背景下的我国天然气开发利用 ［J］. 管理世界, 2013 (10)：1 -5, 18.

［73］陈忠暖, 刘燕婷, 王滔滔, 等. 广州城市公园绿地投入与环境效益产出的分析——基于数据包络 (DEA) 方法的评价 ［J］. 地理研究, 2011, 30 (5)：893 -901.

[74] 程琳，王炜，邵昀泓. 社会剩余最大化条件下的道路拥挤收费研究 [J]. 交通运输系统工程与信息，2003（2）：47-50，56.

[75] 蔡昉，都阳，等. 经济发展方式转变与节能减排内在动力 [J]. 经济研究，2008（6）：4-11.

[76] 崔亚飞，刘小川. 中国地方政府间环境污染治理策略的博弈分析——基于政府社会福利目标的视角 [J]. 理论与改革，2009，6：62-65.

[77] 崔连标，范英，朱磊，等. 碳排放交易对实现我国"十二五"减排目标的成本节约效应研究 [J]. 中国管理科学，2013，21（1）：37-46.

[78] 丹尼尔，科尔. 污染与财产权：环境保护的所有权制度比较研究 [M]. 王社坤，译. 北京：北京大学出版社，2009.

[79] 范子英，田彬彬. 出口退税政策与中国加工贸易的发展 [J]，世界经济，2014，4：49-68.

[80] 盖玉娥. 政府限价、交叉补贴、税收调整对天然气管输商的影响 [J]. 财会月刊，2013（10）：73-75.

[81] 高鹏飞，陈文颖. 碳税与碳排放 [J]. 清华大学学报（自然科学版），2002，42（10）：1335-1338.

[82] 高萍. 我国环境税收制度建设的理论基础与政策措施 [J]. 税务研究，2013，8：52-57.

[83] 顾虹. 新保供时代："荒气"与"气荒"之辩 [N]. 中国石油报，2016-11-10（001）.

[84] 郭清华，叶嘉安，刘贤腾，等. 交通方式可达性差距——衡量交通可持续发展的指数 [J]. 城市交通，2008（4）：26-34.

[85] 郭永庆，谭雪梅. 拥挤收费、边际成本定价与福利 [J]. 财经问题研究，2007（2）：30-33.

[86] 郝记秀，周伟，黄浩丰，等. 城市公共交通财政补贴测算模型研究 [J]. 交通运输系统工程与信息，2009，9（2）：11-16.

[87] 何平林，刘建平，王晓霞. 财政投资效率的数据包络分析：基于环境保护投资 [J]. 财政研究，2011（5）：30-34.

[88] 何杰. 碳交易所：为可持续发展助力 [J]. 深交所，2008（4）：69-71.

[89] 洪富艳，刘岩. 基于边际机会成本理论的可再生能源环境价值研究 [J]. 统计与决策，2013（13）：45-48.

[90] 环保部环境规划研究院. 煤炭环境外部成本核算及内部化方案研究

（2014 年）［R］. 北京：环保部环境规划研究院，2014.

［91］黄寿峰. 财政分权对中国雾霾影响的研究［J］. 世界经济，2017，2：127－152.

［92］黄杨. 国内雾霾成因的经济学分析与对策［J］. 知识经济，2016（4）：18－19，21.

［93］康雨. 贸易开放程度对雾霾的影响分析——基于中国省级面板数据的空间计量研究［J］. 经济科学，2016（1）：114－125.

［94］蓝虹. 科斯定理与环境税设计的产权分析［J］. 当代财经，2004（4）：42－45.

［95］李虹. 中国化石能源补贴与碳减排——衡量能源补贴规模的理论方法综述与实证分析［J］. 经济学动态，2011（3）：92－96.

［96］李树，陈刚. 环境管制与生产率增长——以 APPCL2000 的修订为例［J］. 经济研究，2013，1：17－31

［97］李猛. 中国环境破坏事件频发的成因与对策——基于区域间环境竞争的视角［J］. 财贸经济，2009（9）：82－88.

［98］李小平，卢现祥，陶小琴. 环境规制强度是否影响了中国工业行业的贸易比较优势［J］. 世界经济，2012，4：62－78.

［99］李斌，李拓. 中国空气污染库兹涅茨曲线的实证研究——基于动态面板系统 GMM 与门限模型检验［J］. 经济问题，2014，4：17－22.

［100］李斌，彭星，欧阳铭珂. 环境规制、绿色全要素生产率与中国工业发展方式转变——基于 36 个工业行业数据的实证研究［J］. 中国工业经济，2013，4：56－68.

［101］李霁娆，李卫东. 基于交通运输的雾霾形成机理及对策研究——以北京为例［J］. 经济研究导刊，2015（4）：147－150.

［102］李春顶. 中国出口企业是否存在"生产率悖论"［J］. 世界经济，2010，7：64－81.

［103］李明敏，方良平. 城市公共交通财政补贴方法的改进［J］. 城市公用事业，2008（4）：20－23，67.

［104］李根生，韩民春. 财政分权、空间外溢与中国城市雾霾污染：机理与证据［J］. 当代财经，2015，6：26－34.

［105］林伯强，蒋竺均. 中国二氧化碳的环境库兹涅茨曲线预测及影响因素分析［J］. 管理世界，2009（4）：27－36.

［106］林嫘. 我国天然气价格改革及其影响的研究［D］. 厦门：厦门大学，2014.

［107］刘诚. 中国产能过剩的制度特性与政策调整［J］. 财经智库，2018（1）：32－46.

［108］刘尚希. 分税制的是与非［J］. 经济研究参考，2012，7：20－28.

［109］刘晔，周志波. 环境税"双重红利"假说文献述评［J］. 财贸经济，2010，6：60－65.

［110］陆旸. 中国的绿色政策与就业：存在双重红利吗？［J］. 经济研究，2011，7：42－54.

［111］刘满平. 导致当前"气荒"的症结与有效应对之策［N］. 上海证券报，2017－12－20（009）.

［112］刘思强，叶泽，于从文，等. 我国分压分类电价交叉补贴程度及处理方式研究——基于天津市输配电价水平测算的实证分析［J］. 价格理论与实践，2016（5）：65－68.

［113］刘思强，叶泽，吴永飞，等. 减少交叉补贴的阶梯定价方式优化研究——基于天津市输配电价水平的实证分析［J］. 价格理论与实践，2017（6）：58－62.

［114］刘思峰，蔡华，杨英杰，等. 灰色关联分析模型研究进展［J］. 系统工程理论与实践，2013（8）：2041－2046.

［115］刘越. 基于"公地悲剧"视角审视低碳经济［J］. 华中科技大学学报（社会科学版），2010，24（5）：87－92.

［116］"绿色和平"北京办公室组织，中国可再生能源学会风能专业委员会，发展改革委能源研究所，等. 中国风电光伏发电的协同效益［R］. 荷兰：国际环保组织绿色和平，2017.

［117］冷艳丽，杜思正. 产业结构、城市化与雾霾污染［J］. 中国科技论坛，2015（9）：49－55.

［118］潘敏杰. 财政分权、环境规制与雾霾污染［D］. 南京：南京财经大学，2016.

［119］马俊，李治国. PM2.5减排的经济政策［M］. 北京：中国经济出版社，2014.

［120］马丽梅，张晓. 中国雾霾污染的空间效应及经济、能源结构影响［J］. 中国工业经济，2014，4：42－56.

[121] 马士国. 环境规制工具的设计与实效效应 [M]. 上海：三联书店，2009.

[122] 马士国. 基于市场的环境规制工具研究述评 [J]. 经济社会体制比较，2009，2：183 –191.

[123] 马尔萨斯. 人口论 [M]. 郭大力，译. 北京：商务印书馆，1959.

[124] 马万里，吕圆圆. 地方主导、增长亲和与环境污染——基于1990 ~ 2012 年省级碳排放数据的实证检验 [J]. 经济体制改革，2015，6：26 –33.

[125] 穆勒. 政治经济学原理 [M]. 金镝，金熠，译. 北京：华夏出版社，2009.

[126] 牛文元. 持续发展导论 [M]. 北京：科学出版社，1997：2 –12.

[127] 牛叔文，丁永霞，李怡欣，等. 能源消耗、经济增长和碳排放之间的关联分析——基于亚太八国面板数据的实证研究 [J]. 中国软科学，2010 (5)：12 –19.

[128] 潘继平. 气源多元化乃解决“气荒”根本之策 [N]. 中国国土资源报，2017 –12 –12 (003).

[129] 彭水军，包群. 经济增长与环境污染——环境库兹涅茨曲线假说的中国检验 [J]. 财经问题研究，2006 (8)：3 –17.

[130] 清华大学，环保部环境规划院，国家气候战略中心，等. 2012 年煤炭的真实成本 [R]. 国际环保机构自然资源保护协会，2014.

[131] 孙艳伟，王润，肖黎姗，等. 中国并网光伏发电系统的经济性与环境效益 [J]. 中国人口·资源与环境，2011，21 (4)：88 –94.

[132] 唐明，陈梦迪. 他国镜鉴与本土结合：共享分税制扬长避短之策略 [J]. 经济研究参考，2017，18：15 –16.

[133] 涂正革，谌仁俊. 排污权交易机制在中国能否实现波特效应？[J]. 经济研究，2015，7：160 –173.

[134] 王惠平. 我国财政管理体制改革回顾及展望 [J]. 经济纵横，2008，7：6 –9.

[135] 王淑贞. 外部性理论综述 [J]. 经济视角，2012，9：52 –58.

[136] 王晓姝，孙爽. 创新政府干预方式，治愈产能过剩痼疾 [J]. 宏观经济研究，2013，6：35 –40.

[137] 王佳蕾. 论我国分税制下的地方政府与经济 [J]. 中国商论，2017，3：173 –175.

[138] 王建保. 我国民用天然气补贴机制改革研究 [D]. 北京：中央财经大学，2017.

[139] 王建军，李莉. 基于随机性环境影响评估模型的电力消费和碳排放关系实证分析 [J]. 电网技术，2014，38 (3)：628 –632.

[140] 王金南，於方，曹东. 中国绿色国民经济核算研究报告2004 [J]. 中国人口·资源与环境，2006，16 (6)：11 –17.

[141] 王金南，严刚，姜克隽，等. 应对气候变化的中国碳税政策研究 [J]. 中国环境科学，2009，29 (1)：101 –105.

[142] 王娟. 化石能源补贴规模测算方法比较研究——基于价差法和清单法对比分析 [J]. 价格理论与实践，2015 (12)：151 –154.

[143] 王中恒，孙玉嵩，朱小勇. 关于城市征收交通拥堵费的可行性探讨 [J]. 交通科技与经济，2008 (6)：94 –95，98.

[144] 汪天凯，何文渊，李丰，等. 政府对天然气产业发展的影响及启示——以美国、英国为例 [J]. 石油科技论坛，2017 (6)：1 –6.

[145] 熊波，陈文静，刘潘，等. 财税政策、地方政府竞争与空气污染治理质量 [J]. 中国地质大学学报（社会科学版），2016，1：20 –33，170.

[146] 魏涛远，格罗姆斯洛德. 征收碳税对中国经济与温室气体排放的影响 [J]. 世界经济与政治，2002 (8)：47 –49.

[147] 魏巍贤，马喜立. 能源结构调整与雾霾治理的最优政策选择 [J]. 中国人口·资源与环境，2015 (7)：6 –14.

[148] 吴子啸，黄海军. 瓶颈道路使用收费的理论及模型 [J]. 系统工程理论与实践，2000 (1)：131 –136.

[149] 兴化. 1950年实行高度集中统收统支的财政体制 [J]. 中国财政，1982 (11)：39 –41.

[150] 肖媛. 中国式财政分权对环境污染治理的影响研究 [D]. 昆明：云南财经大学，2016.

[151] 肖士恩，雷家骕. 中国环境污染损失测算及成因探析 [J]. 中国人口·资源与环境，2011，21 (12)：70 –74.

[152] 谢俊，杨万莉. 2017年冬季我国天然气供需形势预判及保供建议 [J]. 国际石油经济，2017，25 (11)：60 –65，87.

[153] 谢里，魏大超. 中国电力价格交叉补贴政策的社会福利效应评估 [J]. 经济地理，2017，37 (8)：37 –45.

[154] 徐华清. 发达国家能源环境税制特征与我国征收碳税的可能性 [J]. 环境保护, 1996 (11): 35 - 37.

[155] 徐沛宇, 王勇. 今冬气荒将至? [J]. 能源, 2017 (11): 63 - 66.

[156] 徐中民, 程国栋, 王根绪. 生态环境损失价值计算初步研究——以张掖地区为例 [J]. 地球科学进展, 1999, 14 (5): 498 - 504.

[157] 徐辉, 杨烨, 马月, 等. 财政分权、地方政府行为与中国雾霾污染 [J]. 东华经济管理, 2018, 3: 103 - 111.

[158] 于之倩, 李郁芳. 财政分权下地方政府行为与非经济行公共品——基于新制度经济学的视角 [J]. 暨南学报, 2015 (2): 102 - 109.

[159] 席鹏辉, 梁若冰. 油价变动对空气污染的影响: 以机动车使用为传导途径 [J]. 中国工业经济, 2015 (10): 100 - 114.

[160] 易德生. 灰色理论与方法——提要·题解·程序·应用 [M]. 北京: 石油工业出版社, 1992.

[161] 易雯晴, 茹少峰. 城市路网形状与城市交通和雾霾治理 [J]. 装饰, 2016 (3): 36 - 39.

[162] 袁华萍. 财政分权下的地方政府环境污染治理研究 [D]. 北京: 首都经济贸易大学, 2016.

[163] 杨斌. 2000—2006 年中国区域生态效率研究——基于 DEA 方法的实证分析 [J]. 经济地理, 2009, 29 (7): 1197 - 1202.

[164] 杨来科, 张云. 基于环境要素的"污染天堂假说"理论和实证研究——中国行业 CO_2 排放测算和比较分析 [J]. 商业经济与管理, 2012 (4): 90 - 97.

[165] 杨俊, 张倩菲, 郝成磊, 等. 考虑政府补贴的天然气市场供给博弈模型研究 [J]. 软科学, 2016, 30 (12): 109 - 114.

[166] 曾世宏, 夏杰长. 公地悲剧、交易费用与雾霾治理——环境技术服务有效供给的制度思考 [J]. 财经问题研究, 2015 (1): 10 - 15.

[167] 周景坤, 我国雾霾防治财政政策的发展演进过程研究 [J]. 经济与管理, 2016 (32): 11.

[168] 郑周胜. 中国式财政分权下环境污染问题研究 [D]. 兰州: 兰州大学, 2012.

[169] 张欣怡, 王志刚. 财政分权与环境污染的国际经验及启示 [J]. 现代管理科学, 2014 (4): 36 - 38.

[170] 张丽峰. 北京碳排放与经济增长间关系的实证研究——基于 EKC 和 STIRPAT 模型 [J]. 技术经济, 2013, 32 (1): 90 - 95.

[171] 张磊. 温室气体排放权的财产权属性和制度化困境——对哈丁"公地悲剧"理论的反思 [J]. 法制与社会发展, 2014 (1): 101 - 110.

[172] 张小丽, 陈峻, 王炜, 等. 城市交通投资的消费者福利评价 [J]. 交通信息与安全, 2009, 27 (4): 55 - 58.

[173] 张玉佩. 北京拥堵费征收之争 [J]. 决策, 2016 (7): 85 - 87.

[174] 张克中, 王娟, 崔小勇. 财政分权与环境污染: 碳排放的视角 [J]. 中国工业经济, 2011, 10: 65 - 75.

[175] 张红凤, 杨慧. 规制经济学沿革的内在逻辑及发展方向 [J]. 中国社会科学, 2011, 6: 56 - 66.

[176] 张伟峰. 出口贸易与我国能源消费碳排放的关系研究 [D]. 西安: 西安科技大学, 2015.

[177] 赵全新. 开征城市交通拥堵费问题研究 [J]. 价格与市场, 2008 (2): 12 - 17.

[178] 周星宇, 李卫东. 城市交通对雾霾影响的实证分析 [J]. 经济研究导刊, 2017 (25): 101 - 103.

[179] 周景坤, 杜磊. 国外雾霾防治税收政策及启示 [J]. 理论学刊, 2015 (12): 53 - 59.

[180] 赵细康, 李建民, 王金营, 等. 环境库兹涅茨曲线及在中国的检验 [J]. 南开经济研究, 2005, 3 (3): 48 - 54.

[181] 朱远程, 张士杰. 基于 STIRPAT 模型的北京地区经济碳排放驱动因素分析 [J]. 特区经济, 2012 (1): 77 - 79.

[182] 朱勤, 彭希哲, 陆志明, 等. 中国能源消费碳排放变化的因素分解及实证分析 [J]. 资源科学, 2009, 31 (12): 2072 - 2079.

后　记

　　根据 2019 年年初国家社科基金规划办公布的结项情况，我们 2015 年主持立项的国家社科基金重点项目《我国雾霾成因及财政综合治理问题研究》"免予鉴定"结项。

　　雾霾治理是近年来生态文明建设"蓝天保卫战"的"硬骨头"，广受社会各界关注。在学校有关部门的大力支持下，我们的科研团队长期致力于雾霾财政治理问题研究。课题立项以来，我们组建了国务院发展研究中心环境与资源研究所的郭焦锋研究员，中央财经大学财税学院高萍教授、刘金科副教授、陈宇副教授、法学院郭维真副教授等以及陈珊珊、王中华、岳童、贾思宇、王心昱、唐盟、史大譞等多位研究生、本科生广泛参与的研究团队。研究团队与财税部门等政府机关、中国石化等大型企业合作，深入北京、上海、湖北、江苏、浙江、广东、河南等全国 10 多个省市开展了广泛调研，围绕成品油消费税、致密气等非常规天然气、绿色能源财税政策体系等进行了专题研究。

　　2016 年 4 月，课题组参与报送的"关于尽快启动成品油消费税改革的建议"获得了国务院总理李克强同志、国务院副总理张高丽同志的批示；2018 年 11 月，课题组参与报送的"推进成品油消费税结构性减税改革促治理、降成本、惠民生、保安全"的调研报告获得国务院副总理韩正同志和国务委员肖捷同志的批示。

　　2018 年，课题组参与的"我国中长期天然气需求展望与预测模型研究"获得了国家能源局能源软科学优秀科研成果二等奖。

　　本书为呈现在大家面前的本项目的最终成果，主要参与人包括郭焦锋、卢真、陈宇、童健、陈珊珊、王秀园、唐盟、朱梦珂等。本书还获得了中央财经大学一流学科建设项目（020151619002）和中央财经大学中财—中证鹏元地方财政投融资研究所的资助，在此一并表示感谢！本书中存在的问题和不足，也请读者给予批评指正！

白彦锋
中央财经大学财税学院
2019 年 5 月